本书的出版和相关研究的执行获得了“国家重点研发计划项目长江上游特色濒危农业生物种质资源抢救性保护与创新利用（2022YFD1201600）”、“西部（重庆）科学城种质创制大科学中心长江上游种质创制与利用工程研究中心科技创新基础设施项目（2010823002）”、“国家现代农业（柑桔）产业技术体系（CARS-26）”、“中央高校基本科研业务费（SWU-XDJH202308）”的资助。

柑橘抗感溃疡病分子基础研究

Molecular Basis of Resistance and Susceptibility to Citrus Canker Disease

李强　何永睿　龙琴　等著

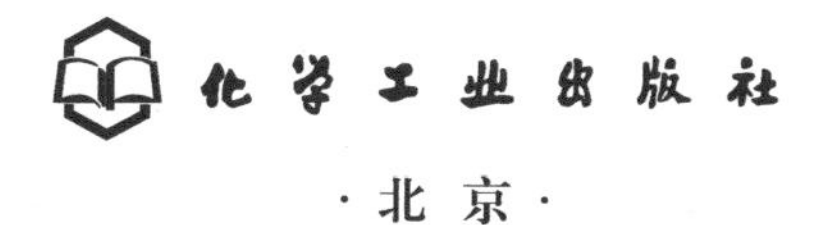
化学工业出版社
·北京·

内容简介

加强对柑橘溃疡病的防控研究是柑橘产业发展的迫切需求。为了突破优质候选基因不多、功能和分子机制研究不深等制约柑橘抗溃疡病分子育种的瓶颈，作者及所在团队长期致力于挖掘柑橘抗、感溃疡病相关基因研究。本著作介绍了作者长期以来围绕柑橘抗、感溃疡病基因的一系列原创研究成果，是作者所在团队主导的多个科研项目的凝练和总结，主要涉及柑橘抗、感溃疡病相关基因的挖掘、功能验证以及机理解析等方面的研究。

本书适用于植物分子生物学、植物病理学等领域从事教学和科研的师生学者及研究人员和技术人员作为参考书使用。

本书作者名单

李强　何永睿　龙琴　邹修平　彭爱红　姚利晓

图书在版编目（CIP）数据

柑橘抗感溃疡病分子基础研究 / 李强等著. -- 北京：化学工业出版社，2024. 10. -- ISBN 978-7-122-46134-6

Ⅰ. S436.66

中国国家版本馆CIP数据核字第202428GB22号

责任编辑：刘晓婷　　文字编辑：张春娥　林　丹
责任校对：赵懿桐　　装帧设计：韩　飞

出版发行：化学工业出版社（北京市东城区青年湖南街13号　邮政编码100011）
印　　装：涿州市般润文化传播有限公司
787mm×1092mm　1/16　印张12¾　字数310千字　2024年11月北京第1版第1次印刷

购书咨询：010-64518888　　售后服务：010-64518899
网　　址：http://www.cip.com.cn
凡购买本书，如有缺损质量问题，本社销售中心负责调换。

定　　价：98.00元

序

柑橘产业是我国南方山区的主要经济支柱，在农业供给侧改革、精准扶贫、乡村振兴及生态保护中发挥重要作用。然而，一直以来我国柑橘产业发展饱受柑橘溃疡病等病害的制约。柑橘溃疡病对当前主栽的柑橘品种几乎都有危害，在我国主要柑橘产区均有发生，且发病面积持续扩大。因此，加强对柑橘溃疡病的防治研究是柑橘产业发展的迫切需求。

世界主要柑橘产区的政府、生产者和研究者高度重视柑橘溃疡病的防控研究，但因柑橘溃疡病传播途径广、传播速度快、防控难度大，迄今仍无法根治。传统手段如病树焚烧、农药使用等需要投入大量的人力和物力，且会造成巨大的环境危害，因此，柑橘溃疡病防治更多地寄希望于培育抗病新种质。分子育种具有定向性和高效性，目前已在抗溃疡病种质创制方面得到快速发展和广泛应用。种子革命的关键是基因革命。有针对性地挖掘与柑橘抗病应答途径紧密相关的基因，深入解析其功能和分子机制，有助于技术整合、加速抗溃疡病种质创新。本书介绍了作者所在团队关于柑橘溃疡病抗、感性基因挖掘与调控机制的研究，团队鉴定并研究的大量相关基因的功能，并利用基因工程手段创制了大量抗、感病材料，为抗溃疡病育种提供了宝贵的基础理论和育种材料。

笔者长期带领创新团队，依托国家柑橘品种改良中心、国家柑橘工程技术中心等国家级科研平台以及国家现代农业（柑橘）产业技术体系和国家重点研发计划等重大项目的支持，经过多年的持续性研究，在柑橘抗、感溃疡病相关基因研究方面取得了一系列原创性进展。团队关于柑橘溃疡病分子基础的研究成果已然处于世界先进水平。

本书作者李强、何永睿、龙琴、邹修平、彭爱红和姚利晓系柑橘溃疡病分子基础研究团队的核心骨干成员，长期聚焦柑橘溃疡病抗、感基因的挖掘与抗病分子育种研究。本书对他们多年来在此领域内深耕的内容和成果进行了系统性归纳、总结和升华，为柑橘抗溃疡病分子育种提供了重要的理论基础和基因资源，这也为相关领域的科研人员和高校师生提供了重要的参考。

西南大学柑桔研究所研究员，二级教授

国家现代农业（柑橘）产业技术体系岗位科学家

陈善春

2024 年 1 月

前言

柑橘是世界第一大水果，也是我国最重要的果树之一，柑橘产业已成为我国优势农业和效益农业发展的支柱产业。柑橘溃疡病是对柑橘产业危害最严重的病害之一，给柑橘产业造成了巨大损失。培育抗病品种是防控柑橘溃疡病最根本和最有效的方式之一。近年来日趋成熟的分子育种技术为培育抗病品种开辟了一条捷径。发掘抗病相关基因，解析其作用机制可为柑橘抗溃疡病分子育种提供重要的基因资源和理论依据，对柑橘抗病品种培育和溃疡病防控都具有重要意义。

本团队依托国家柑桔品种改良中心、国家柑桔工程技术中心、西部（重庆）科学城种质创制大科学中心等科研平台，长期聚焦柑橘抗、感溃疡病基因的挖掘、功能验证和机理研究，取得了系列成果。本书以这些研究成果为素材，系统总结了作者所在团队的研究进展，为柑橘抗溃疡病分子育种提供了重要的理论基础和候选基因资源，是柑橘抗溃疡病分子育种的重要技术储备。本书以解决科学问题为核心，结合以往发表的论文以及未发表的数据，查漏补缺、重新组织，总结、提炼和升华而成。

本书共分五篇十七章。第一篇绪论，主要介绍了研究背景和技术体系，包括柑橘与溃疡病（第一章）、柑橘溃疡病的防治（第二章），也进一步介绍了溃疡病分子研究通用的研究技术体系（第三章）。第二～五篇从几个方面挖掘了柑橘溃疡病抗、感病基因，并深入研究了这些基因的功能，为研究柑橘抗、感溃疡病的机制提供了分子基础。其中，第二篇介绍柑橘抗、感溃疡病的转录因子，包括 CsAP2-09（第四章）、CsBZIP40（第五章）、CsWRKY43（第六章）、CsWRKY61（第七章）、CitMYB20（第八章）和 CiNPR4（第九章）；第三篇介绍柑橘抗、感溃疡病的受体，包括 CsWAKL08（第十章）、CsLYK6（第十一章）和 CsNBS-LRR（第十二章）；第四篇介绍植物 ROS 平衡调控酶系统对柑橘溃疡病的作用，包括 CsPRX25（第十三章）、CsGSTU18 和 CsGSTF1（第十四章）；第五篇介绍植物细胞壁代谢相关基因对柑橘溃疡病的影响，包括 CsXTH04（第十五章）、CsPAE2

（第十六章）和 CsPGIP（第十七章）。本书是柑橘抗、感溃疡病分子基础以及分子育种研究技术和成果的系统性科研集成。

本书是多人合作的产物，其中李强撰写第四至六章、十至十七章以及附录、前言、后记，共计 210 千字，并进行了全文统稿；何永睿撰写第一、二、四章以及附录，共计 30 千字；龙琴撰写第七章以及附录，共计 25 千字；邹修平撰写第二、三章，共计 20 千字；彭爱红撰写第九章，共计 15 千字；姚利晓撰写第八章，共计 10 千字。

在这里还要特别感谢柑橘生物育种团队带头人、国家现代农业（柑橘）产业技术体系岗位科学家陈善春研究员，在其带领下，我们才有了明确的研究方向，也得到了殷实的资金支持，也才能取得丰硕的成果。还要感谢雷天刚、宋庆玮、许兰珍老师等在本项目执行期间有关于实验操作和研究思路的帮助和指导。感谢研究生傅佳、樊捷、黄馨、杨雯、喻奇缘、秦秀娟、张晨希、线宝航、窦万福、胡安华、祁静静、范海芳、贾瑞瑞、周鹏飞、张婧芸，本科生任柳荫、黄容和张嘉怡等在实验操作、数据分析和文稿校对过程中的辛苦付出。

由于编写时间仓促，著者水平有限，书中难免会存在疏漏与不足之处，敬请各位专家、读者提出意见和建议。

著者

2024 年 1 月

目录

第一篇　绪论

第三篇　植物免疫受体

第四篇　植物 ROS 平衡调控酶系统

第五篇　植物细胞壁代谢相关酶

第一篇

绪论

柑橘产业是我国南方山区的主要经济支柱，在农业供给侧改革、精准扶贫、乡村振兴及生态保护中发挥着重要作用。溃疡病对当前主栽柑橘品种几乎都有危害，在我国主要柑橘产区均有发生，且发病面积持续扩大，极大地危害了我国柑橘产业的发展。因此，加强对柑橘溃疡病防控研究是柑橘产业发展的迫切需求。利用分子育种定向、高效培育抗病种质是柑橘溃疡病防治的最终途径。本篇旨在全面介绍柑橘产业的发展现状与面临的问题，柑橘溃疡病的危害与防治，以及柑橘溃疡病抗、感病基因挖掘、功能和机制解析的技术体系和研究方法等。

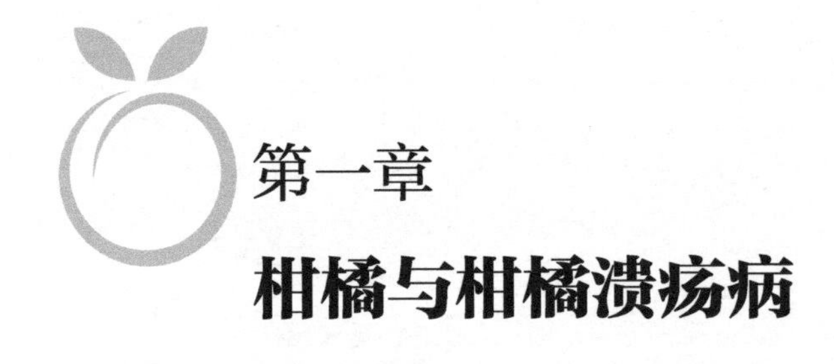

第一章 柑橘与柑橘溃疡病

柑橘是我国乃至世界的第一大水果，有悠久的种植历史，广受种植者重视和消费者欢迎。本章全面介绍了柑橘及其用途、我国柑橘产业的发展现状及其面临的问题、柑橘溃疡病及其危害、柑橘溃疡病的侵染与传播等内容。

第一节　柑橘概述

一、柑橘

柑橘在分类上属芸香科（Rutaceae）、柑橘亚科（Aurantioideae）、柑橘族（Citreae），其种类繁多，包含柑、橘、橙、柚、金柑和枳等。柑橘喜温湿气候，主要种植于北纬35°以南，对土壤的适应范围较广，是热带、亚热带地区的常绿果树。

柑橘起源于中国、印度和东南亚一带。中国的柑橘栽培历史悠久，据古籍《禹贡》记载，在4000年前的夏朝，江苏、安徽、江西、湖南、湖北等地生产的柑橘，已列为贡税之物。唐代日本和尚田中间守来华进香时把柑橘种子带回日本，并在鹿儿岛、长岛栽植，经长期变异选择成为现在的温州蜜柑。葡萄牙人于15世纪把中国甜橙带到地中海沿岸栽培，称其为“中国苹果”，据考证，公元1471年葡萄牙的里斯本开始种植柑橘类果树。之后，甜橙又相继被传到拉丁美洲和美国。1821年英国人将金柑带到了欧洲，1892年美国又从中国引进椪柑，叫“中国蜜橘”，英文单词“Mandarin”是柑和橘的总称。历经百年，柑橘种植业由东方国家传到西方国家，柑橘种植区也逐渐遍及热带和亚热带地区的100多个国家和地区，柑橘成为全球重要的经济水果之一。随着柑橘产业在不同地区的兴起、发展与繁荣，柑橘俨然已经成为世界水果产业中一颗耀眼的明星。

二、柑橘的用途

对柑橘果实而言，水是基本成分，其果肉含水量为85%～90%、有机物约15%。有机物主要是蛋白质、氨基酸、多糖、类黄酮以及类胡萝卜素等小分子化合物。不同种类、不同品种的柑橘含有的有机物差异较大。

柑橘用途广泛，近年来，柑橘因其本身的食用和药用价值及衍生出来的使用价值而饱受追捧。柑橘营养丰富，色、香、味俱佳，既可鲜食，又可加工，柑橘鲜果和果汁饮料不仅是重要的食品，也是人类维生素 C 的重要来源。同时，柑橘也是传统的中药原料，如陈皮、枳实、橘络等有止咳化痰、消食顺气之功效；柑橘富含类黄酮、香豆素等对人体具有保健作用的生物活性成分，是心血管病防控和减肥等药物的主要成分，近年的研究还证明柑橘含有的柠檬苦素对一些肿瘤的形成与发展具有明显的抑制作用。此外，柑橘叶、花、果皮中含有丰富的香精油，柑橘香精油占世界香精油产量的 1/3，是日化工业中香精、食品调味剂的主要原料，也是塑料工业和电子工业中无公害萜烯类溶剂的重要原材料。

第二节　柑橘产业发展现状与面临的问题

一、柑橘产业发展现状

柑橘已成为世界上最重要的果树树种之一，全球种植面积超过 866.7 万公顷（1 公顷 = 10^4m^2，下同），年产量达 1.26 亿吨，为全球第五大贸易农产品（仅次于小麦、大豆、棉花和玉米）。柑橘也是我国最重要的果树之一，目前全国柑橘总面积近 266.7 万公顷、产量约 4100 万吨，均居世界首位，栽培面积和产量已超过苹果成为我国第一大水果。1961 ～ 2016 年世界和我国柑橘种植面积［图 1-1（a）］和产量［图 1-1（b）］持续增加。我国有 20 个省、自治区，980 多个县市种植柑橘，主产区分布于广西、湖南、广东、湖北、四川、福建、江西、重庆、浙江等九省（市），总面积和总产量分别占全国的 93% 和 95% 左右。柑橘已成为我国南方广大丘陵山区和贫困地区的优势特色农业支柱产业，在广大果农增收、新农村建设、生态环境改善和脱贫攻坚等方面都做出了积极贡献。

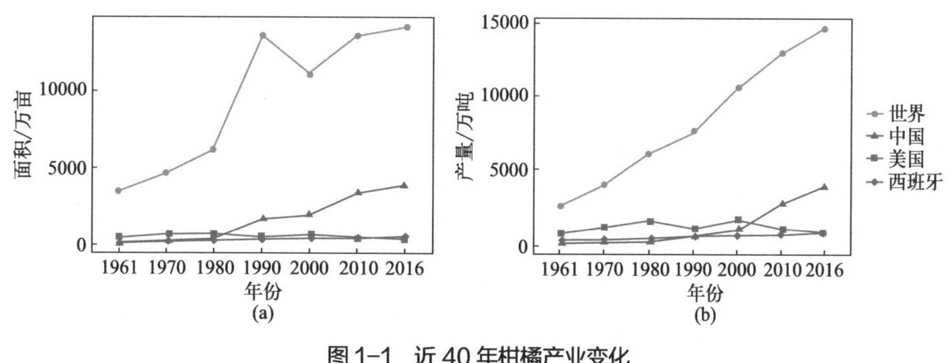

图 1-1　近 40 年柑橘产业变化

（a）柑橘种植面积；（b）柑橘产量

（扫封底或勒口处二维码看彩图）

二、柑橘产业面临的问题

世界及我国柑橘产业在快速发展的同时，也正受到溃疡病、黄龙病等重大病害的威胁，这给柑橘产业造成了巨大的损失，严重影响柑橘产业健康稳定发展。20 世纪 90 年代，当时世界柑橘第一生产大国巴西的柑橘溃疡病大暴发，2004 年迄今柑橘黄龙病大暴发，柑橘产量从 2300 万吨降到 1800 万吨；1998 ～ 2004 年美国柑橘溃疡病大暴发，2005 后黄龙病暴发，柑橘产量从 1500 万吨降低至 900 万吨。近年来，溃疡病和黄龙病也在我国南方大部分柑橘产区盛行，每年给我国柑橘产业带来近 100 亿元的损失，特别是溃疡病在我国主要柑橘产区均有发生，存在全国柑橘产区大流行的风险，给我国柑橘产业健康、稳定、可持续发展带来巨大的威胁。我国广东、广西、福建、湖南等主要柑橘产区受柑橘溃疡病侵害较为严重。

第三节　柑橘溃疡病及其危害

一、柑橘溃疡病

柑橘溃疡病（*Citrus* canker disease，CCD）是对世界柑橘产业危害最严重的病害之一，起源于印度、中国南部和印度尼西亚等亚洲热带地区。其病原菌根据 16S RNA 序列差异被分为柑橘黄单胞菌柑橘亚种（*Xanthomonas citri* subsp. *citri*，*Xcc*）、褐色黄单胞菌莱檬亚种（*Xanthomonas fuscans* subsp. *aurantifolii*，*Xfa*）和苜蓿黄单胞菌枳柚亚种（*Xanthomonas alfalfae* subsp. *citrumelonis*，*Xac*）三个亚种。其中分布最广且为害最严重的为柑橘黄单胞菌柑橘亚种，它是地毯草黄单胞菌柑橘致病变种（*X. axonopodis* pv. *citri*），即野油菜黄单胞菌柑橘致病变种 A 菌系（*X. campestris* pv. *citri A*）重新分类确定而来，可侵染柑橘属所有种类，也是我国主要的溃疡病病原类型。*Xcc* 是一种短杆状、可运动的革兰阴性菌，属于细菌域（Bacteria）、变形菌门（Porteobacteria）、γ- 变形菌纲（γ-proteobacteria）、黄单胞菌目（Xanthomonadales）、黄单胞菌科（Xanthomonadaceae）、黄单胞菌属（*Xanthomonas*），定殖于寄主组织的细胞间隙和维管束。

二、柑橘溃疡病的危害

Xcc 侵害芸香科绝大多数柑橘属和近缘属，通过人工接菌，几乎所有的栽培品种都不具抗性。但在生产上，不同的品种在抗、感性上存在较大的差异。葡萄柚、墨西哥莱檬和柠檬类对溃疡病最为敏感，其次为甜橙（*Citrus sinensis*）、莱檬、枳和柚类，金柑、四季橘（*Calamondin*）和部分香橼表现出较强的溃疡病抗性。

柑橘溃疡病可危害柑橘的枝、叶和果实，尤其是初生幼嫩的枝条、叶片和果实最易侵染，危害严重时引起叶片脱落、枝条枯死、果实色素沉积开裂，树势早衰，最后整株枯死。溃疡病侵染柑橘叶片后，在叶片背面出现黄色或暗黄绿色针头大小的油渍状圆斑，随着侵染程度加深，叶片病斑处两面隆起，成为近圆形、米黄色的病斑，病情加剧后病斑中央破裂，隆起明显，表面粗糙，木质化，呈灰白色或灰褐色火山口状，病斑多呈圆形，常有轮纹或螺状纹，周围还会出现黄色或黄绿色的晕环，在紧靠晕环处常有褐色的釉光边缘，随后病斑常会连接成片，形成不规则的大病斑［图 1-2（a）］。枝条感病时的病斑特征与叶片病斑相似，开始出现油渍状小圆点，暗绿色或蜡黄色，扩大后呈灰褐色，病斑中间凹陷严重，如火山口状裂开，但无黄色晕环，夏梢发病尤为严重［图 1-2（b）］。果实受害严重者引起落果，轻者会使果实带有疤痕，无法长期储藏，极易发生腐烂，大大降低了果实的商品价值［图 1-2（c）］。不同抗性品种病斑性状有一定差异，甜橙等敏感品种溃疡病病斑面积大、隆起症状明显，四季橘等抗病品种病斑面积小、症状相对轻微（何秀玲等，2007）。

(a) (b) (c)

图 1-2 柑橘溃疡病的症状

（a）侵染溃疡病的叶片症状；（b）侵染溃疡病的枝条症状；（c）侵染溃疡病的果实症状

（扫封底或勒口处二维码看彩图）

第四节 柑橘溃疡病菌的侵染与传播

一、柑橘溃疡病菌的侵染

Xcc 主要从植株的伤口、气孔和皮孔等处侵入柑橘组织，温度和湿度是影响病菌入侵的主要环境因素。研究表明，甜橙在受 *Xcc* 侵染时，发病所需温度为 12 ～ 40℃，在适合湿度下，30 ～ 35℃发病最重，42℃以上症状将不再扩展。高温多湿条件可促进柑橘溃疡病暴发，雨水可促进病原菌入侵，病菌侵入需有组织表面停留 20min 以上的水膜，故雨量多的年份或季节病害发生亦重。在我国华南沿海柑橘溃疡病疫区，4 月中下旬，平均气温 20℃持续 10 ～ 15 天，田间即开始发病，持续 3 天平均气温达到 25℃，田间病情急增；夏梢、秋梢期，遇台风、阵雨、擦伤、高温高湿等，往往造成溃疡病大爆发。

二、柑橘溃疡病的传播

柑橘溃疡病传播途径广泛，大大增加了其对柑橘产业的危害性和防控难度。*Xcc* 在自然形成的病斑中越冬，并以病叶、病枝及病干为主要的再侵染源，翌年春天在适宜的温度和湿度条件（雨水、灌溉和露水）下，感病组织溢出菌脓，通过雨水、昆虫、大风及枝叶摩擦等方式传播到健康组织，借助鞭毛通过伤口、气孔和皮孔等侵入植株组织，为区域性传播和流行的主要途径。最近有研究表明，严重危害柑橘的害虫潜叶蛾与柑橘溃疡病发生之间存在一定相关性。易继平等通过对柑橘园潜叶蛾百叶虫量、溃疡病发生面积、病情指数及发病位置等进行调查分析发现，柑橘潜叶蛾与柑橘溃疡病在消长动态上存在年度间和年度内的同步性，虫害和病害部位也存在同步性，且发现潜叶蛾虫道内病原菌与溃疡病病原菌一致，揭示柑橘潜叶蛾可能是柑橘溃疡病快速传播和加重发生的一个重要影响因素（易继平等，2019）。*Xcc* 可以通过带病接穗、种苗和果实等柑橘材料进行远距离传播，是柑橘溃疡病跨区域传播的最主要途径，也是造成我国柑橘主要柑橘产区溃疡病流行的最重要原因。柑橘溃疡病传播途径广、速度快，危害程度大，给世界柑橘产业的发展造成严重威胁，世界各柑橘生产国都十分重视其防控工作。

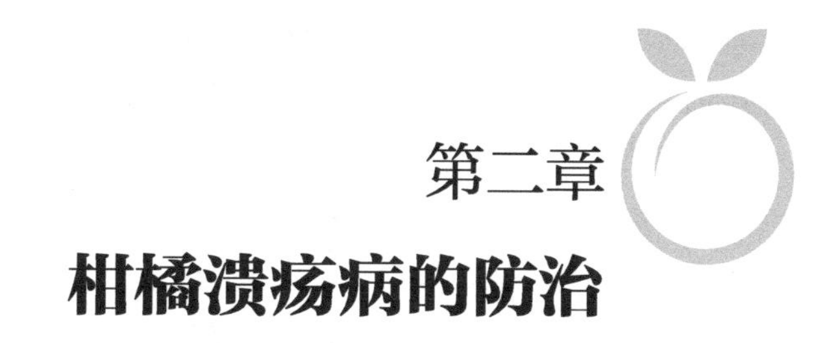

第二章
柑橘溃疡病的防治

柑橘溃疡病防治主要采取包括控制传染源、切断传播途径和杂交育种培育抗病品种等的综合策略。近年来，分子育种也得到快速发展和广泛应用。本章介绍了溃疡病的综合防治策略以及溃疡病抗、感病基因的挖掘及利用等方面的研究进展。

第一节　综合防治策略

一、控制传染源

主要在柑橘溃疡病发生区域，通过化学、生物和农业等防治手段，杀灭溃疡病菌降低柑橘病原菌种群基数。

1. 化学防治

目前化学防治依然是世界范围内对柑橘溃疡病最普遍的控制方法，主要包括硫酸铜、松脂酸铜、乙酸铜等铜制剂，硫酸链霉素等农用抗生素，以及其他化学抗菌药物的施用。最近有研究表明，一种新型的以锌螯合物为基础的系统抗菌制剂可抑制溃疡病菌的生长及其生物膜的形成，是一种很有前途的抗菌化合物，可以控制维管植物病原体；另外，一种能够自组装形成具有良好热稳定性的纳米颗粒——新型阳离子对称肽 P5VP5 纳米粒子可破坏细菌细胞膜，影响其通透性，最终导致细菌的死亡，对溃疡病菌也表现出优良的抗菌活性，可以用来控制柑橘溃疡病和其他由细菌引起的植物病害。喷施水杨酸（salicylic acid，SA）可诱导感病的纽荷尔脐橙产生系统获得性抗性，增强其对溃疡病的抗病性（Wang，*et al.*，2012）。

2. 生物防治

柑橘溃疡病生物防治还处于初级阶段，研究表明，柑橘根际的多根菌等一些拮抗细菌、噬菌体和吞噬细菌的微生物等可与 *Xcc* 发生拮抗作用，可降低溃疡病的发病程度（Santos， *et al.*，2016）；最近研究发现，柑橘根际的多根菌可诱导邓肯葡萄柚系统防御反应的能力以调节柑橘的免疫功能，对溃疡病菌产生系统的防御反应。

3. 农业防治

农业防治也是目前柑橘溃疡病比较有效的防控措施，主要包括：冬季清园，剪除病枝、病叶，清扫落叶落果，集中消毒处理；加强新种植果园和零星发病果园巡视监测，发现病株及时挖除并烧毁；种植防风林，抗病和感病品种间隔种植也有一定的防控效果。

二、切断远距离传播途径

柑橘苗木、接穗和果实在产区的广泛流通是柑橘溃疡病远距离传播最主要的途径，规范种苗生产、加强检验检疫法规的制定并严格执行是世界各国通行的切断柑橘溃疡病远距离传播途径，防控柑橘溃疡病大流行的有效措施。主要包括以下内容。

（1）严格按照“柑橘无病毒种苗三级良繁体系”技术规程进行柑橘种苗生产，从源头阻断柑橘溃疡病的传播。

（2）建立健全柑橘苗木检疫法律法规，通过各级检疫部门、海关等机构对可能传播病菌的途径予以封锁、切断，以保证无病区免受病害的威胁。

（3）柑橘溃疡病疫区的果品只在非柑橘产区或溃疡病疫区销售，种苗、接穗等繁殖材料严禁调出。

这些严格的检疫措施对于防范柑橘溃疡病在全国产区的大流行十分重要，在我国柑橘非疫区建设中发挥了重要作用。

三、培育抗病新品种

通过清除和杀灭病原菌，阻断传播途径在柑橘溃疡病防控中发挥了重要作用，但这些措施中挖树焚烧等的成本高、损失大，大量使用农药存在环境安全问题，流通领域控制实施难度大，难于彻底根除柑橘溃疡病。培育抗病新品种是从根本上防控溃疡病的有效途径，越来越多地受到柑橘育种科研工作者的关注。培育优良品种可分为传统杂交、诱变育种和现代分子育种。但由于柑橘童期长、远缘不亲和、性器官败育、胚珠杂合、单倍体不育、遗传背景复杂等原因使传统杂交育种、诱变育种难度大、效率低，目标不确定。随着现代生物技术发展和柑橘基因组学深入研究，分子育种技术从基因水平上对柑橘遗传物质进行改造，成为培育新品种的有效方式之一（Moose，2008），在柑橘抗溃疡病育种中已展示出较大潜力。分子育种具有准确、高效等特点，近年来得到了快速发展和广泛应用，为快速、高效、定向创制抗溃疡病柑橘新种质带来了捷径。近年来，通过抗菌肽等外源抗病基因导入、*CsLOB*1 等柑橘感病基因的改造等分子育种技术创制了大量对溃疡病抗性显著提高的柑橘材料，为抗溃疡病柑橘新品种的培育展现了光明的前景（Peng，*et al*，2017）。

第二节 抗、感病基因资源及应用

一、非柑橘源抗病相关基因及应用

抗、感病基因资源是植物抗病分子育种的基础。柑橘基因组、转录组等分子生物学研究起步较晚，抗病机制研究比较薄弱，柑橘源抗病相关基因发掘相对滞后，早期主要通过外源抗病基因导入开展柑橘溃疡病抗性研究和创制抗病新材料。使用的外源抗病基因主要有抗菌肽基因、植物抗病基因、超敏蛋白基因、植物的代谢相关基因和病原致病基因等（表 2-1）。

表 2-1 非柑橘源抗病相关基因

基因	类型	来源
Attacin A	抗菌肽	粉纹夜蛾
Stx IA	抗菌肽	麻蝇
Cecropin B+Shira A	抗菌肽	化学合成
Xa21	抗性基因	水稻
Bs2	抗性基因	辣椒
HrpN	超敏蛋白基因	黎水疫病欧文菌
AtNPR1	系统获得抗性调节分子	拟南芥
MdSPDS1	亚精胺合成酶基因	苹果
TERF1	转录因子	番茄
PthA-nls	致病因子	地毯黄单胞杆菌柑橘致病变种

抗菌肽具有广谱的杀菌功能，多种抗菌肽基因被广泛用于柑橘抗溃疡病分子育种研究，并获得较好的抗病效果。20 世纪 90 年代开始，陈善春等利用根癌农杆菌介导先后将柞蚕抗菌肽人工改造合成的 *Cecropin B* 和 *Shiva A* 基因导入锦橙和新会橙，获得了大量转基因材料，田间评价表明，大部分转基因植株对溃疡病的抗性得到了显著提高（邹修平等，2014）。此后，来自粉纹夜蛾的 *Attacin A*、麻蝇的 *Stx IA* 等抗菌肽基因被相继导入柑橘，大部分对柑橘溃疡病抗性有所提高，但各品种间抗性具有一定差异。转 *Attacin A* 的哈姆林甜橙对溃疡病抗性提高显著，与非转基因对照相比病情指数下降 60%，转基因伏令夏橙和纳塔尔甜橙植株抗病能力有一定的提高，而佩拉甜橙转基因植株对溃疡病不具有明显抗性（Cardoso，*et al.*，2010）。*Xa21* 基因编码一个类受体激酶蛋白，在病原物配体的细胞表面识别和随后的

细胞内防卫应答中起作用，转 *Xa21* 的柑橘材料对柑橘溃疡病抗性明显提高（Mendes，*et al.*，2010）。近年来，人们还尝试利用 *Xcc* 的致病因子 *PthA-nls* 等转化柑橘调控柑橘对溃疡病的抗性，也获得了一些进展（Yang，*et al.*，2011）。

二、柑橘源抗病相关基因及应用

虽然通过外源抗病相关基因的导入在一定程度上可以提高转基因柑橘的抗病性，但效果很有限，难以获得对溃疡病具有完全抗性的植株。开展柑橘溃疡病抗性机制研究，进而发掘抗、感病相关基因，通过多基因共改造等途径有效提高柑橘抗病性是柑橘抗病分子育种的发展方向。近年来，随着高通量测序技术、生物信息学技术等的日趋成熟，柑橘基因组、转录组和代谢组等组学研究得到快速发展，从寄主的角度发掘柑橘抗病相关基因资源，探明关键基因的调控网络及柑橘抗、感溃疡病形成机制，并指导抗病分子育种变得更加可行，也逐渐成为研究的热点。

1. 根据同源性发掘溃疡病相关基因

根据柑橘品种与模式植物中的抗、感病基因的同源性筛选基因是发掘柑橘抗溃疡病相关基因的重要方法。*NPR1* 基因是植物系统获得性抗性（systemic acquired resistance，SAR）广谱抗菌的正调控因子，拟南芥 *NPR1* 在柑橘中的同源基因 *CtNH1*，在邓肯葡萄柚过表达后显著增强了转基因植株溃疡病抗性，且 *CtNH1* 的过表达可使病程相关蛋白基因 *PR1* 表达急剧上调（Chen，*et al.*，2013）；*MAPK*（mitogen activated protein kinases）基因在植物免疫信号转导过程中发挥重要作用，拟南芥中的基因 *MAPK1* 在甜橙中的同源基因 *CsMAPK1* 转甜橙提高了柑橘植株对溃疡病的抗性，且 *MAPK1* 的过表达促使转基因植株下游抗病相关基因表达上调，同时显著提高了活性氧的积累，从而增强了抗病性（Oliveira，*et al.*，2013）。

2. 根据蛋白质差异表达发掘溃疡病相关基因

通过对 *Xcc* 侵染后柑橘内源基因的诱导表达模式分析，获得差异表达基因是发掘柑橘溃疡病相关候选基因的重要途径。贾瑞瑞等利用转录组测序和 qRT-PCR 鉴定到转录因子基因 *CsBZIP40*，在感病品种和抗病品种中，该基因受 *Xcc* 诱导呈相反的表达模式（贾瑞瑞等，2017），经过反向遗传学功能验证，该基因的过表达可以通过调控 SA 信号途径明显增强柑橘对溃疡病的抗性（Li，*et al.*，2019）。过氧化物酶家族是植物抵御生物胁迫过程中维持活性氧平衡的重要的酶，根据 *Xcc* 对该家族成员的诱导表达，得到一个过氧化物酶基因 *CsPrx25*，其通过对重建转基因植株的活性氧平衡调节对溃疡病的抗性（Li，*et al.*，2020）。*CsWAKL08* 是受 *Xcc* 侵染诱导表达的细胞壁关联受体激酶，也可以通过调控茉莉酸（Jasmonic acid，JA）信号途径和重建转基因植株的活性氧平衡提高对溃疡病的抗性（Li，*et al.*，2020）。通过诱导表达，也可以获得柑橘溃疡病感病基因，例如 *CsXTH04*，在感病品种中受 *Xcc* 诱导表达增加，RNA 干扰后明显增强了对溃疡病的抗性（Li，*et al.*，2019）；*CsWRKY22* 是从转录组数据中发掘的一个感病相关的转录因子，它可以调控下游的 *CsLOB1* 基因的表达使植株感病（Wang，*et al.*，2019）。目前，根据病原菌对柑橘的诱导表达来发掘差异表达基因，是获取柑橘溃疡病抗性相关基因的最主要途径。

3. 根据病原菌与寄主互作发掘溃疡病相关基因

Xcc 入侵柑橘组织后，会迅速增殖，并释放一些致病因子，例如 PthA 等，这些蛋白质可以抑制 PTI 信号传递和激素信号通路而发挥毒性功能。研究表明，拟南芥膜蛋白富亮氨酸类受体激酶 FLS2 可识别细菌鞭毛蛋白 fi922 并诱导抗病反应，抑制细菌病原物的生长，PTI 抗病反应途径下游的促分裂素原活化蛋白激酶 MAPK 及 WRKY 转录因子参与了该抗病反应过程（Asai，*et al.*，2002）；EF-TU 是细菌的一种保守蛋白分子，可被拟南芥细胞表面受体 EFR（EF-TU receptor）识别并诱发抗病反应，其抗病调节反应机制与 FLS2 类似（Zipfel，*et al.*，2004）；转录激活子 PthA4 可以特异结合 CsLOB1 启动子中的 EBEPthA4 元件，激活 CsLOB1 的表达，促进了柑橘溃疡病的研究发展（Xu，*et al.*，2016），通过对 *CsLOB1* 基因启动子 EBEPthA4 元件进行基因编辑，阻滞 *Xcc* 对 CsLOB1 的诱导表达，获得的基因编辑植株明显增强了对溃疡病的抗性（Peng，*et al.*，2017）；黄龙等还利用免疫共沉淀技术获得与 PthA4 有互作关系的靶标蛋白 CsSRP54，它也是一个有潜力用作抗病分子育种的候选基因，与 Pth2 和 Pth3 互作的柑橘亲环蛋白（cyclophilin，Cyp）、硫氧还蛋白（tetratricoredoxin，TDX）以及泛素结合酶（ubiquitin-conjugating enzyme variant，Uev）也得到鉴定，这些蛋白质的编码基因也是柑橘抗溃疡病分子育种中有潜力的候选基因（黄龙，2013）。

第三章 柑橘抗病分子育种的技术体系和研究方法

抗、感病基因挖掘、功能验证、机制解析和抗病分子育种以一系列技术体系为基础。本章主要介绍柑橘抗病分子育种的技术体系和研究方法，包括基因转化体系、溃疡病抗性评价体系、分子生物学和生物信息学方法等。

第一节 基因转化体系

一、表达载体

基因过表达、RNA 干扰表达、亚细胞定位、VIGS（病毒介导的基因）沉默等是研究基因功能的重要技术，均涉及载体构建和植物转化。笔者早期以 pCAMBIA1305 载体为骨架，构建了柑橘遗传转化用的植物表达载体 pLGNe，以 NPT Ⅱ 为抗性筛选基因、GUS 为报告基因、来源于花椰菜花叶病毒的植物组成性启动子 CaMV 35S 为外源基因表达的启动子、冠瘿碱合成酶基因的终止子作为外源基因表达的终止子。pLGNe 用来构建基因的过表达载体和 RNAi 载体，也可以增加 GFP 标签后用于亚细胞定位（图 3-1）。

二、柑橘遗传转化和鉴定

植物遗传转化是指同源或异源的游离 DNA 分子（质粒和染色体 DNA）被植物细胞摄取，整合进植物基因组，并得到表达的基因转移过程。

笔者建立了以晚锦橙上胚轴为外植体的高效遗传转化体系，能在 2 个月内获得试管嫁接成活的转基因植株（图 3-2）。转化步骤如下。

1. 准备柑橘实生苗上胚轴

取新鲜柑橘（晚锦橙）洗净，用 70%酒精表面消毒，在无菌的条件下取出种子，剥掉种皮，接种在种子萌发培养基上萌发，28℃下暗培养 2 周，然后在 16h 光照 /8h 黑暗的光周期下培养 1 周；无菌条件下取萌发幼苗上胚轴切成 1cm 左右的茎段，用于根癌农杆菌的遗传转化。

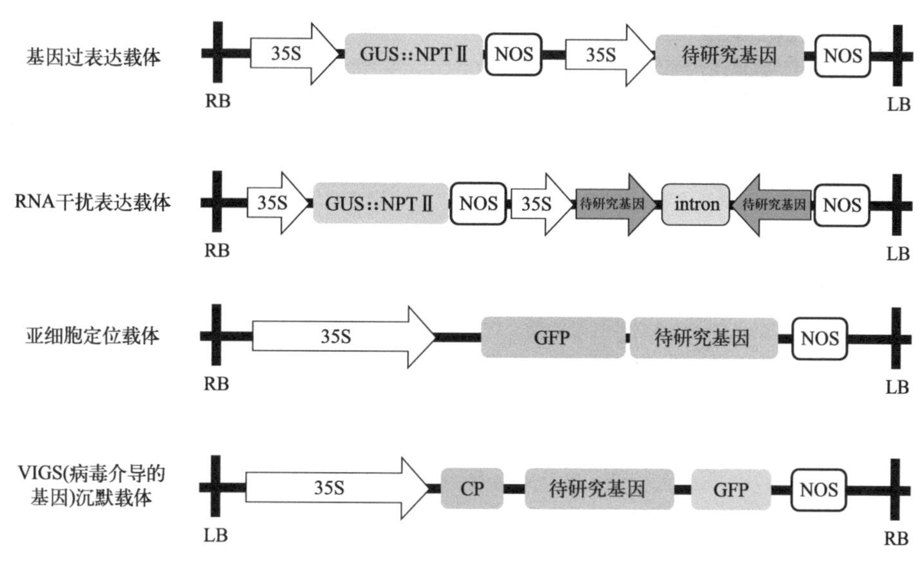

图 3-1 本研究中用到的载体

RB—载体右臂；LB—载体左臂；CP—病毒包衣蛋白；35S—花椰菜花叶病毒的植物组成性启动子；NOS—冠瘿碱合成酶基因终止子；GUS—*β*- 葡萄糖酸苷酶基因；NPT Ⅱ—卡那霉素抗性筛选基因；intron—干扰片段正反向连接臂；GFP—绿色荧光蛋白

2. 制备根癌农杆菌

用于转染的根癌农杆菌菌液加入 80％的无菌甘油保存于 -70℃的超低温培养箱中。转染前，在含 50mg/mL 相应抗生素的 LB 固体培养基上划线培养。挑根癌农杆菌单菌落，接种于 25mL 含有相同抗生素的 LB 液体培养基中，28℃振荡培养过夜；次日，测浓度后将菌液稀释成 OD_{600}=0.1 的菌液进行二摇，3h 后，待菌液处于对数生长期（OD_{600}=0.5）时，于 5000r/min 离心 10min，弃上清液，用 pH=5.4 的 MS 液体培养基重悬后用于转染。

3. 转化柑橘上胚轴茎段

将切成 1cm 左右的柑橘（晚锦橙）上胚轴茎段在根癌农杆菌中浸泡 13min，期间轻微晃动。取出茎段后将表面的菌液吸干；将茎段转移到共培养培养基中，26℃暗培养 2 天；共培养完成后，将上胚轴转移到筛选培养基中，28℃暗培养 7 天后，外植体在 28℃、16h 光照 /8h 黑暗培养；待幼苗长到 1cm 以上时，将 GUS 染色初筛阳性芽切下后嫁接到无菌试管晚锦橙苗，在成苗培养基中进行培养；待幼苗长到 5cm 左右时将其嫁接到枳实生苗上，在温室中进行培养。

三、柑橘瞬时转化

瞬时转化（transient transfection）是将 DNA 导入真核细胞的方式之一。在瞬时转染中，重组 DNA 导入侵染性强的细胞系以获得目的基因暂时但高水平的表达。转染的 DNA 不必整合到宿主染色体，可在转染后较短时间内收获转染的细胞。

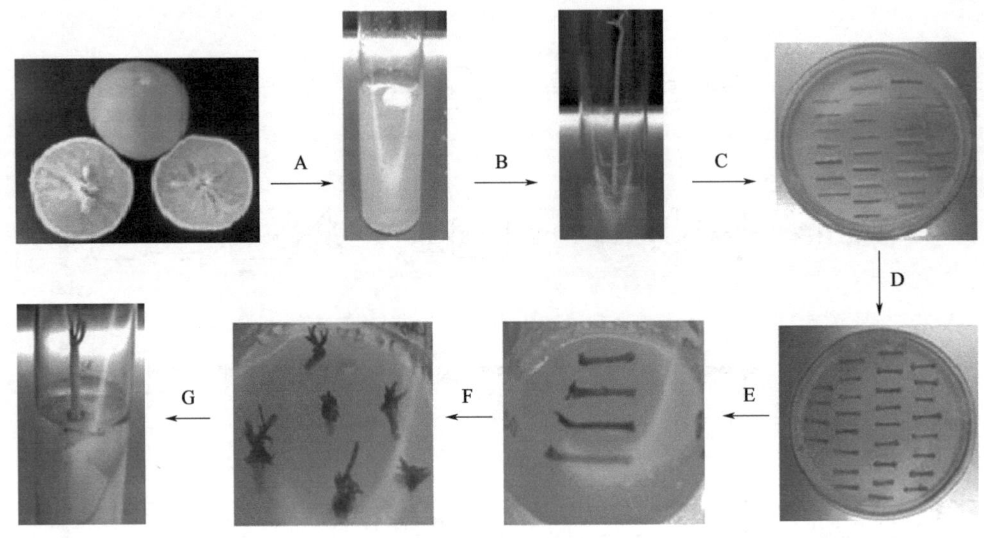

图 3-2 柑橘遗传转化流程

A—晚锦橙种子处理；B—种子萌发；C—试管苗切成茎段；D—农杆菌侵染；

E—愈伤组织再生；F—GUS 染色初筛；G—试管嫁接

（扫封底或勒口处二维码看彩图）

笔者建立了柑橘的瞬时转化体系。该体系中，首先以甜橙叶片为植物受体，含绿色荧光蛋白（GFP）标签的表达载体转化农杆菌并制备菌液；然后，将菌液注射柑橘叶片并暗培养 48h 后进行荧光检测；最后，用 PCR 检测外源基因的表达水平，获得转基因材料。

四、病毒介导的基因沉默

对特定基因的敲除或沉默是目前研究基因功能的重要手段之一。VIGS 即病毒诱导的基因沉默（virus-Induced gene silencing），其机制是利用包含目标基因的核酸片段与宿主的内源性 mRNAs 相结合，从而对目标基因进行沉默。VIGS 具有简单方便、周期短、侵染效率高等特点，现已应用于多种植物的基因功能研究中。VIGS 使用的载体 TRV 因可侵染广泛的寄主，如烟草、番茄、苹果、毛白杨和芸香科的墨西哥莱檬、广西沙田柚、长寿金柑、枳壳等而得到广泛应用。

笔者利用 TRV 成功侵染了晚锦橙，建立了甜橙的 VIGS 技术体系。该体系中，首先，扩增目的基因的特异功能区段构建 VIGS 载体；然后，转化农杆菌并制备菌悬液，将胚根长至 3cm 的无菌幼苗浸入农杆菌菌液，用真空泵抽真空 1min；之后用水冲洗侵染的部位转移至共培养培养基上，28℃黑暗培养 3 天后转移至筛选培养基，观察发出绿色荧光的为阳性苗，随后转移至营养土培养基，26℃、16h 光照 /8h 黑暗培养 15 ～ 30 天。最后，采集组织提取 DNA 和总 RNA，检测基因的沉默效果。

第二节 柑橘溃疡病抗性评价体系

一、针刺法

成熟叶片清洗消毒后以叶脉为中心在两边用接种针（0.5mm）进行针刺，用移液器进行 *Xcc* 菌液点样（每针孔 1μL，菌液浓度 10^5CFU/mL），用浸水的脱脂棉包裹叶柄后密封培养于 28℃培养箱（16h 光照 /8h 黑暗）。10 天后拍照并用 Image J 统计病斑大小（lesion size，LS），病斑大小进行分级（表 3-1），根据以下公式计算病情指数（disease index，DI）：

DI=100×Σ(各级病斑数 × 相应级数值)/（病斑总数 × 最大级数）

表 3-1 病斑大小统计标准

级别	病斑大小（LS）
0 级	LS ≤ 0.5mm²
1 级	0.5 mm² < LS ≤ 1.0 mm²
2 级	1.0 mm² < LS ≤ 1.5 mm²
3 级	1.5 mm² < LS ≤ 2.0 mm²
4 级	2.0 mm² < LS ≤ 2.5 mm²
5 级	LS > 2.5 mm²

二、注射法

成熟叶片清洗消毒后置于无菌培养皿，叶片背面朝上，叶柄放入棉花夹层中保持湿润。叶片下表皮注射溃疡病菌悬液（菌液浓度 10^5CFU/mL）。密封后置于 28℃培养箱（16h 光照 / 8h 黑暗），10 天后观察叶片溃疡病菌发病情况，并拍照记录。

三、柑橘溃疡病菌生长曲线

成熟叶片清洗消毒后置于无菌培养皿，用接种针（直径 0.5mm）在叶片背面主脉两侧均匀扎取 10 个孔。用移液器进行 *Xcc* 菌液点样（菌液浓度 10^5CFU/mL），置于 28℃培养箱（16h 光照 /8h 黑暗）。分别于 0 天、1 天、3 天、5 天、7 天和 9 天，取三个接种菌液的区域叶圆片研磨粉碎后加入无菌水定容为 1mL，取 50μL 涂布于 LB 平板，28℃培养 2 天后计数菌落。

第三节　分子生物学方法

一、蛋白质与蛋白质互作

1. 酵母双杂（yeast two-hybrid，Y2H）

构建含待验证蛋白编码序列的捕获融合载体 pBT3 和诱饵融合载体 pPR3，共转化酵母，在 SD/-Trp/-Leu 培养基上筛选目标克隆并分析其 β-Gal 活性。以 pBT3 空载体和包含目标基因的 pPR3 诱饵载体为对照。对于核蛋白，捕获载体和诱饵载体分别用 pGAD 和 pGBT。

2.GST 融合蛋白沉降（GST pull-down）

待验证蛋白编码序列分别连接到载体 pGEX4T-1［含 GST（谷胱甘肽巯基转移酶）标签］和 pET32a［含 HIS 标签（多组氨酸）］，诱导蛋白表达后用 HIS 和 GST 纯化，最后用 Anti-HIS 和 Anti-GST 抗体进行 Western Blot 检测。

3. 双分子荧光互补（bimolecular fluorescence complementation，BiFC）

待验证蛋白编码序列分别连接到载体 pUCSPYNE 和 pUCSPYCE，共注射本氏烟草叶片，用激光共聚焦显微镜观察荧光激发情况。

二、蛋白质与 DNA 互作

1. 酵母单杂（Yeast one-hybrid，Y1H）

将待测蛋白编码序列和待测启动子序列分别连接到捕获载体 pGADT7 和诱饵载体 pAbAi，两重组质粒共转化酵母，在 SD/-Leu/ABA 培养基上涂板观察菌落生长情况，若长出菌落则证明两者发生相互作用。

2. 凝胶阻滞（electrophoretic mobility shift assay，EMSA）

原核表达并纯化待分析蛋白，利用 JASPAR 数据库分析启动子结合位点后据其设计探针并用生物素标记，探针、纯化蛋白与试剂盒组分预混、孵育后进行 PAGE 电泳分离、转膜和显影。

3. 染色质免疫共沉淀定量 PCR（chromatin immunoprecipitation-qPCR，ChIP-qPCR）

构建含 GFP 标签和目的蛋白编码序列的过表达载体，瞬时转化柑橘后取转基因材料破碎离心，加入 Anti-GFP 抗体，纯化免疫复合物后解交联并回收 DNA 片段，使用靶基因启动子序列设计引物进行定量 PCR，检测被明显富集的片段，即含有目的蛋白和 DNA 的结合位点。

4. 双荧光素酶报告实验（dual-luciferase reporter assay，LUC）

将启动子 DNA 特定片段连接到荧光素酶表达序列前面构建报告基因质粒 pGl3-Basic，将调控因子表达质粒与报告基因质粒共注射本氏烟草叶片，加入荧光素酶底物，产生荧光素，通过检测荧光强度来测定荧光素酶活性，从而判断待测调控因子是否与启动子 DNA 互作且有转录激活活性。

第四节　生物信息学和统计学方法

一、主要的生物信息学方法

本研究体系中包含基因鉴定、核酸和蛋白质序列分析、系统发育分析等诸多生物信息学方法，用到诸多的软件和数据库，如表 3-2 所示。

表 3-2　本研究体系中涉及的软件和数据库

软件和数据库名称	功能
Blast	序列比对
CAP	柑橘基因组数据库
Cello	蛋白质亚细胞定位预测
CitGVD	柑橘基因注释
CIWOG	基因结构分析
ClustalW	序列比对
CPBD	柑橘泛基因组数据库
DNAsp	Ka/Ks 比率计算
ExPASy	蛋白质理化性质分析
Fgenesh++	基因注释
GECA	基因结构分析
GSDS	基因结构可视化
Image J	图像识别
Jaspar	预测 TFs 互作位点
MapChart	染色体定位可视化
MCScanX	基因组共线性分析
Mega	序列比对和进化分析
MEME	蛋白质保守结构基序分析
NCBI	生物技术信息数据库
OmicsBean	KEGG 信号通路富集分析

续表

软件和数据库名称	功能
PeroxiBase	过氧化物酶数据库
PeroxiScan	过氧化物酶进行分类
Pfam	蛋白质结构域分析
PhyML	系统发育分析
Phytozome	植物基因组数据库
PlantCare	启动子顺式元件分析
Primer Blast	定量引物设计
ProtParam	蛋白质理化性质分析
RedOxiBase	ROS 调控基因数据库
Scipio	基因自动注释
SignalP	蛋白信号肽预测
SMART	蛋白质结构域分析
String	蛋白质互作网络分析
Swiss-PdbViewer	蛋白质 3D 结构可视化
TAIR	拟南芥数据库
TBTools	基因家族分析
TMHMM	蛋白跨膜结构预测
UniProt	蛋白序列数据库
Weblogo	序列比对结果可视化
Wolf Psort	蛋白亚细胞定位预测

二、统计学方法

使用 SPSS（IBM，美国）进行差异显著性分析，采用双尾 t 检验分析两组数据差异显著性，用 * 表示差异显著（$P < 0.05$），** 表示差异极显著（$P < 0.01$），ns* 表示差异不显著（$P \geqslant 0.05$），使用图基多重比较法（Tukey's Method）进行多重比较（小写字母表示 P=0.05 时数据之间的差异，大写字母表示 P=0.01 时数据之间的差异）。

第二篇

转录调控因子

转录因子（transcriptional factors，TFs）是一类能够与靶基因启动子区域特异结合并调控下游靶基因表达的蛋白质分子，又称反式作用因子。大量研究表明，转录因子在植物抗病过程中扮演着重要的角色。笔者发掘的柑橘源抗、感溃疡病相关基因中大部分属于转录因子，这些转录因子通过对某些抗、感病途径的调控引起柑橘的抗、感病响应。本篇论述了这些转录因子（CsAP2-09、CsBZIP40、CsWRKY43、CsWRKY61、CitMYB20 和 CitNPR4）的鉴定、功能分析和调控机制等的相关研究。

第四章 CsAP2-09 在柑橘溃疡病中的功能

无花瓣基因 2/ 乙烯响应因子（Apetala 2/Ethylene response factors，AP2/ERF）是含有 AP2 特征结构域的一类转录因子，多参与植物生长发育调控、抵抗生物和非生物胁迫等。前期对不同抗性柑橘品种受 *Xcc* 侵染后的转录组分析显示差异表达基因中包含 AP2 转录因子家族的成员，暗示 AP2 家族可能与柑橘响应 *Xcc* 侵染有一定关系。本章以柑橘基因组数据为出发点，全面鉴定和分析了柑橘 AP2 家族，并对其中响应 *Xcc* 侵染的 AP2 成员 *CsAP2-09* 基因进行了深入功能分析和作用机制研究。

第一节　AP2/ERF 转录因子的研究背景

一、AP2/ERF 转录因子的结构与分类

AP2/ERF 类转录因子含有一个或多个 AP2 结构域，其由约 60 ～ 70 个高度保守氨基酸组成并参与 DNA 结合。AP2 结构域含有 3 个反向平行的 β- 折叠和 1 个与之平行的 α- 螺旋，在识别 DNA 相应序列时，β- 折叠上的精氨酸和色氨酸残基与靶基因双螺旋结构上的 8 个碱基相连，从而实现识别并结合相应 DNA 序列。根据 AP2 结构域的数量和识别区域的不同，可将 AP2/ERF 超家族的转录因子分为三类：AP2 亚家族、ERF 亚家族、RAV 亚家族。

1. AP2 亚家族

含有两个重复的 AP2 结构域，有 1 个较长的识别序列，实验证明两个 AP2 结构域都可参与 DNA 的结合。

2. ERF 亚家族

含有 1 个 AP2 结构域，基因序列几乎不含内含子。ERF 亚家族可结合 GCC-box 元件。

3. RAV 亚家族

含有 AP2 结构域和 B3 样结构域，该转录因子既属于 AP2/ERF 家族，也属于 B3 家族。B3 样结构域是除了单个 AP2 结构域之外在其他植物特异性转录因子（包括 VP1/ABI3）中保守的 DNA 结合结构域。2 个结构域既能单独与靶基因结合，也可共同与靶基因结合，从而提高与 DNA 结合的亲和力（Kagaya，*et al.*，1999）。

二、AP2/ERF 转录因子的功能

AP2/ERF 转录因子在植物生长和发育调控以及对生物和非生物胁迫的应答方面发挥着重要作用。

1. AP2/ERF 在植物生长发育调控中的功能

AP2/ERF 转录因子可通过调控花、果实、种子的发育参与植物的生长过程。拟南芥中隐性同源异型 Apetala 1-1（Ap1-1）突变会导致植株萼片到苞片的同源异形转化，形成缺少花瓣的花芽（Sussex，1990）。AP2/ERF 转录因子还参与植物果实发育过程。在番茄中的 AP2 转录因子在果实转色期表达量最高，影响果实发育过程（Bartley & Ishida，2002）。

2. AP2/ERF 在植物抵抗非生物胁迫中的功能

研究发现，DREB 亚家族在植物非生物胁迫响应中发挥重要作用。过表达 DREB1/CBF 的转基因拟南芥植株对冷冻、干旱和高盐度的耐受性都得到显著提高，而抑制 DREB1A/CBF3 或 DREB1B/CBF1 表达可导致转基因植株对冷冻的耐受性降低（Novillo，*et al.*，2007）；拟南芥 *DREB1A* 基因与胁迫诱导启动子 *rd29A* 组合后转化烟草，可提高转基因植株对抗干旱和低温胁迫能力（Kasuga，*et al.*，2004）。

3. AP2/ERF 在植物抵抗生物胁迫中的功能

AP2/ERF 类转录因子在大多数植物中都可参与疾病抗性调节。辣椒 *CaPF1* 在松树（*Pinus virginiana* Mill）中过表达可显著提高转基因植株对病原菌的抗性（Tang，*et al.*，2005）。转基因拟南芥中过表达 AcERF2 时，不仅对渗透胁迫表现出显著的耐受性，而且可诱导植物防御相关基因（*PR1*、*PR2*、*PR5*、*ERF1* 和 *ERF3*）的上调表达，增加拟南芥对丁香假单胞杆菌（*Pseudomonas syringae*）的抗性（Sun，*et al.*，2018）。

第二节　柑橘 AP2 家族分析

一、柑橘 AP2 家族的鉴定

经过鉴定，从甜橙基因组挖掘到 12 个 AP2 成员，并根据其在染色体上的排序依次命名为 CsAP2-01 到 CsAP2-12。相对于其他物种，如杨树含 28 个、葡萄含 15 个、拟南芥含 14 个 AP2 转录因子，柑橘 AP2 数量相对较少，表明此转录因子家族在柑橘基因组中相对较保守，没有发生基因复制事件。12 个 AP2 成员间的蛋白质长度差别较大，这些

AP2 基因编码蛋白含 386 ～ 681 个氨基酸不等，分子量为 42.176 ～ 75.366kDa，等电点为 5.4 ～ 8.9（表 4-1）。

表 4-1 柑橘 AP2 家族

名称	CAP 序号	Phytozome 序号	氨基酸数	分子量 /kDa	等电点
CsAP2-01	Cs1g17580	orange1.1g014204m	430	47.49	8.4
CsAP2-02	Cs1g20480	orange1.1g010039m	520	57.82	5.9
CsAP2-03	Cs1g21310	orange1.1g005737m	681	75.37	6.2
CsAP2-04	Cs3g07310	orange1.1g036423m	447	50.19	5.4
CsAP2-05	Cs4g03550	orange1.1g044828m	618	67.29	8.9
CsAP2-06	Cs6g03550	orange1.1g038243m	681	74.88	6.0
CsAP2-07	Cs6g20790	orange1.1g042319m	394	44.54	6.8
CsAP2-08	Cs7g04300	orange1.1g043551m	409	45.54	8.6
CsAP2-09	Cs7g27790	orange1.1g014099m	431	47.62	7.1
CsAP2-10	Cs8g17390	orange1.1g016650m	386	42.18	6.1
CsAP2-11	orange1.1t02867	orange1.1g018990m	349	39.18	8.7
CsAP2-12	orange1.1t04055	orange1.1g009943m	523	58.37	6.5

二、柑橘 AP2 家族保守结构域和系统发育分析

根据多个物种的 AP2 家族的氨基酸序列进行系统发育分析发现 AP2 家族可分为 4 个类群［图 4-1（a）］。我们对这些 AP2 转录因子进行了保守基序分析，根据保守结构域差异也可将其分为 4 类，且这四类在结构上存在明显差异，其中第 I 类和第 Ⅱ 类含有最多的保守基序，第 Ⅲ 类含有最少的保守基序［图 4-1（b）］。4 个类群中都有柑橘 AP2 的分布，其中 I 类 3 个、Ⅱ 类 2 个、Ⅲ 类 4 个、Ⅳ 类 3 个［图 4-1（c）］。同时，杨树、葡萄和拟南芥的 AP2 也大致分为这 4 个亚类。

三、柑橘 AP2 家族受溃疡病诱导的表达模式

为了进一步探究柑橘 *AP2* 基因家族与柑橘溃疡病的关系，用 *Xcc* 分别侵染感病品种晚锦橙和抗病品种四季橘健康叶片，并检测不同时期各种 AP2 转录因子的诱导表达模式。结果表明，不同的柑橘 *AP2* 基因表现出不同的诱导表达特性（图 4-2）。经过 *Xcc* 诱导，感病品种

晚锦橙和抗病品种四季橘中 *CsAP2-01*、*CsAP2-02* 和 *CsAP2-03* 没有明显的变化；*CsAP2-04*、*CsAP2-06*、*CsAP2-07* 和 *CsAP2-08* 在晚锦橙中无明显的诱导表达，但是在四季橘中有一定的差异；与之相反，*CsAP2-10* 和 *CsAP2-12* 在四季橘中无明显的诱导表达，但是在晚锦橙中有表达变化；*CsAP2-05* 在两个品种中诱导表达趋势相似；*CsAP2-09* 和 *CsAP2-11* 在晚锦橙中被下调表达，在四季橘中诱导模式不同，*CsAP2-09* 基因在 48h 内被持续上调，而 *CsAP2-11* 在 24h 表达量最高，然后表达量又下降到较低的水平。综合上述诱导表达谱，受到 *Xcc* 侵染后，*CsAP2-09* 基因在抗、感溃疡病品种中表现出相反的诱导表达模式，且表达量与抗病性呈正相关，预示其可能是柑橘针对溃疡病的一个潜在抗性基因。

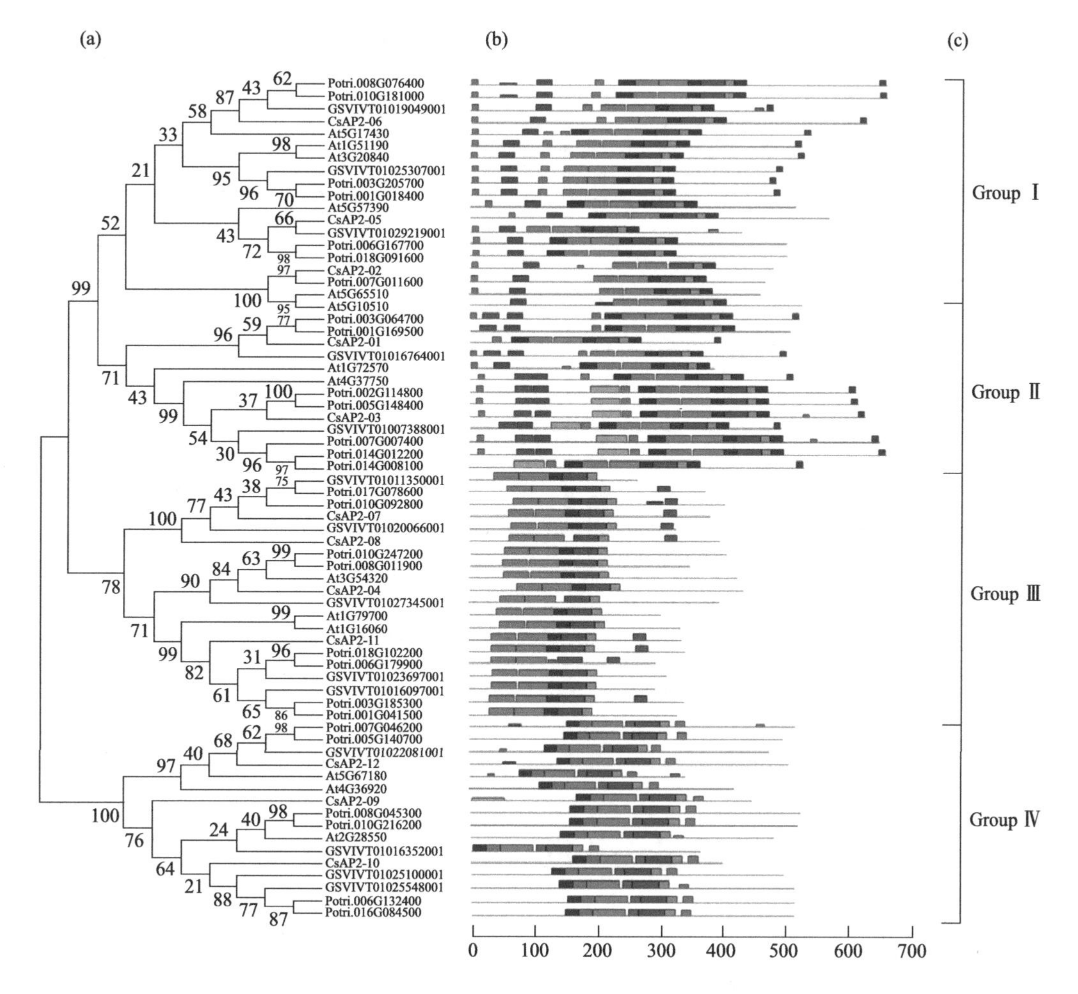

图 4-1 柑橘 AP2 家族的系统发育和保守基序

（a）柑橘 AP2 家族的系统发育；（b）柑橘 AP2 家族的保守基序，

Motif 1 ～ 16 用不同颜色的长方形表示；（c）柑橘 AP2 家族的亚家族

（扫封底或勒口处二维码看彩图）

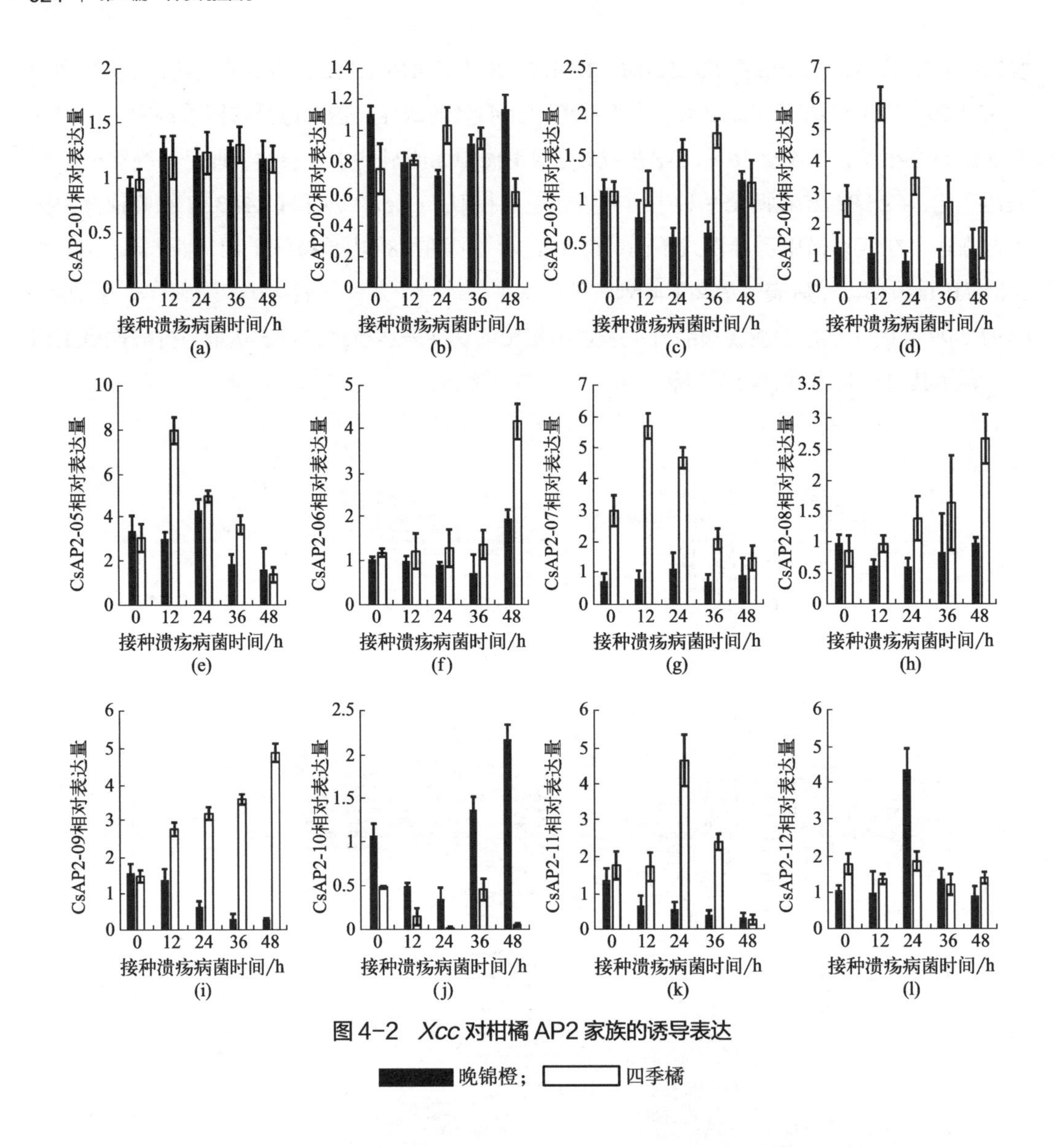

图 4-2 *Xcc* 对柑橘 AP2 家族的诱导表达

晚锦橙； 四季橘

第三节 CsAP2-09 的生物信息学和表达分析

一、CsAP2-09 的生物信息学特征

通过 PCR 从晚锦橙和四季橘的 cDNA 中扩增出 *CsAP2-09* 基因编码序列全长。与基因组数据比对发现该基因位于 7 号染色体［图 4-3（a）］，含有 9 个外显子［图 4-3（b）（c）］。根据多物种 AP2 家族的系统发育树比对，*CsAP2-09* 基因属于 AP2 家族的第Ⅳ亚类。从系统发育和结构域分析该基因处于较原始的地位，这可能赋予此转录因子功能的基础性。它具有两个典型的 AP2 结构域［图 4-3（d）］。在 *CsAP2-09* 基因中检测到两个核定位信号［图 4-3（e）］，预测其定位于细胞核中，具备转录因子发挥调控功能的前提。

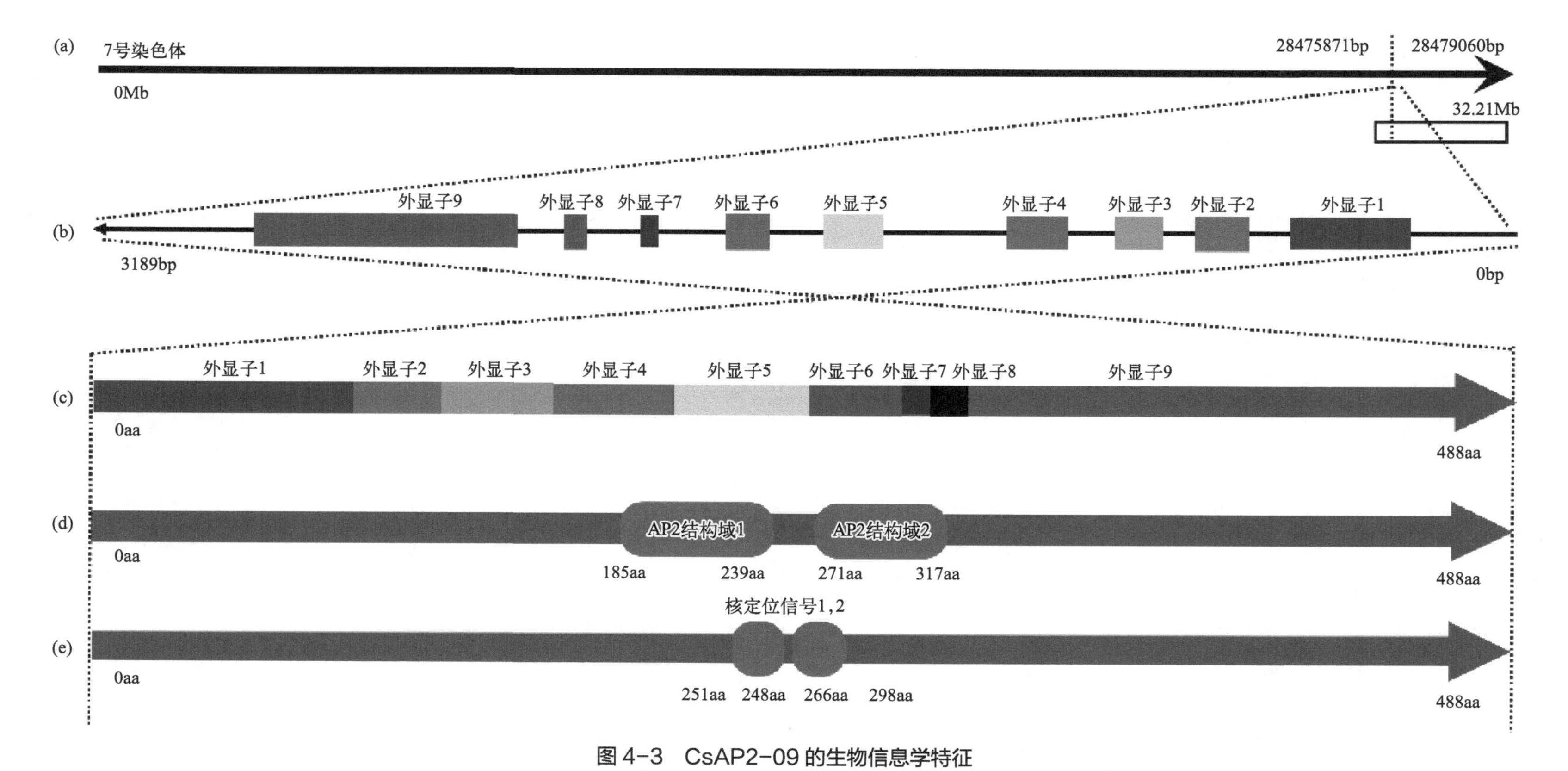

图 4-3　CsAP2-09 的生物信息学特征

（a）*CsAP2-09* 的染色体定位；（b）（c）*CsAP2-09* 的基因结构；（d）*CsAP2-09* 的功能结构域；（e）*CsAP2-09* 的核定位信号

（扫封底或勒口处二维码看彩图）

二、CsAP2-09 受外源激素诱导表达

经乙烯（ethylene，ET）诱导，晚锦橙和四季橘叶片中的 *CsAP2-09* 基因表达量整体呈上升的趋势，与 AP2/ERF 类转录因子是响应乙烯的一类超基因家族相吻合［图 4-4（a）］。SA 处理后，初期晚锦橙中 *CsAP2-09* 基因有一定的上调，而 6h 后下降到初期水平，四季橘没有明显的响应［图 4-4（b）］。茉莉酸甲酯（methyl jasmonate，MeJA）处理后，晚锦橙 *CsAP2-09* 基因的表达量变化幅度较小，四季橘基本呈显著先升后降的趋势［图 4-4（c）］。这可能与两个品种 *CsAP2-09* 基因启动子响应激素相关顺式作用元件的位置差异有关系。综上结果，结合前面 *CsAP2-09* 基因受 *Xcc* 诱导表达结果推测，*CsAP2-09* 基因是柑橘响应 *Xcc* 侵染的重要功能基因，可能通过参与 SA、JA 及 ET 的信号途径对柑橘溃疡病抗、感性产生影响。

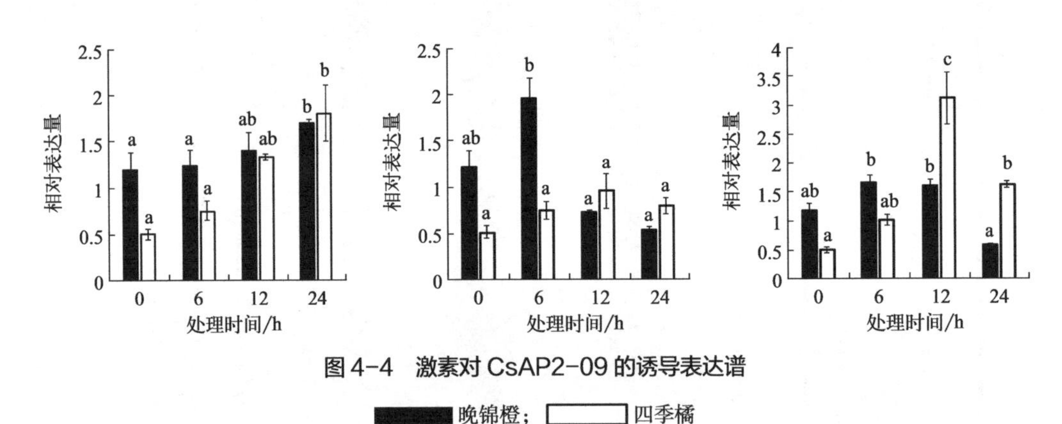

图 4-4 激素对 CsAP2-09 的诱导表达谱

晚锦橙；四季橘

（a）乙烯（ET）诱导；（b）水杨酸（SA）诱导；（c）茉莉酸甲酯（MeJA）诱导

三、CsAP2-09 的亚细胞定位和转录激活活性

瞬时表达分析发现 CsAP2-09-GFP 融合蛋白可在细胞核中检测到荧光［图 4-5（a）］，这说明 *CsAP2-09* 基因主要在细胞核中优势表达。为了进一步确定 CsAP2-09 是否具有转录激活作用，我们利用酵母杂交系统验证了其转录激活活性［图 4-5（b）］。实验组 pGBKT7-CsAP2-09 在 SD/−Trp、SD/−Trp/−His、SD/−Trp/−His/−Ade、SD/−Trp/−His/−Ade+x-*α*-gal 平板上都能正常生长，且在 SD/−Trp/−His/−Ade+x-*α*-gal 平板上呈现蓝色。该实验表明，*CsAP2-09* 基因具有转录激活活性。

明场　暗场　叠加

GFP

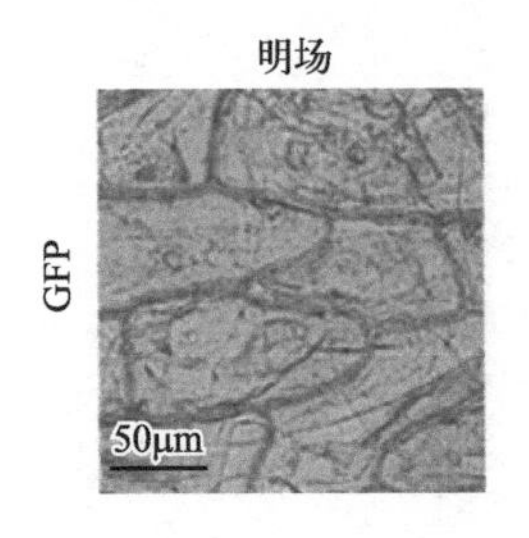

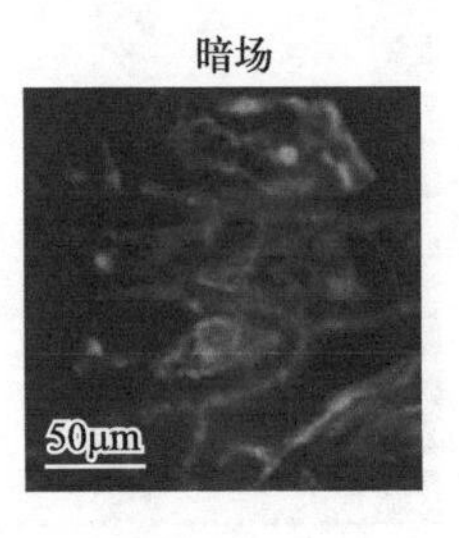

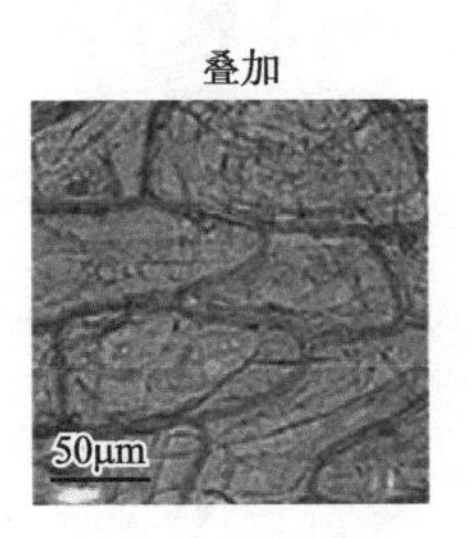

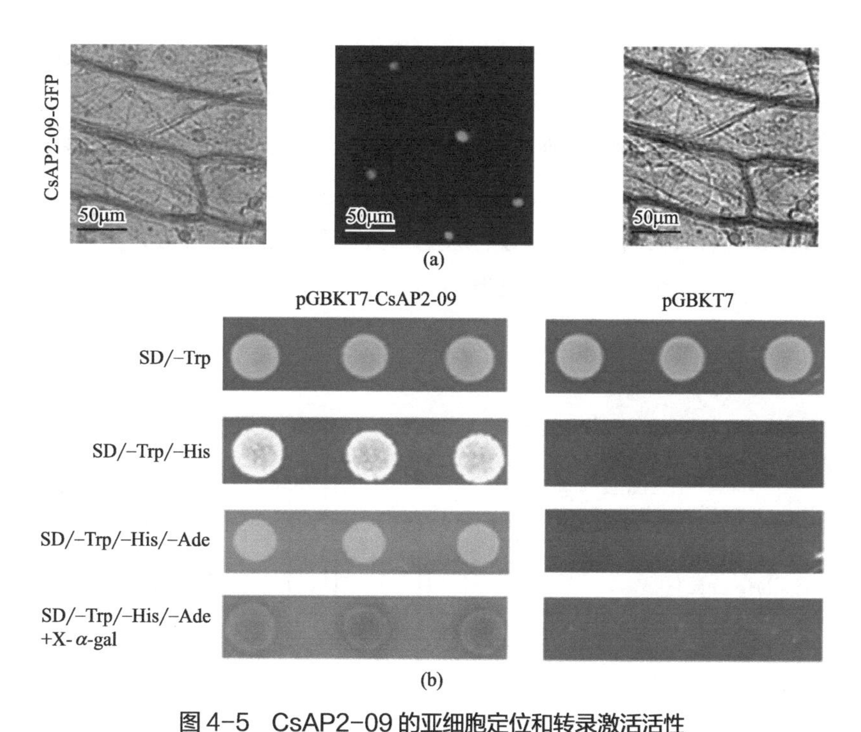

图 4-5　CsAP2-09 的亚细胞定位和转录激活活性

（a）CsAP2-09 的亚细胞定位；（b）CsAP2-09 的转录激活活性

（扫封底或勒口处二维码看彩图）

第四节　CsAP2-09 正调控柑橘溃疡病抗性

为探究 CsAP2-09 对柑橘溃疡病抗性的影响，我们通过过表达和 RNA 干扰进行了研究，获得 4 个过表达转基因植株和 5 个干扰表达植株。针刺接种 *Xcc* 10 天后，各植株叶片均不同程度发病，病斑大小存在一定的差异［图 4-6（a）A1］，而接种 LB 培养基的对照组均没有症状［图 4-6（a）A2］。统计病斑大小（lesion sizes，LS），结果显示，转基因植株病斑面积均小于野生型植株，其中 OE6 病斑面积最小、OE8 病斑面积最大［图 4-6（b）］。根据病情指数公式计算发病程度（disease index，DI）结果也显示，OE6 发病程度最低、OE8 发病程度最重。CsAP2-09 过表达使晚锦橙溃疡病发病程度降低了 22.3% ～ 46.0%［图 4-6（c）］。因此，我们得出结论，*CsAP2-09* 基因过表达在一定程度上增强了转基因柑橘对溃疡病的相对抗病性。

5 株 RNAi 抑制表达 *CsAP2-09* 基因转基因植株接种 *Xcc* 10 天后，各植株叶片均不同程度发病，病斑大小存在一定的差异，R4 病斑最小［图 4-6（d）D1］，而接种 LB 培养基的对照组均没有症状［图 4-6（d）D2］。经过统计，转基因植株 R1、R2、R5 和 R6 的病斑面积均大于野生型植株，其中 R5 病斑最大。这些观察结果表明，大多数 *CsAP2-09* 基因被 RNAi 抑制表达的转基因植株表现出对 *Xcc* 侵染更为敏感，而 R5 和 R6 植株显示出最容易发生溃疡病的倾向［图 4-6（e）］。R1、R2、R5 和 R6 的病情指数明显高于野生型［图 4-6（f）］，这些植株的病情指数相比野生型对照 WT 增加了 10.5% ～ 19.4%。对比 RNAi 转基因植株中 *CsAP2-09* 基因的表达量和抗病性评价结果分析，发现表达量与抗病性确实存在一定的正相关，与过表达 *CsAP2-09* 基因柑橘植株评价结果一致。综上，我们得出结论，*CsAP2-09* 基因过表达可以正调控柑橘对溃疡病的抗性，是一个抗性基因。

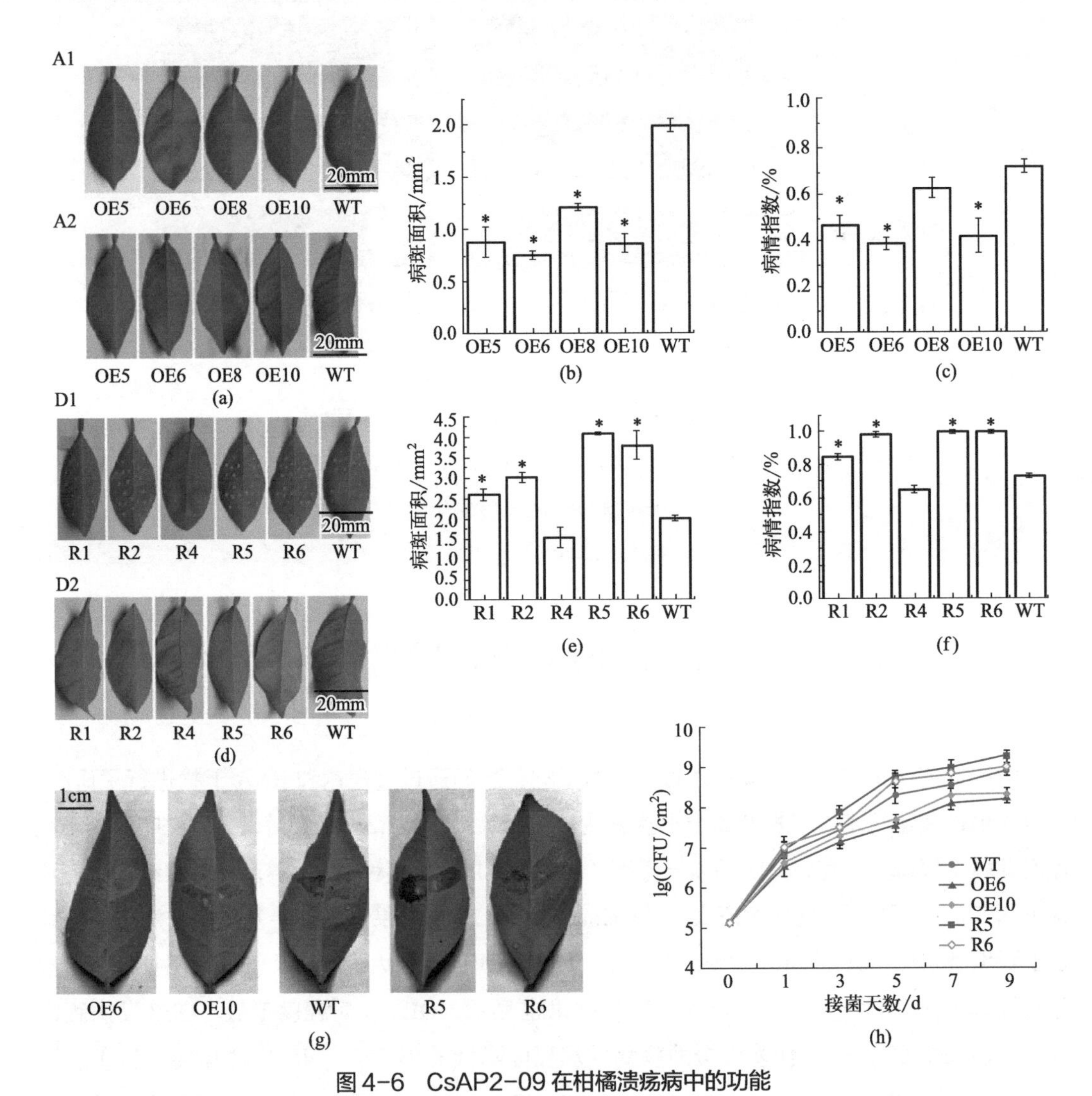

图 4-6　CsAP2-09 在柑橘溃疡病中的功能

（a）过表达植株的溃疡病症状；（b）过表达植株病斑大小；（c）过表达植株病情指数；（d）干扰表达植株的溃疡病症状；（e）干扰表达植株病斑大小；（f）干扰表达植株的病情指数；（g）转基因植株注射溃疡病菌症状；（h）转基因植株的 *Xcc* 生长曲线

（扫封底或勒口处二维码看彩图）

进一步对 CsAP2-09 过表达植株和野生型植株叶片注射溃疡病菌以验证抗性。10 天后观察发现 WT 注射区域叶片颜色较深，已形成病原菌脓疱性突起，发病症状明显。OE6 和 OE10 的注射区域叶片颜色较浅，未形成明显的脓疱性突起，而且出现一定的超敏反应引起的细胞坏死症状 [图 4-6（g）]。溃疡病菌处理 CsAP2-09 过表达植株和干扰表达植株后，测定溃疡病病菌在叶片内的生长曲线。统计制图发现随时间延长溃疡病菌的数量逐渐增加 [图 4-6（h）]。不同时间点，WT 的病菌个数均高于 OE6 和 OE10，而干扰表达植株的病原数量则高于 WT。上述结果表明 CsAP2-09 过表达在一定程度上抑制溃疡病菌的生长，其抗性有所上升。综合分析 CsAP2-09 过表达转基因植株的病斑大小、病情指数和生长曲线数据，可知 OE6 和 OE10 对柑橘溃疡病有较好抗性，可作为后期实验材料来进行相关的机制研究。

第五节 CsAP2-09 调控柑橘溃疡病抗性的分子机制

一、CsAP2-09 过表达植株的转录组分析

CsAP2-09 过表达植株 OE5、OE6 和 OE10 中 CsAP2-09 具有相似的表达水平、正常的生长状态、相似且显著的柑橘溃疡病抗性，与非转基因对照一起被用于转录组分析（转录组数据登录号：PRJNA505360），以揭示 *CsAP2-09* 基因调控的下游基因。经过分析，一共鉴定到 587 个差异表达的基因（differently expressed genes，DEGs），其中 485 个基因被上调表达（log2FC>1）、102 个基因被下调表达（log2FC<−1）[图 4-7（a）]。

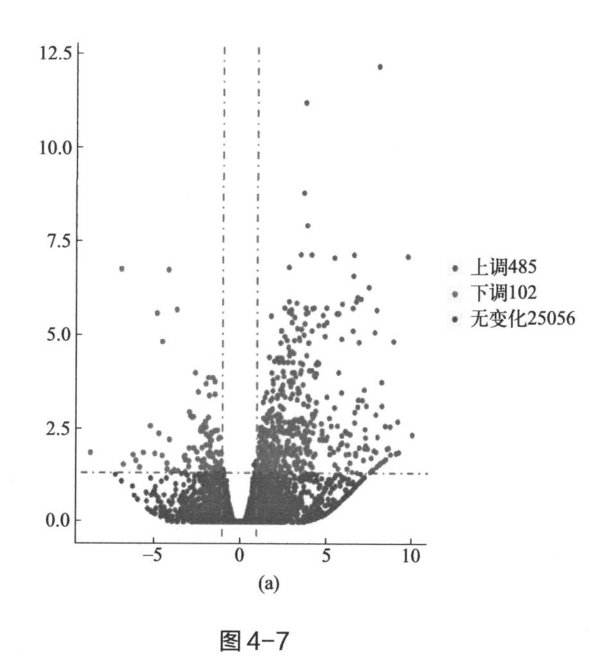

图 4-7

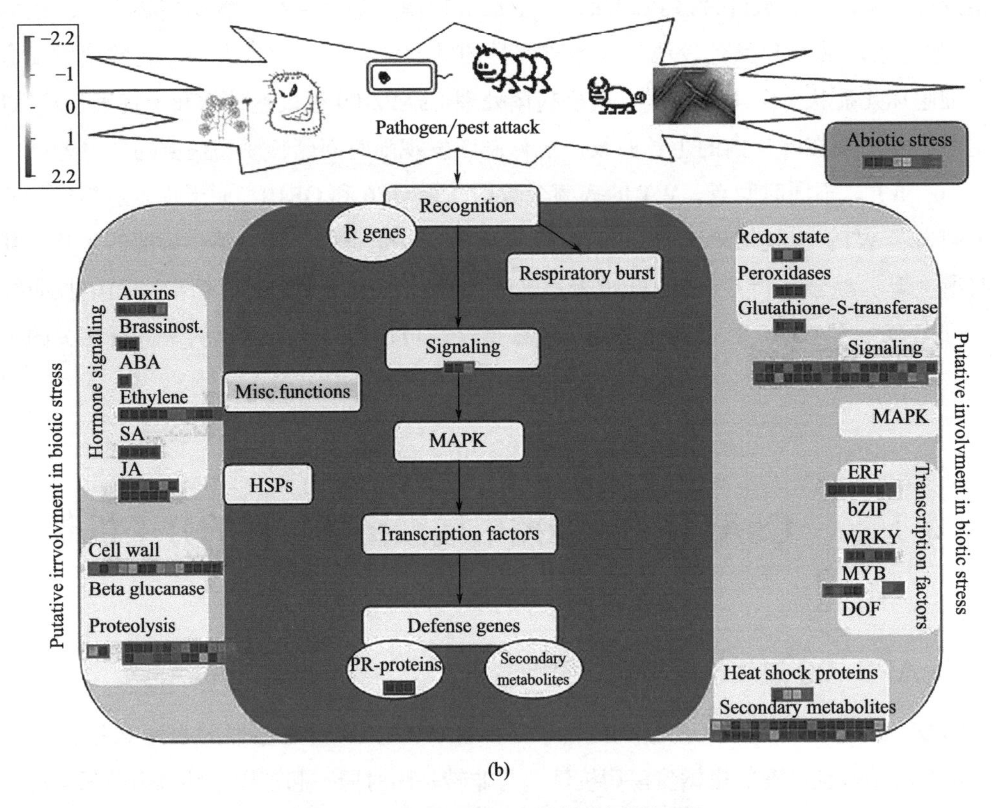

图 4-7 CsAP2-09 过表达植株的转录组

（a）差异表达基因的火山图；（b）差异表达基因的 Mapman 聚类

（扫封底或勒口处二维码看彩图）

为了进一步了解 CsAP2-09 在提高柑橘对溃疡病的抗性中的机制，我们对差异表达基因进行了聚类，从中获得 195 个基因与生物胁迫相关［图 4-7（b）］。这些基因主要影响了转基因植株的呼吸爆发、激素信号、转录调控等。差异基因中有多个基因转录水平差异较大，如过氧化物酶基因 *orange1.1t02036*、*orange1.1t02040* 和 *orange1.1t02041*，SA、JA 和生长素信号途径相关的基因 *Cs5g28310*、*orange1.1t03726*、*Cs7g31430* 和 *Cs8g04610*（*CsGH3.1L*）等，表达量均明显提高（表 4-2）。这些基因可能是 CsAP2-09 主要调控的下游基因。

表 4-2 CsAP2-09 调控的生物胁迫相关差异基因

调控通路	基因编号	转录组分析结果	基因功能
激素合成和信号转导	Cs5g16860	8.99	邻甲基转移酶
	Cs5g18010	8.3	邻甲基转移酶
	orange1.1t05423	5.24	邻甲基转移酶
	Cs9g02930	4.39	邻甲基转移酶
	Cs8g04610	5.03	GH3 生长素反应

续表

调控通路	基因编号	转录组分析结果	基因功能
活性氧平衡调控	orange1.1t02036	7.61	CⅢ过氧化酶
	orange1.1t02040	6.67	CⅢ过氧化酶
	orange1.1t02041	5.32	CⅢ过氧化酶
	Cs8g12000	4.2	呼吸爆发 NADPH 氧化酶
木质化	Cs1g20590	2.35	肉桂醇脱氢酶（cinnamyl alcohol dehydrogenase）

二、CsAP2-09 调控水杨酸和茉莉酸的合成

大量研究证明包括水杨酸（SA）和茉莉酸（JA）在内的植物激素在免疫信号转导网络中起关键作用。前述转录组分析显示，影响 SA 和 JA 生物合成的相关基因在 CsAP2-09 基因过表达植株中上调表达，推测 CsAP2-09 过表达可能会提高 SA 和 JA 的含量，进而激活相关信号途径，增强植株对溃疡病的抗病性。*Cs5g16860*、*Cs5g18010* 和 *orange1.1t05423*［*O*- 甲基转移酶（*O*-methyltransferase）］三个基因参与苯丙烷（SA/JA 的合成前体）的生物合成，从而影响 SA 和 JA 的合成。为了验证这个推测，我们分析了 *CsAP2-09* 基因过表达和抑制表达转基因柑橘植株中 SA 和 JA 的含量，与野生型 WT 相比，过表达转基因植株 SA 和 JA 均增加，而干扰表达植株两种激素的含量都下降。受 *Xcc* 侵染后，过表达植株 SA 和 JA 含量均上调，相对于野生型，上调幅度更大，表明过表达 CsAP2-09 基因植株 SA 和 JA 的合成对 *Xcc* 的侵染更敏感，干扰植株则相反（图 4-8）。综上所述，*CsAP2-09* 基因的过表达提高了 SA 和 JA 的含量，使这两个信号途径对 *Xcc* 侵染更敏感，进而提高对溃疡病的抗性。

三、CsAP2-09 调控过氧化物酶和超氧化物歧化酶活性

生物胁迫往往伴随着呼吸爆发而产生活性氧（reactive oxygen species，ROS）。ROS 的平衡与植物对胁迫的抗性有重要的关系，适当浓度的活性氧可以作为重要的信号分子参与调控植物生理反应及胁迫反应，而过高浓度的 ROS 会阻碍植物生长甚至导致植物死亡。植物为了保持自身正常生长代谢，会通过酶促和非酶促，即表现为抗氧化酶系统和抗氧化剂对 ROS 的清除作用来维持正常生理活动。植物有一套高效的 ROS 清除酶系统维持体内 ROS 的平衡，如过氧化物酶（POD）和超氧化物歧化酶（SOD）。过表达 *CsAP2-09* 基因柑橘植株与野生植株差异基因富集显示多个过氧化物酶基因和呼吸爆发相关基因表达大幅上调，推测 *CsAP2-09* 基因过表达可能影响了转基因植株的氧化还原酶系统。因此，我们对转基因植株的过氧化物酶和超氧化物歧化酶的活性进行了检测。结果显示，过表达 *CsAP2-09* 基因植株 POD 和 SOD 的活性均有上调，POD 上调幅度更大，*Xcc* 诱导后，POD 和 SOD 均有更大幅度上调；而二者在干扰植株中的活性较野生型有所降低，*Xcc* 诱导后，POD 和 SOD 变化不明显（图 4-9）。这些结果表明，*CsAP2-09* 基因过表达调控了 ROS 平衡酶系统，使之含有更高活性的 POD 和 SOD。

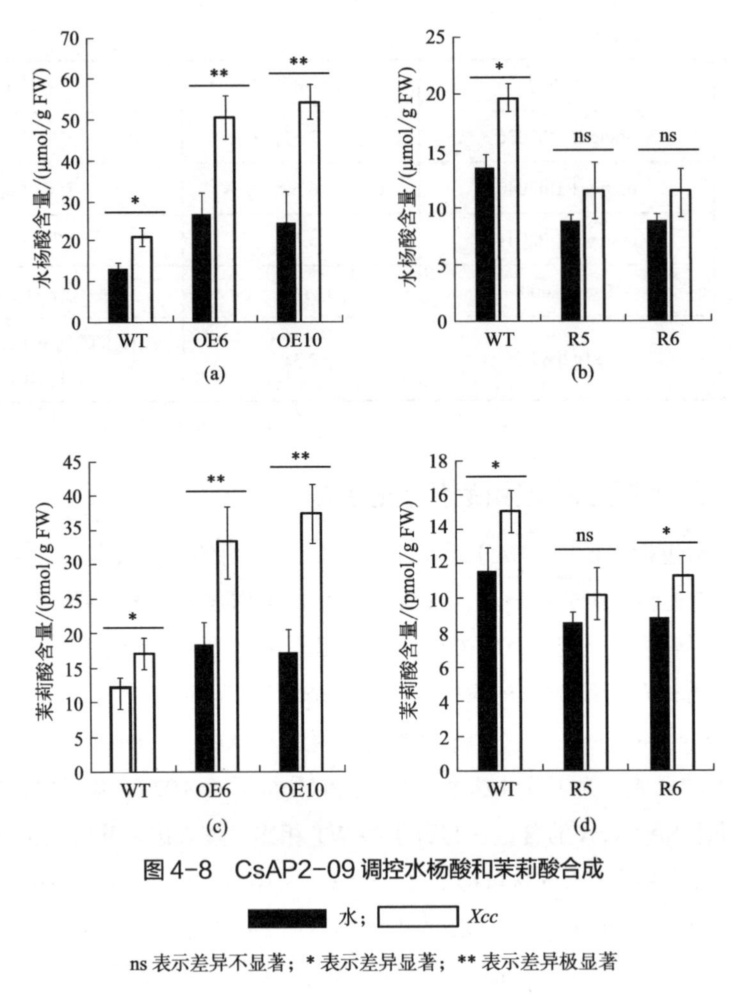

图 4-8 CsAP2-09 调控水杨酸和茉莉酸合成

水；*Xcc*

ns 表示差异不显著；* 表示差异显著；** 表示差异极显著

（a）过表达植株的水杨酸含量；（b）干扰植株的水杨酸含量；

（c）过表达植株的茉莉酸含量；（d）干扰植株的茉莉酸含量

四、CsAP2-09 调控柑橘活性氧水平

根据前面的结果得知，过表达 *CsAP2-09* 基因重塑了植株 ROS 平衡酶系统，提高了系统中 POD 和 SOD 的活性。所以，POD 和 SOD 是维持细胞氧化水平和 H_2O_2 水平的重要的氧化还原酶。为了探讨过表达 *CsAP2-09* 基因重塑的酶系统对转基因植株 ROS 平衡的影响，我们检测了转基因植株的 H_2O_2 水平。检测发现 H_2O_2 的水平变化明显，*CsAP2-09* 基因过表达提高了 H_2O_2 水平，*Xcc* 诱导后，H_2O_2 有更大幅度提高［图 4-10（a）］，而干扰植株则相反［图 4-10（b）］。所以，过表达 *CsAP2-09* 基因可以调控转基因植株的 ROS 平衡，使之含有更高水平的 H_2O_2。结合转基因植株 POD 和 SOD 的活性变化，我们推测过表达 *CsAP2-09* 基因上调的三个过氧化物酶基因可能在转基因植株中参与 H_2O_2 合成，增加 H_2O_2 的积累。同时 SOD 参与超氧化物转化为 H_2O_2，从而形成 H_2O_2 较多的 ROS 新平衡。适当高水平的 H_2O_2 可能与过表达转基因植株的溃疡病抗性增强有关。

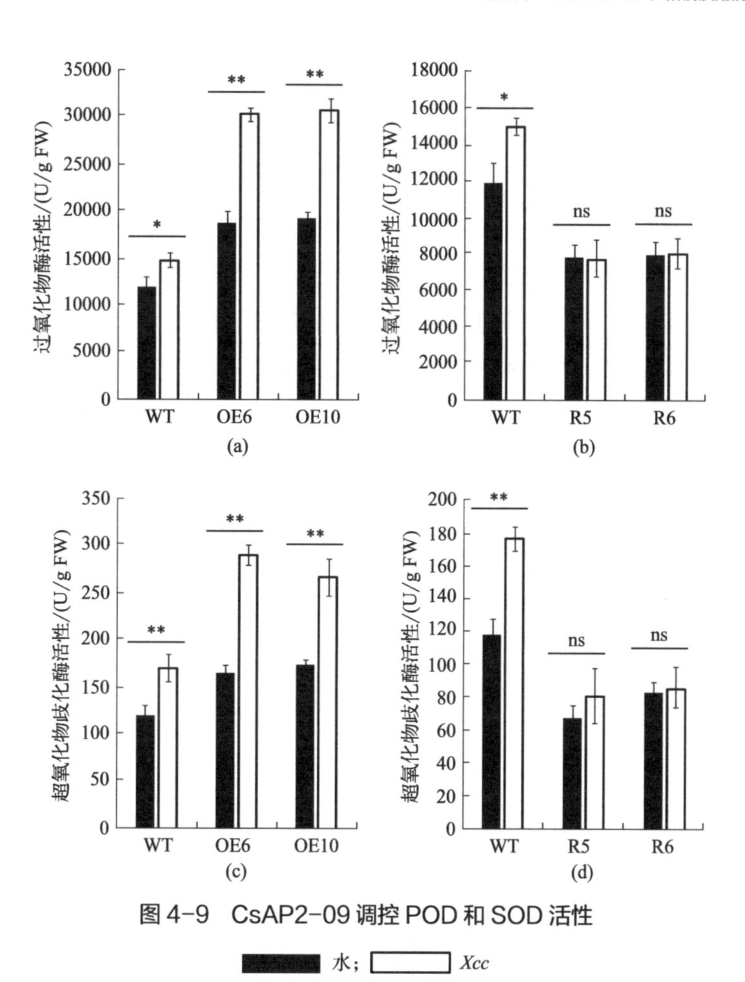

图 4-9 CsAP2-09 调控 POD 和 SOD 活性

水；Xcc

（a）过表达植株过氧化物酶活性；（b）干扰植株过氧化物酶活性；（c）过表达植株超氧化物歧化酶活性；（d）干扰植株超氧化物歧化酶活性

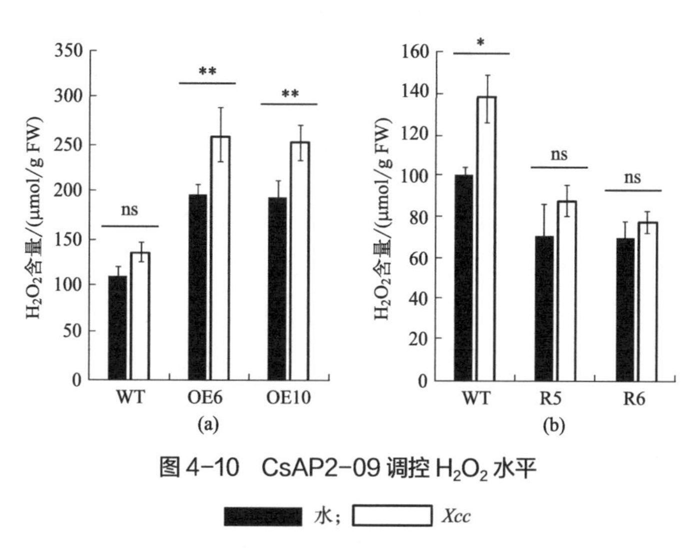

图 4-10 CsAP2-09 调控 H_2O_2 水平

水；Xcc

（a）过表达植株的 H_2O_2 水平；（b）干扰植株的 H_2O_2 水平

五、CsAP2-09 调控柑橘溃疡病菌侵染的超敏反应

植物对病原菌侵染的反应与活性氧的形成密切相关，ROS 会引起以细胞程序性死亡为特征的超敏反应。如前面结果可知，过表达植株中 H_2O_2 水平增加，而 H_2O_2 水平又是引发超敏反应的关键因子，所以我们推测，转基因植株对病原菌侵染的超敏反应可能发生了变化。为了研究 *CsAP2-09* 基因过表达形成的溃疡病抗性与超敏反应之间的关系，我们对过表达转基因植株受 *Xcc* 侵染前后的超敏反应进行了检测。已被证明 HSR203 蛋白伴随超敏反应的发生而表达上调，因而经常被用作超敏反应水平的标记。我们对 *HSR203* 基因（*orange1.1t04182*）的相对表达分析表明，在 *Xcc* 侵染后，过表达 *CsAP2-09* 基因柑橘植株中 CsHSR203 表达显著上调，超敏反应现象明显；而在 WT 株中 *CsHSR203* 基因的表达增加幅度较低。未受 *Xcc* 侵染时，转基因和 WT 植株的 *CsHSR203* 基因表达未发生明显变化（图 4-11）。综上所述，过表达 *CsAP2-09* 基因柑橘在 *Xcc* 侵染下对超敏反应更为敏感，进而增加转基因植株对 *Xcc* 侵染的早期抗性。

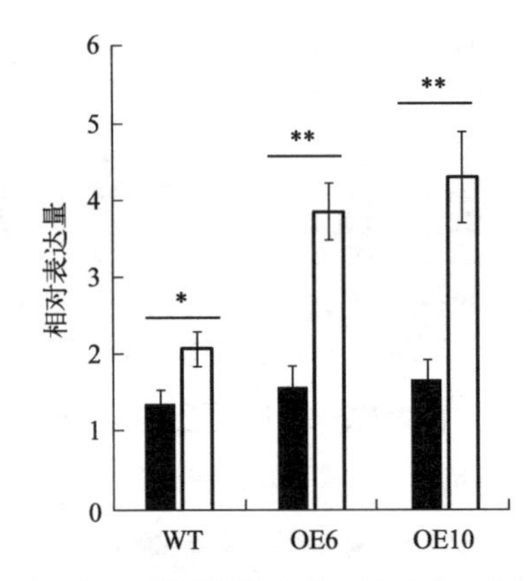

图 4-11 CsAP2-09 调控超敏反应水平（CsHSR203 的表达）

■ 水；□ *Xcc*

六、CsAP2-09 调控植物细胞木质素化

POD 在多聚化木质素前体合成木质素的过程中起到关键作用。植物细胞壁的木质素化又可以对病原菌的侵染增设天然的物理屏障。为了探究 POD 与木质素化之间的关系，对转基因植株的木质素化进行了检测，结果显示过表达转基因植株的木质素化水平较 WT 植株明显提高［图 4-12（a）］。苯丙烷也是木质素合成的前体物质，前面提到的 *Cs5g16860*、*Cs5g18010* 和 *orange1.1t05423* 三个参与苯丙烷生物合成的基因，可能也同时参与了木质素合成。肉桂醇脱氢酶（cinnamyl alcohol dehydrogenase，*CsCAD*，*Cs1g20590*）是木质素生物合成过程中的一个关键基因，qRT-PCR 分析显示，在 *CsAP2-09* 过表达植株中，其相对表达量显著上调，而且对 *Xcc* 诱导更敏感［图 4-12（b）］。这个结果也证明 *CsAP2-09* 基因可能影响木质素的合成，进而提高对溃疡病的抗性。

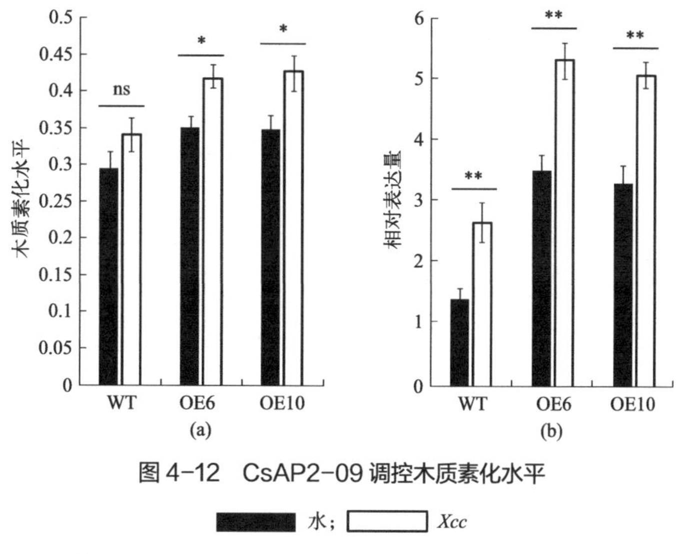

图 4-12 CsAP2-09 调控木质素化水平

水；*Xcc*

（a）转基因植株的木质素化水平；（b）柑橘肉桂醇脱氢酶 *CsCAD* 的表达

七、CsAP2-09 与多个抗病相关蛋白互作

通过 GST 融合蛋白沉降（GST pull-down）联合液相色谱与串联质谱（LC-MS/MS）技术鉴定获得 17 个 CsAP2-09 的互作蛋白（表 4-3）。可能与植物抗性相关的蛋白质有 Cs3g10900（螺旋 - 环 - 螺旋 DNA 结合蛋白）、Cs3g27280（过氧化氢酶）、Cs6g15850（谷胱甘肽 -*S*- 转移酶）、orange1.1t01894（DnaJ 同源亚家族）和 Cs8g06990（磷脂酶 A-2 活化蛋白）。CsAP2-09 与这些蛋白质互作后通过活性氧平衡调控、转录调控、生物免疫信号转导等途径参与柑橘对 *Xcc* 侵染的响应。

表 4-3 CsAP2-09 的互作蛋白

基因编号	功能预测	等电点	分子量 /kDa
Cs1g03160	Ras 相关蛋白	5.27	22.63
Cs2g13550	线粒体 ATP 合成	6.06	59.85
Cs2g29220	伸长因子 1-β2	5.50	34.11
Cs3g10900	螺旋 - 环 - 螺旋 DNA 结合蛋白	5.43	35.89
Cs3g20060	类囊体加工肽酶	8.41	22.19
Cs3g27280	过氧化氢酶	6.64	57.19
Cs5g15190	谷胱甘肽 -*S*- 转移酶	7.56	25.56
Cs5g27960	60S 核糖体蛋白	10.42	23.55
Cs6g15850	微粒体谷胱甘肽 -*S*- 转移酶	9.13	17.35
Cs6g21070	核糖体蛋白	10.55	22.70

续表

基因编号	功能预测	等电点	分子量 /kDa
Cs6g22070	反转录转座子蛋白	10.31	16.04
Cs8g06990	磷脂酶 A-2 活化蛋白	5.55	84.19
Cs9g03130	线粒体转运蛋白	9.50	32.05
orange1.1t00168	核糖体蛋白	9.55	26.32
orange1.1t01661	GTP 结合蛋白	6.91	22.02
orange1.1t01894	DnaJ 同源亚家族	8.85	12.31
orange1.1t03291	果胶酯酶抑制剂	8.96	37.29

第六节 本章小结

生化指标分析结果显示过表达 *CsAP2-09* 基因的柑橘中 SA 和 JA 含量得到显著提高，RNAi 表达植株 SA 和 JA 的含量都有一定程度的降低。这可能与过表达 *CsAP2-09* 导致柑橘中 *Cs5g16860*、*Cs5g18010* 和 *orange1.1t05423* 等被上调表达有关，生物信息学分析显示这 3 个基因参与了 SA 和 JA 前体苯丙烷的生物合成，有可能也促进了 SA 和 JA 的积累。已有研究表明，SA 和 JA 作为植物抵御生物胁迫过程中的重要的信号分子，可以通过激活下游的病程相关蛋白提高对生物胁迫的抗性（Zuo，*et al.*，2015）。因此，我们推测柑橘中 *CsAP2-09* 基因的高效表达可上调 SA 和 JA 合成途径相关基因的表达，提高其含量进而激活其信号途径，增强柑橘对溃疡病的抗性。

植物在应对生物胁迫时多伴随着急剧的呼吸爆发（respiratory burst），迅速产生大量活性氧以抑制病原体生长或作为植物早期防御反应中的信号分子，诱导下游抗性基因表达。H_2O_2 含量与种质的超敏反应和溃疡病抗性水平呈正相关。而本研究中，过表达 *CsAP2-09* 基因柑橘植株与野生植株 WT 差异基因富集显示，多个过氧化物酶基因和呼吸爆发相关基因表达大幅上调，POD 和 SOD 的活性有显著提高。这些结果表明，CsAP2-09 过表达调控了 ROS 平衡酶系统，含有更高活性的 POD 和 SOD。POD 具有双重身份，既可以产生 ROS，如 H_2O_2，也可以作为 ROS 的清除酶（Passardi，*et al.*，2005）。SOD 则参与超氧化物的代谢过程，可以将超氧化物转变为 H_2O_2，进而由其他清除 H_2O_2 的酶进行清除。综上结果我们推测，CsAP2-09 过表达上调的三个过氧化物酶基因（*orange1.1t02036*、*orange1.1t02040* 和 *orange1.1t02041*）可能在转基因植株中参与了 H_2O_2 合成，增加了 H_2O_2 的积累。同时 SOD 参与超氧化物转化为 H_2O_2，从而形成 H_2O_2 较多的 ROS 新平衡。适当高水平的 H_2O_2 可能与过表达转基因植株的溃疡病抗性增强有关。植物对 *Xcc* 侵染的反应与 ROS 的形成密切相关，ROS 会引起氧化损伤和超敏反应，H_2O_2 又是引发超敏反应的关键因子。本研究中，转基因植株对 *Xcc* 侵染引起的超敏反应更敏感，也印证了前人的结果，这可能也是 CsAP2-09 过表达植株对溃疡病抗性提高的原因之一。

转录因子往往与其他相关蛋白相互作用，形成转录调控复合体激活或抑制相关基因的转录来响应病原菌侵染。本研究获得的 17 个 CsAP2-09 互作蛋白中的 5 个蛋白可能与植物抗病密切相关。Cs3g10900 是螺旋 - 环 - 螺旋 DNA 结合蛋白，是一种转录因子，参与蛋白质结合、转录激活反应、RNA 聚合酶转录调节等过程。Cs3g27280 是生物防御系统的关键酶之一的过氧化氢酶，它可参与氧化还原反应、离子结合等过程。在蛋白质互作网络中，Cs3g27280 可直接与 CsAP2-09 作用，进而与其他蛋白质结合共同参与 CsAP2-09 介导的柑橘抗溃疡病进程。这些蛋白质可能在柑橘防御 *Xcc* 侵染时，与 CsAP2-09 互作形成转录调控复合体调控下游相关基因的表达，激发柑橘的防御系统，进而影响柑橘对溃疡病的抗性。

综上所述，本研究证实了 CsAP2-09 是柑橘的一个抗溃疡病转录因子，并初步揭示了 CsAP2-09 通过调控 SA 和 JA 等激素信号转导、增加 POD 和 SOD 的活性、调控植株的活性氧平衡、提高 H_2O_2 含量和细胞木质化水平，进而影响柑橘对溃疡病抗性的机制（图 4-13）。本研究为利用 CsAP2-09 基因开展柑橘抗溃疡病分子育种提供了可用的基因资源，也为柑橘抗、感溃疡病分子机理研究奠定了理论基础。

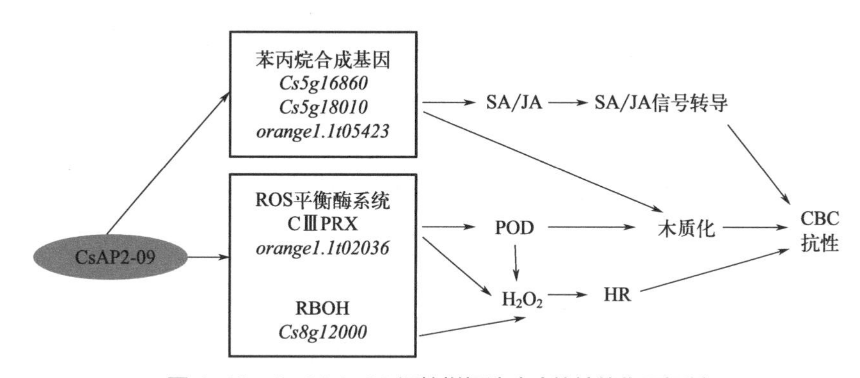

图 4-13 CsAP2-09 调控柑橘溃疡病抗性的作用机制

SA—水杨酸；JA—茉莉酸；CⅢ PRX—过氧化物酶；ROS—活性氧；HR—超敏反应；

RBOH—呼吸爆发氧化酶；CBC—柑橘溃疡病

第五章 CsBZIP40 在柑橘溃疡病中的功能

亮氨酸拉链（basic leucine zipper，BZIP）转录因子是在动物、植物、微生物及人体内存在的较广泛的一类保守蛋白。笔者前期对不同抗性柑橘品种受 *Xcc* 侵染后的转录组分析显示差异表达基因中包含 BZIP 转录因子，表明 BZIP 家族基因可能与柑橘响应 *Xcc* 侵染有一定关系。本章以柑橘基因组数据为出发点，全面鉴定和分析了柑橘的 BZIP 家族，并对其中响应 *Xcc* 侵染的 BZIP 家族 D 亚家族成员 *CsBZIP40* 基因进行了深入的功能分析和机制研究。

第一节 BZIP 转录因子的研究背景

BZIP 转录因子含有一个由约 20 个氨基酸残基组成的 N-x7-R/K 碱性结构域，可以与特定的 DNA 序列相结合，起核定位信号作用。BZIP 还含有一个亮氨酸拉链结构域，可以形成两亲的 α- 螺旋结构用于参与 BZIP 蛋白的二聚体化，二聚体形式的酸性末端可与 DNA 结合。在植物中，BZIP 转录因子可识别具有 ACGT 回文结构的顺式作用元件，例如 A 盒（A-box：TACGTA）、C 盒（C-box：GACGTC）和 G 盒（G-box，CACGTG）等。

拟南芥中的 75 个 BZIP 转录因子根据它们的结构和保守区域的特点可分为 A、B、C、D、E、F、G、H、I 和 S 共 10 个亚家族（图 5-1）（Jakoby，*et al.*，2002）。同一亚家族的转录因子在生物体内发挥相近的生物学功能，比如 A 亚家族主要参与脱落酸激素通路和非生物胁迫响应的基因调控表达；I 亚家族主要与激素赤霉素代谢过程相关；D 亚家族成员与植物内环境抗氧化和生物胁迫响应密切相关，如响应病菌入侵。长期的进化过程中，BZIP 基因家族就承担着植物体对抗病原菌的功能。金柑过表达 BZIP 蛋白 ABF2 能够提高植株对多种胁迫的耐受性（Kim，*et al.*，2004）。BZIP 转录因子在植物抵抗病原菌侵害和信号转导等方面发挥着关键的作用。木薯中基因 *MeBZIP3* 和 *MeBZIP5* 的表达受水杨酸和过氧化氢的诱导表达明显，MeBZIP3 和 MeBZIP5 亚细胞定位于细胞核中，在烟草中过表达后的转基因植株侵染细菌枯萎病后，肼胝质和 H_2O_2 含量积累相比野生型植株明显，结果显示这两个基因提高植物的抗病性。相反的是抑制表达这两个基因后，烟草植株增加了对细菌性枯萎病的敏感性，植株体内肼胝质含量降低。很明显 MeBZIP 与木薯抗病性密切相关（孟宇红等，2019）。

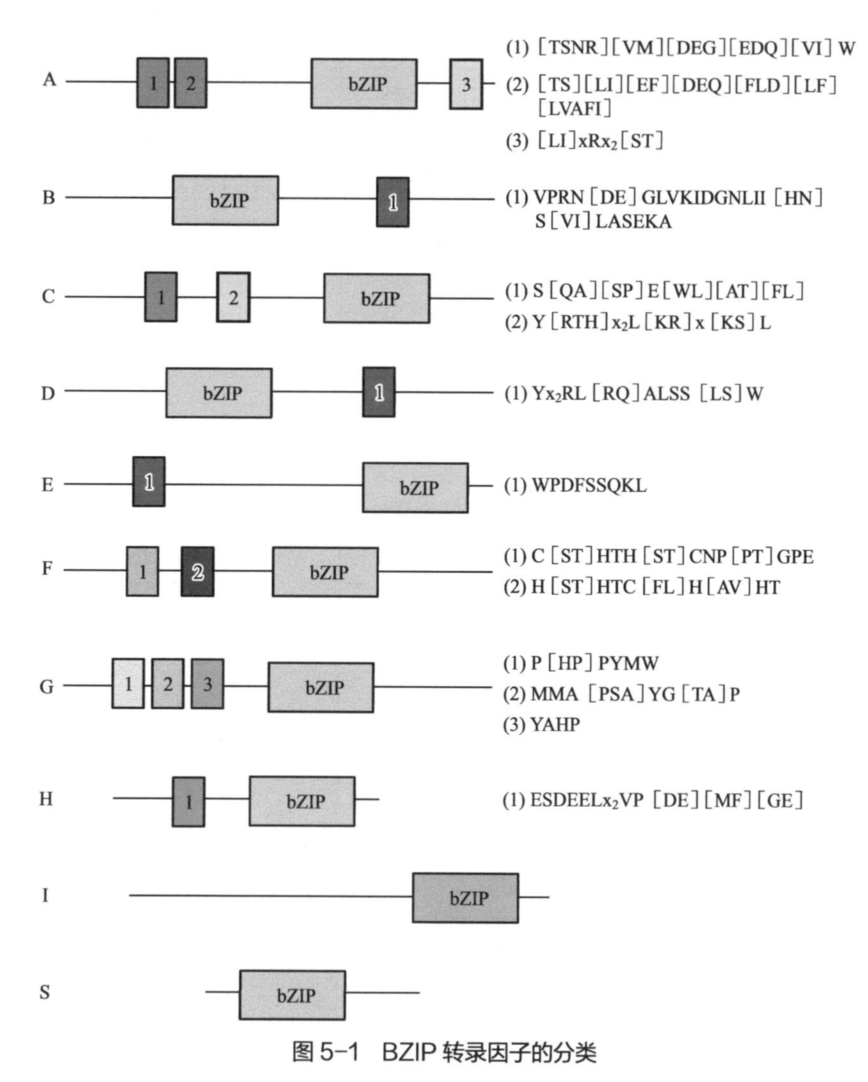

图 5-1　BZIP 转录因子的分类

左侧字母表示 BZIP 家族的不同亚家族；矩形框代表结构域，不同编号的矩形框表示不同的结构域，其序列在右侧列出

第二节　柑橘 BZIP 家族分析

一、柑橘 BZIP 家族

通过注释，从甜橙基因组共鉴定到了 47 个 BZIP（表 5-1）。

表 5-1 柑橘的 BZIP 家族

名称	CAP 序号	PHYTOZOME 序号	氨基酸	分子量 /kDa	等电点
CsBZIP01	Cs1g02310	orange1.1g018238m	359	40.69	7.58
CsBZIP02	Cs1g16230	orange1.1g045786m	453	50.15	8.25
CsBZIP03	Cs1g21370	orange1.1g029952m	185	21.57	10.53
CsBZIP04	Cs1g23780	orange1.1g018605m	353	37.27	4.94
CsBZIP05	Cs1g25890	orange1.1g041471m	226	24.57	11.45
CsBZIP06	Cs2g28995	orange1.1g025739m	249	27.91	10.05
CsBZIP07	Cs3g06150	orange1.1g017286m	374	41.78	7.56
CsBZIP08	Cs3g06870	orange1.1g021146m	317	35.59	9.48
CsBZIP09	Cs3g08880	orange1.1g036551m	453	49.06	10
CsBZIP10	Cs3g10860	orange1.1g012287m	466	50.48	9.79
CsBZIP11	Cs3g16310	orange1.1g039918m	140	16.31	5.36
CsBZIP12	Cs3g18860	orange1.1g045277m	335	37.53	9.39
CsBZIP13	Cs3g18870	orange1.1g036441m	361	41.24	6.87
CsBZIP14	Cs3g21220	orange1.1g019163m	345	38.05	9.75
CsBZIP15	Cs3g21410	orange1.1g025985m	245	27.17	4.91
CsBZIP16	Cs3g23480	orange1.1g021624m	310	33.69	10.81
CsBZIP17	Cs3g25230	orange1.1g041765m	163	18.77	6.51
CsBZIP18	Cs3g25760	orange1.1g014471m	424	46.77	6.79
CsBZIP19	Cs3g27850	orange1.1g022379m	298	33.46	4.44
CsBZIP20	Cs4g16750	orange1.1g045005m	149	17.33	9.97
CsBZIP21	Cs5g11160	orange1.1g015258m	410	45.52	8.45
CsBZIP22	Cs5g23040	orange1.1g014327m	426	46.46	6.57
CsBZIP23	Cs5g30460	orange1.1g013166m	448	48.30	6.2
CsBZIP24	Cs6g08980	orange1.1g048456m	211	23.52	7.6
CsBZIP25	Cs6g14960	orange1.1g043882m	456	49.57	9.04
CsBZIP26	Cs6g15200	orange1.1g011345m	488	53.38	7.78
CsBZIP27	Cs6g16070	orange1.1g020697m	322	36.00	6.9
CsBZIP28	Cs6g16800	orange1.1g035544m	727	78.20	7.1
CsBZIP29	Cs6g19350	orange1.1g042014m	169	19.48	6.15
CsBZIP30	Cs7g05140	orange1.1g030957m	168	18.48	10.28

续表

名称	CAP 序号	PHYTOZOME 序号	氨基酸	分子量 /kDa	等电点
CsBZIP31	Cs7g07550	orange1.1g015739m	401	43.56	6.77
CsBZIP32	Cs7g12290	orange1.1g043159m	201	22.99	6.73
CsBZIP33	Cs7g13010	orange1.1g018357m	357	39.49	7.79
CsBZIP34	Cs7g19070	orange1.1g038233m	332	36.64	7.57
CsBZIP35	Cs7g25940	orange1.1g041582m	153	17.29	10.94
CsBZIP36	Cs7g29820	orange1.1g020026m	332	37.01	5.43
CsBZIP37	Cs8g06020	orange1.1g013197m	448	48.53	10.18
CsBZIP38	Cs8g06860	orange1.1g026806m	233	26.18	7.57
CsBZIP39	Cs8g07470	orange1.1g044691m	172	19.24	6.24
CsBZIP40	Cs8g15030	orange1.1g036039m	508	56.49	7.52
CsBZIP41	Cs8g15050	orange1.1g037676m	267	29.63	7.87
CsBZIP42	Cs8g20530	orange1.1g035677m	168	19.40	9.99
CsBZIP43	Cs8g20540	orange1.1g038341m	351	39.45	6.05
CsBZIP44	orange1.1t00453	orange1.1g014660m	421	44.63	9.11
CsBZIP45	orange1.1t01674	orange1.1g032187m	145	16.63	8.49
CsBZIP46	orange1.1t03130	orange1.1g007579m	597	64.82	6.98
CsBZIP47	orange1.1t04546	orange1.1g037696m	363	40.89	7.01

二、柑橘 BZIP 家族染色体定位和基因复制

与其他物种相比，柑橘的 BZIP 数量较少，这些 BZIP 基因位于 9 号染色体之外的所有染色体上，其中 3 号染色体上有 13 个 BZIP，占所有 BZIP 的 27%，其 BZIP 基因密度最大为 4.5×10^{-7} 个 /Mb，2 号染色体上的 BZIP 基因密度是 3.2×10^{-8} 个 /Mb，其基因密度最小，仅占所有 BZIP 的 2%（图 5-2）。该家族中有 15 对基因发生了全基因组重复，CsBZIP42 与 CsBZIP43 属于随机重复，在所有染色体上均没有节段重复事件发生，CsBZIP40 没有发生染色体复制。基因组复制事件比其他物种少，这也是柑橘 BZIP 家族相对较小的原因。

三、柑橘 BZIP 家族的信息学特征

为得到较原始的 BZIP 进化数据，对这 47 个蛋白质序列与 73 个拟南芥 BZIP 蛋白数据进行系统发育分析，从系统发育树可知柑橘 BZIP 可分为 10 个亚家族［图 5-3（a）（b）］，其中 A 亚家族 10 个成员、B 亚家族 1 个、C 亚家族 5 个、D 亚家族 7 个、E 亚家族 3 个、F 亚家族 1 个、G 亚家族 4 个、H 亚家族 3 个、I 亚家族 5 个，S 亚家族 8 个。*CsBZIP40* 在柑橘

中没有与之相近的同源基因，特异性较好，但与拟南芥中的 *AT1G08320* 基因同源，它们均属于在病菌防御方面发挥作用的 D 亚家族［图 5-3（c）］。CsBZIP 包含一个用于蛋白质二聚化的基本结构域和一个包含几个七肽重复序列的亮氨酸拉链区域［图 5-3（d）］。CsBZIP40 包含亮氨酸拉链结构域，用于与各种启动子中的典型 ACGT 核心结合［图 5-3（e）］。

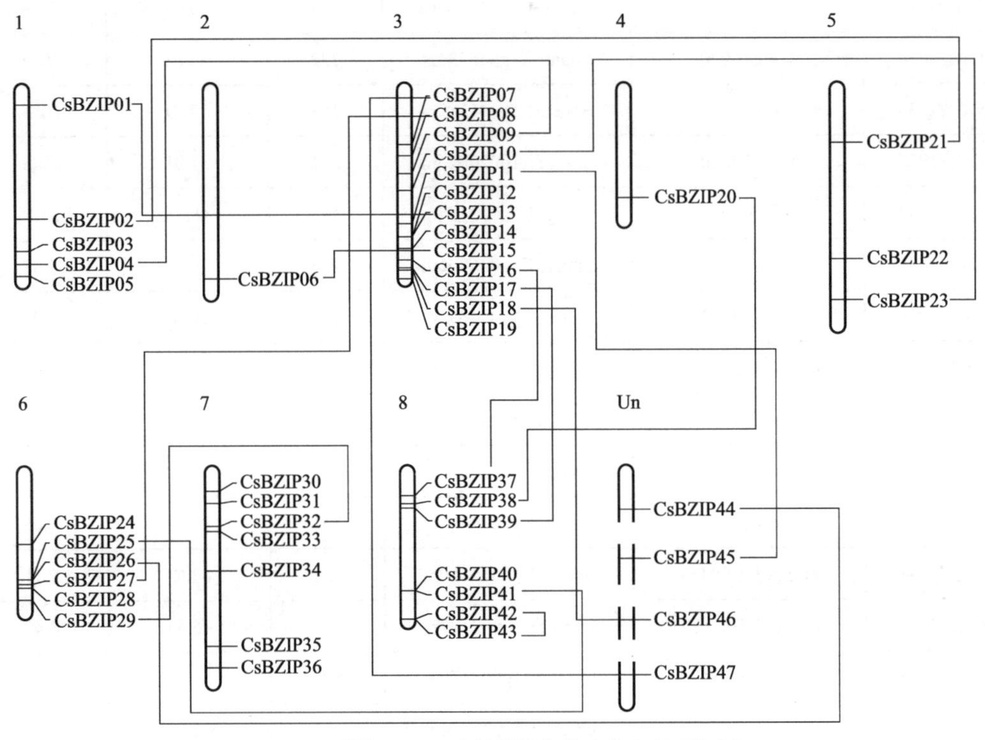

图 5-2 柑橘 BZIP 家族的染色体定位和基因复制

Un—未组装到染色体水平的染色体骨架

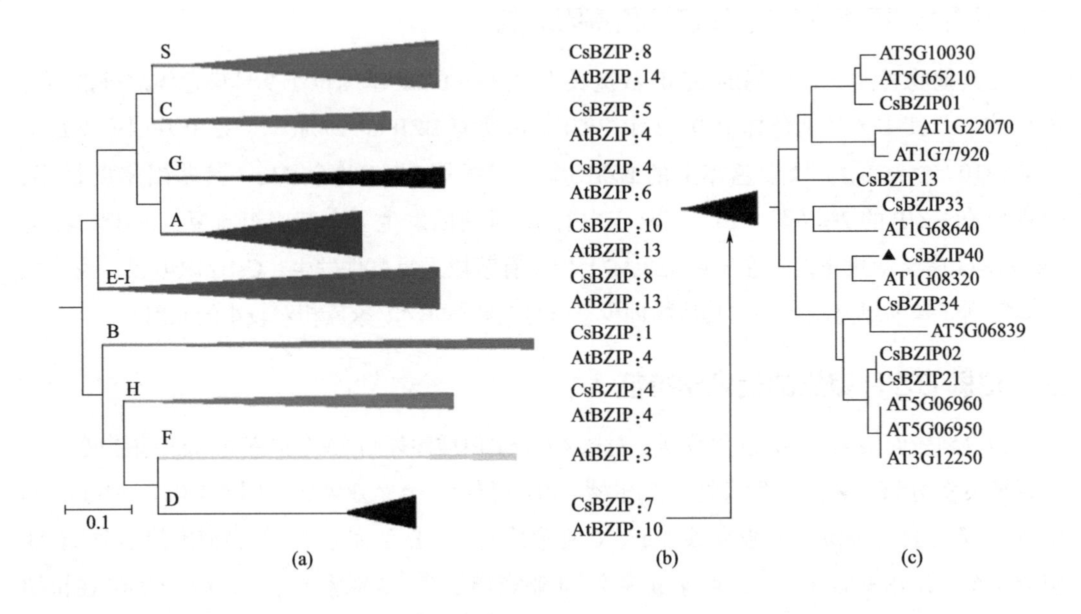

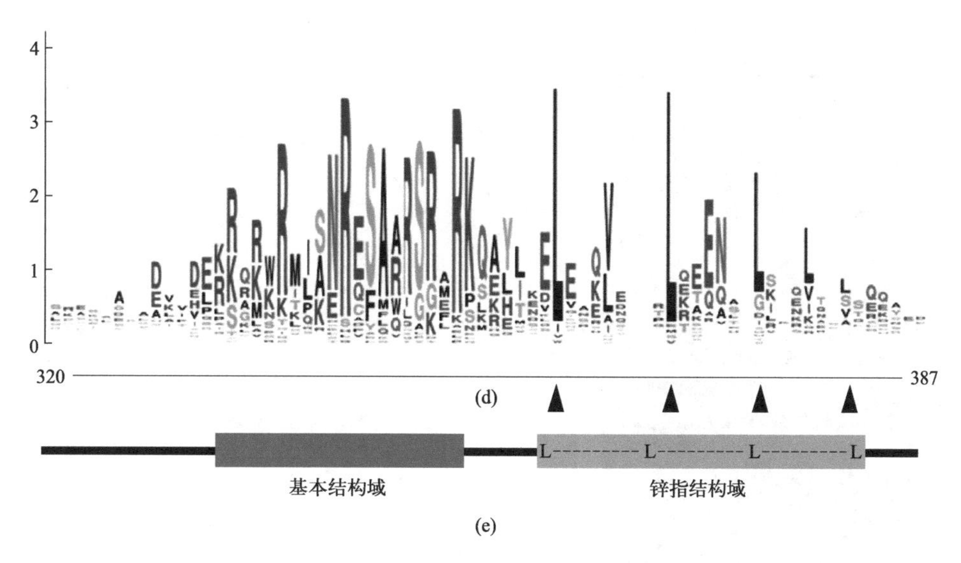

图 5-3 柑橘 BZIP 家族的信息学特征

（a）柑橘 BZIP 家族的系统发育；（b）柑橘和拟南芥的基因数；（c）进化分支；

（d）柑橘 BZIP 家族的保守结构域；（e）柑橘 BZIP 家族的结构示意

（扫封底或勒口处二维码看彩图）

第三节 CsBZIP40 的表达分析

一、CsBZIP40 的亚细胞定位

CELLO 软件预测 CsBZIP40 的核定位值为 4.3，远大于非细胞核定位值。NLS 在 CsBZIP40 中检测到 2 个核定位信号，这表明 CsBZIP40 可能是核定位［图 5-4（a）］。为了验证该预测，构建了 CsBZIP40-GFP 融合蛋白表达载体 pLGNe-CsBZIP40-GFP 并转化洋葱表皮细胞，显微镜检查确定在细胞质和细胞核中均检测到 GFP 瞬时表达［图 5-4（b）］，而含有融合载体的细胞仅在细胞核中显示绿色荧光［图 5-4（c）］。预测和瞬时表达均表明 CsBZIP40 是一种细胞核定位蛋白，可作为转录因子调节下游基因的转录表达。

亚细胞定位预测		核定位预测		
核定位	非核定位	序列	位置	可信度
4.3	≤0.6	QEKRKGPGSTSDRQLDAKTLRRLAQNREA	189	4.2
		RKSRLRKKAYVQQLETSRIKLNQLEQELQRAR	219	4.9

(a)

图 5-4

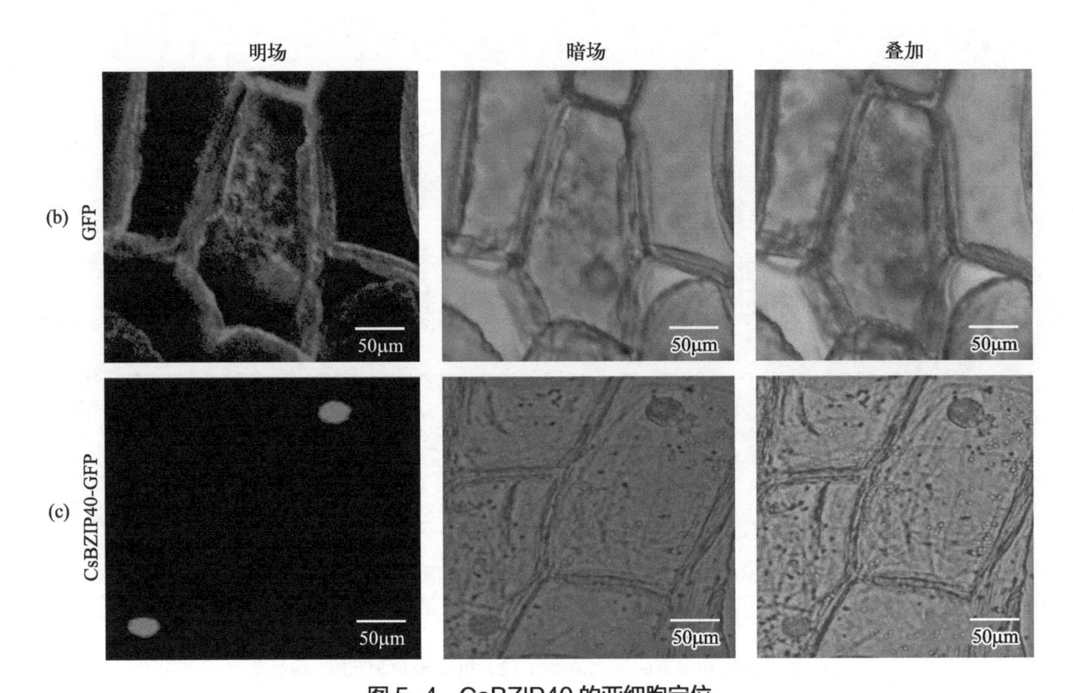

图 5-4 CsBZIP40 的亚细胞定位

（a）亚细胞定位预测；（b）GFP 瞬时表达；（c）CsBZIP40-GFP 融合蛋白瞬时表达

（扫封底或勒口处二维码看彩图）

二、CsBZIP40 受溃疡病的诱导表达模式

为了分析 CsBZIP40 表达与 *Xcc* 诱导之间的关系，通过 qRT-PCR 在溃疡敏感的晚锦橙和抗溃疡病的四季橘中检测了 CsBZIP40 的表达模式。结果表明，在晚锦橙，接种后 CsBZIP40 表达没有显著差异，而四季橘中的 CsBZIP40 表达从 0h 起显著增加，并在 48h 增加到最大值（图 5-5）。*Xcc* 诱导的表达谱表明 CsBZIP40 可能是柑橘溃疡病相关基因。换句话说，CsBZIP40 的表达增加应该与溃疡病抗性有关。

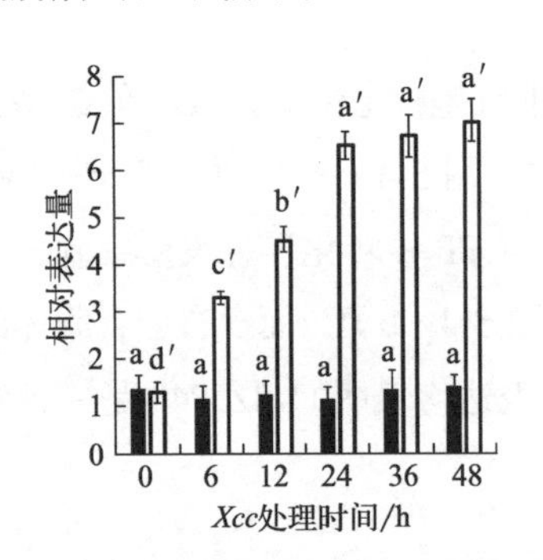

图 5-5 *Xcc* 对柑橘 CsBZIP40 的诱导表达

晚锦橙；四季橘

三、CsBZIP40 受外源激素的诱导表达模式

CsBZIP40 在晚锦橙响应水杨酸（SA）的总体表达在处理 48h 内除 12h 时小幅增加外未引起显著变化，而其在四季橘中的表达从 12h 时增加并保持在高水平，在这 48h 内，*Xcc* 侵染诱导的 CsBZIP40 表达增加了大约 3 倍［图 5-6（a）］。乙烯（ET）诱导四季橘和晚锦橙中 CsBZIP40 基因表达的显著变化为：在晚锦橙，CsBZIP40 从 12h 开始被 ET 诱导上调，但在 24h 时急剧下降，甚至低于侵染前观察到的水平；四季橘中的表达在 48h 的处理过程中始终处于低水平［图 5-6（b）］。相反，茉莉酸甲酯（MeJA）诱导的四季橘中 CsBZIP40 表达水平在任何采样时间点都没有显著差异，而在晚锦橙从 12h 起显著增加，

然后在 36h 后下降［图 5-6（c）］。

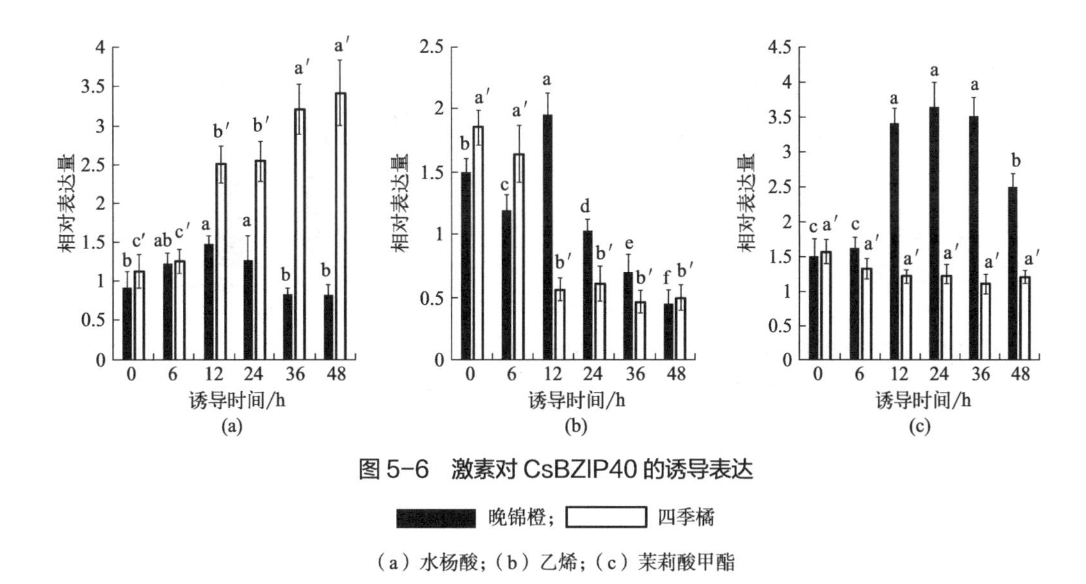

图 5-6　激素对 CsBZIP40 的诱导表达

晚锦橙；四季橘

（a）水杨酸；（b）乙烯；（c）茉莉酸甲酯

第四节　CsBZIP40 正调控柑橘溃疡病抗性

一、CsBZIP40 过表达增强柑橘溃疡病抗性

构建 CsBZIP40 过表达载体并转化晚锦橙，通过 PCR 和 GUS 验证获得 3 个阳性表达植株 OE1 ～ OE3［图 5-7（a）（b）］。与 WT 相比，转基因植株 OE1 ～ OE3 的 CsBZIP40 表达水平非常高（分别比 WT 高 70 倍、40 倍和 55 倍）［图 5-7（c）］。3 个过表达植株表现出与 WT 相似的生长状态［图 5-7（d）］。过表达转基因植株的病斑大小小于 WT［图 5-7（e）（f）］。总体而言，过表达植株的病斑面积仅为 WT 的 45% ～ 58%。转基因植株的病情指数（DI）降低了 22%（OE2）～ 45%（OE1）［图 5-7（g）］。上述结果表明，过表达植株对柑橘溃疡病具有较强的抗性。

二、CsBZIP40 的干扰表达可增强柑橘溃疡病易感性

为了进一步阐明 CsBZIP40 的作用，我们构建 RNAi 载体并转化晚锦橙，通过 PCR 和 GUS 染色验证最终得到 4 个 RNAi 植株（Ri1 到 Ri4）［图 5-8（a）（b）］。与 WT 相比，这 4 个植株表现出相对较低的 CsBZIP40 表达水平［图 5-8（c）］。4 个 RNAi 突变系也表现出正常的生长速率，这表明将重组的 RNAi 片段插入基因组并没有对植物产生异常影响［图 5-8（d）］。在 CBC 抗性方面，与 WT 相比，Ri1、Ri2、Ri3 和 Ri4 表现出更大的病斑，尤其是 Ri3 和 Ri4［图 5-8（e）（f）］。4 个 RNAi 突变植株具有比 WT 显著更高的病情指数［图 5-8（g）］。综上所述，CsBZIP40 的 RNAi 沉默导致这些转基因甜橙对 *Xcc* 侵染更敏感。

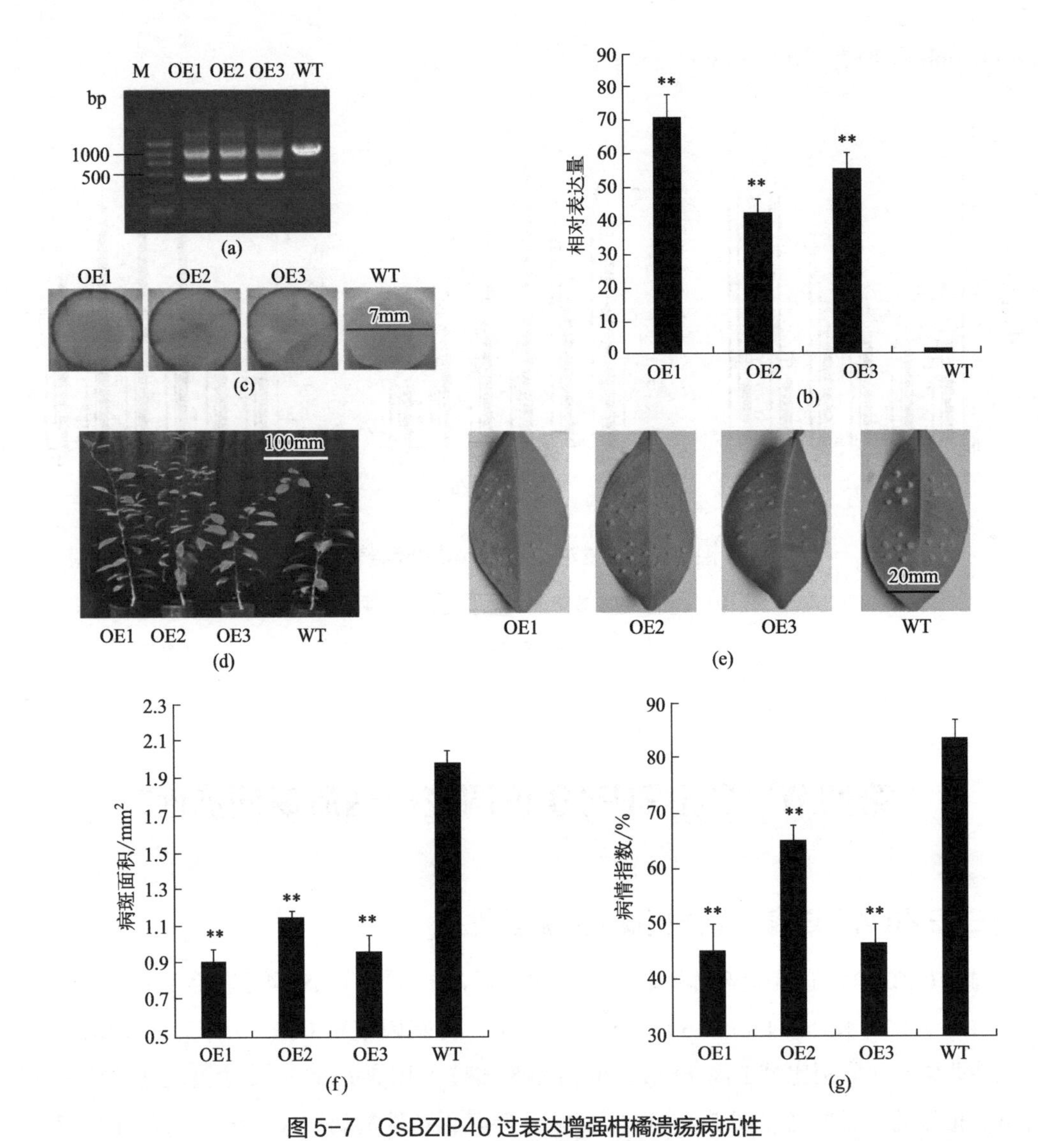

图 5-7 CsBZIP40 过表达增强柑橘溃疡病抗性

(a) 转基因植株的PCR鉴定;(b) 转基因植株的GUS染色鉴定;(c) 转基因植株中CsBZIP40的表达;(d) 转基因植株的表型;(e) 转基因植株的溃疡病症状;(f) 转基因植株病斑面积;(g) 转基因植株病情指数

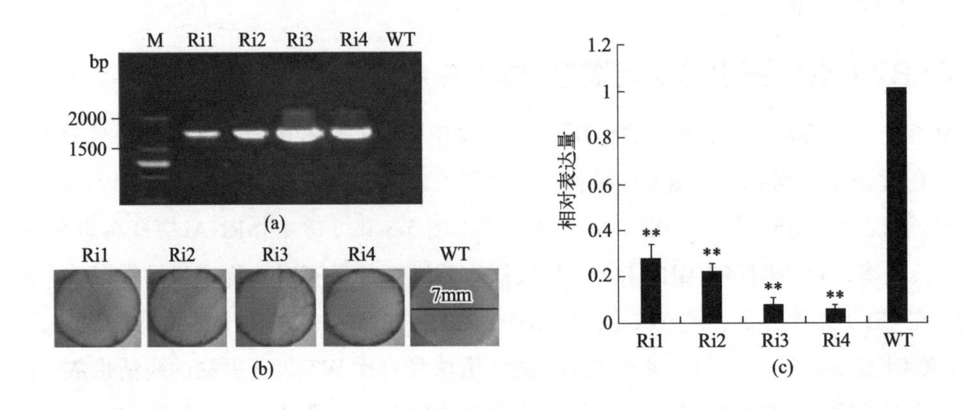

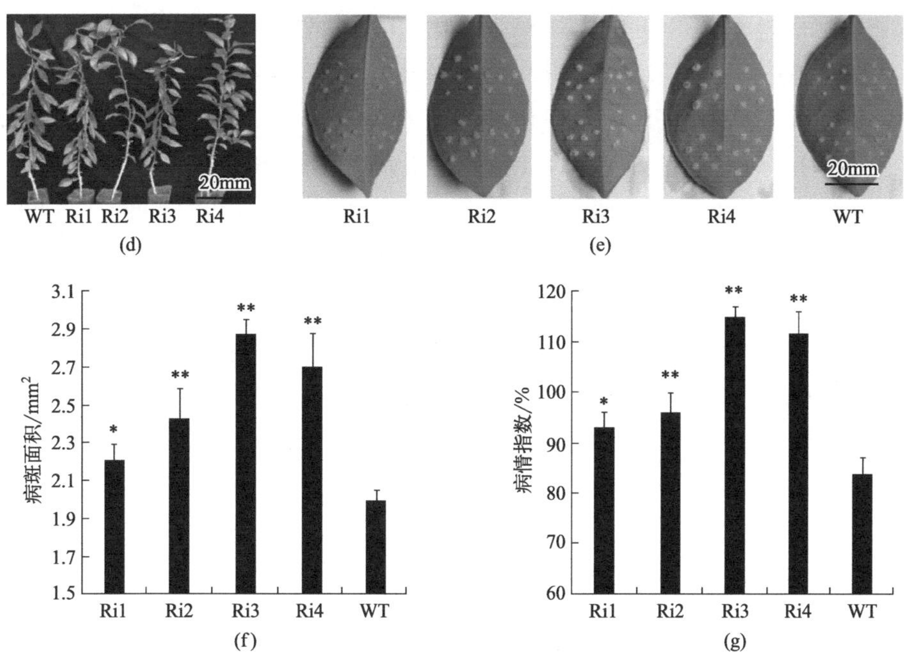

图 5-8　CsBZIP40 干扰表达增强柑橘溃疡病感病性

（a）转基因植株的 PCR 鉴定；（b）转基因植株的 GUS 染色鉴定；（c）转基因植株中 CsBZIP40 的表达；（d）转基因植株的表型；（e）转基因植株的溃疡病症状；（f）转基因植株病斑面积；（g）转基因植株病情指数

第五节　CsBZIP40 调控柑橘溃疡病抗性的机制

一、CsBZIP40 与 CsNPR1 互作并调控水杨酸合成

通过 GST 融合蛋白沉降（GST pull-down）发现 CsBZIP40 和 CsNPR1（non-expressor-of-pathogenesis-related-genes-1，发病机制相关基因的非表达因子 -1）蛋白互作（图 5-9)。NPR1 基因是 SA 介导的系统性获得性抗性的关键调节因子。CsBZIP40 和 CsNPR1 的相互作用使得 CsBZIP40 能够触发 SA 信号通路，导致发病相关（PR）基因激活的可能性。OE1 和 OE3 的 SA 含量显著高于WT，而在Ri3和Ri4中，SA含量低于WT且对*Xcc*侵染不敏感［图5-10（a）（b）］。SA 生物合成相关基因 CsICS 的相对表达在 *Xcc* 侵染后的 CsBZIP40 过表达植株中急剧上调，而在 RNAi 系中，CsICS 的表达被下调而对 *Xcc* 不敏感［图 5-10（c）（d）］。综上结果可以得出结论，CsBZIP40 正调节 SA 合成。

二、CsBZIP40 调控水杨酸响应基因

PR1 和 PR5 先前已被证实参与 SA 途径（Zuo，*et al.*，2015)。为了验证它们参与柑

橘 SA 途径，通过 qRT-PCR 在转基因植株中评估了两个 PR（CsPR1：Cs2g05870；CsPR5：Cs3g24410）的表达谱。正如预期的那样，这两个基因分别在过表达和 RNAi 系中上调和下调［图 5-11（a）（b）］。对于 *Xcc* 侵染，PR1 和 PR5 在 CsBZIP40 过表达植株中通过 *Xcc* 诱导急剧上调［图 5-11（a）（c）］，而在 RNAi 系中，与 WT 相比，PR1 和 PR5 的表达对 *Xcc* 诱导不敏感［图 5-11（b）（d）］。本研究还评估了与 CsBZIP40 相互作用的 NPR1。与 PR 基因和 SA 含量一致，与 WT 相比，CsNPR1 的表达也在转基因植株中差异表达［图 5-11（e）（f）］。这表明 CsNPR1 的表达水平也受 CsBZIP40 调控。

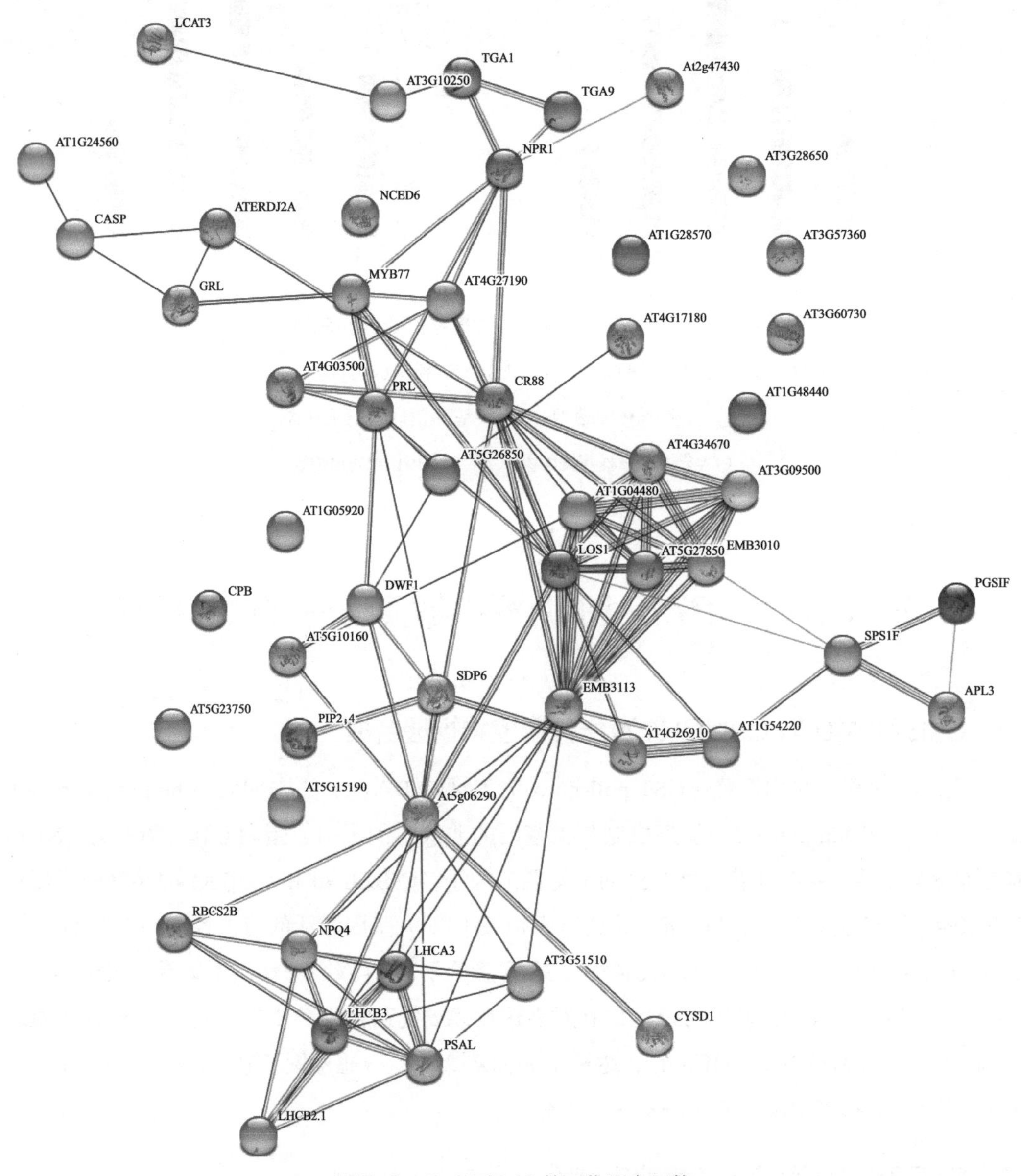

图 5-9 CsBZIP40 的互作蛋白网络

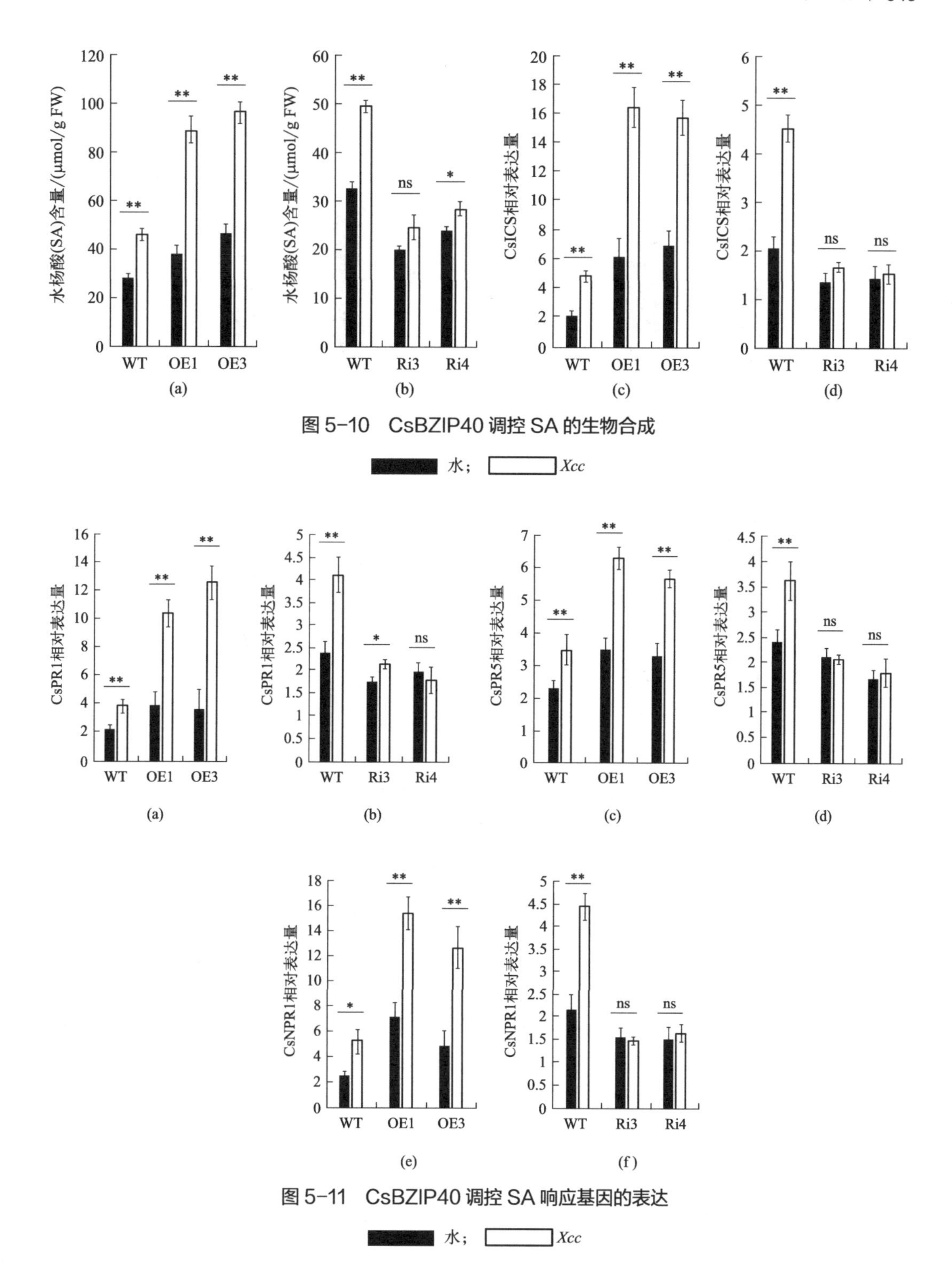

图 5-10 CsBZIP40 调控 SA 的生物合成

水；Xcc

图 5-11 CsBZIP40 调控 SA 响应基因的表达

水；Xcc

三、CsBZIP40 调控活性氧平衡

转基因柑橘 OE03、OE04 叶片中的 POD 活性相比 WT 有所下降；OE03、OE04 中的 SOD 活性比 WT 有所下降。OE03、OE04 叶片中的超氧阴离子和 H_2O_2 含量相比 WT 略有上

升（图 5-12）。

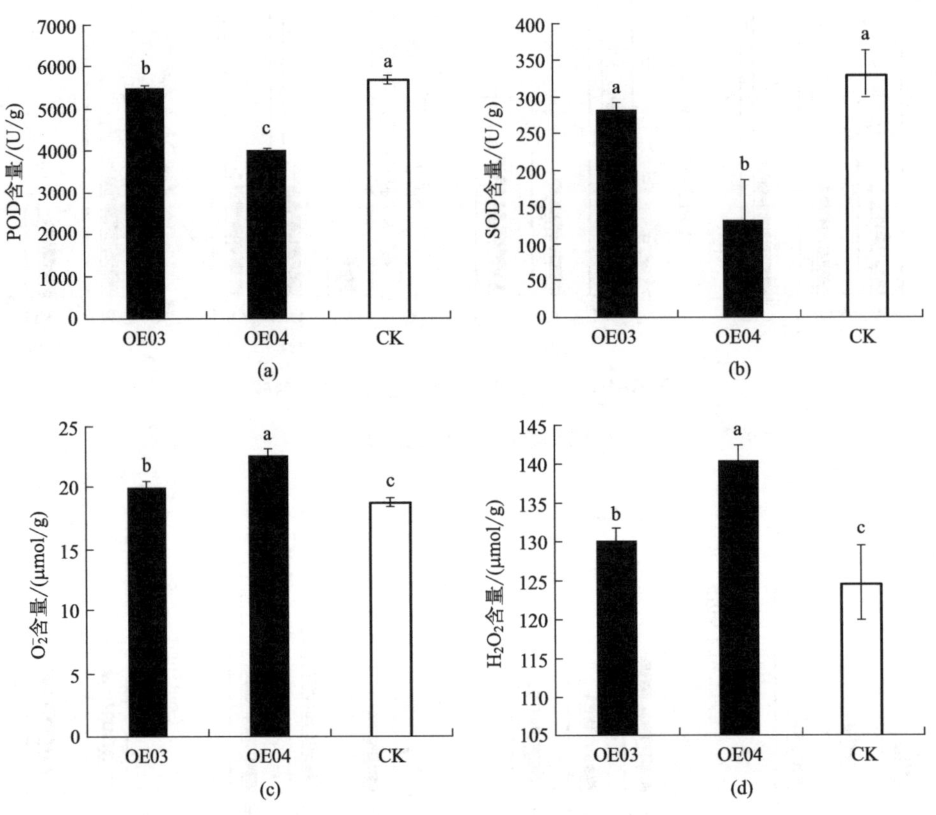

图 5-12 CsBZIP40 调控 POD 和 SOD 活性以及 O_2^-、H_2O_2 的合成

第六节 本章小结

本研究中通过过表达和干扰表达验证 CsBZIP40 正调控溃疡病抗性的作用。过表达植株表现出 *Xcc* 抗性，而沉默的植物更容易受到 *Xcc* 侵染。这些发现证明 CsBZIP40 对 CBC 耐受性的正调节作用。先前的研究报告称，TGA（拟南芥中的 BZIP 转录因子）能够通过在原发侵染部位以及随后在远处区域使用 SA 调节机制转录激活发病相关（PR）基因。在 DNA 结合和反式激活过程中，NPR1 总是需要并与 TGA 发生物理相互作用（Pieterse，*et al.*，2004）。在 SA 存在下，当寡聚复合物中的单体 NPR1 被释放时，NPR1 二硫键通过细胞内氧化还原修饰而水解。NPR1 单体转入细胞核与 TGA 相互作用，形成转录活性亚复合体，激活发病相关（PR）基因的表达（Beckers，*et al.*，2006）。在 SA 处理的拟南芥细胞核中，TGA2 和 NPR1 能够激活瞬时转化的拟南芥中的基因表达，而单独的 TGA2 则不能（Rochon，*et al.*，2006）。这项研究进一步表征了 SAR 诱导的精确机制和 NPR1-TGA-DNA 复合物的功能。在本研究中，CsBZIP40 的功能可能类似于拟南芥中的 AtTGA2。发现 CsBZIP40 正调节 CsNPR1 和 SA 含量，

这在其他研究中未得到证实。该机制尚不清楚，需要进一步研究。

转基因柑橘叶片中 ROS 如 O_2^-、H_2O_2 含量相比野生型含量上升明显，这些生化指标的提高与植物抗病性密切相关，在应对生物胁迫时会迅速产生大量的 ROS，ROS 会抑制病原体生长，同时诱导抗性基因表达（Wang，*et al.*，2018）。CsBZIP40 过表达转基因植株内这些指标的上升与抗病性提高密切相关。ROS 清除酶 POD 和 SOD 的活性降低可以增加转基因植株 ROS 含量，提高了转基因柑橘对溃疡病的抗性。

第六章 CsWRKY43在柑橘溃疡病中的功能

WRKY 蛋白是植物中最大的转录因子家族之一，含有典型的 WRKY 结构域。它们在植物免疫防御中发挥了重要的调控作用。前期我们发现一抗性材料中 CsWRKY43 被明显下调，暗示 CsWRKY43 可能是柑橘溃疡病的感病基因。本章对 CsWRKY43 的信息学特征、表达特征以及在溃疡病抗性中的功能分析和作用机制进行了介绍。

第一节　WRKY 转录因子的研究背景

一、WRKY 转录因子的结构

WRKY 蛋白是植物中最大的转录因子家族之一，是因其结构中含有典型的 WRKY 结构域而得名。该结构域由 60 个高度保守的氨基酸组成，具有 DNA 结合活性，该区域含有典型的 N 端 WRKYGQK 保守七肽和 C 端 C2H2 或 C2HC 锌指基序（Eulgem，*et al.*，2000）。基于该转录因子所含 WRKY 结构域的个数和锌指基序的不同类型，可将其分为 4 组（Ⅰ～Ⅳ）：Ⅰ组（含 2 个 WRKY 结构域和 C2H2 型锌指基序）、Ⅱ组（含 1 个 WRKY 结构域和 C2H2 型锌指基序）、Ⅲ组（含 1 个 WRKY 结构域和 C2HC 型锌指基序）和Ⅳ组（含不完整的 WRKY 结构域，无锌指基序）。

二、WRKY 转录因子的功能

WRKY 转录因子主要通过 WRKY 结构域的两末端保守序列结合 WRKY 基因或靶基因启动子区域的（T）TGAC（C/T）核心序列（W-box），以完成对目的基因的转录调控。已有大量研究表明，WRKY 蛋白是植物免疫反应各种信号途径的关键调控因子。正调控方面，过表达 OsWRKY22 增强了水稻对稻瘟病的抗性（Cheng，*et al.*，2014）；过表达 OsWRKY71，正向调控 OsNPR1 和 OsPR1b 的同时提高了水稻对稻瘟病的抵抗力（Liu，*et al.*，2007）。在负调控方面，突变 OsWRKY62 和 OsWRKY76 的水稻内抗毒素与相关抗性基因的表达水平明显增加，表明这两个基因负调控植物的抗病性（Liang，*et al.*，2016）。

柑橘抗病研究中，也有许多 WRKY 基因调控抗性的报道。CsWRKY22 能直接作用于 CsLOB1 启动子上的 W-box 元件，激活感病基因 *CsLOB1* 的表达，通过调控寄主细胞膨大以提高柑橘对溃疡病的感病性（Long，*et al.*，2021）。CsWRKY70 可以通过激活水杨酸甲酯（methyl salicylate，MeSA）合成相关基因 *CsSAMT* 的表达诱导机体 MeSA 的积累；在柑橘果实中瞬时表达 *CsWRKY70* 可以显著诱导 *CsSAMT* 的上调表达，进而显著抑制柑橘绿霉病的发生（Deng，*et al.*，2020）。

三、WRKY 转录因子的调控机制

由于 WRKY 蛋白家族庞大，不同物种中 WRKY 转录因子响应各种胁迫时的功能不尽相同，调控的分子机制也有所差异，主要包含以下两类作用机制。

1. 通过响应 MAPK 信号级联通路

在参与激酶级联通路方面，丝裂原活化蛋白激酶（mitogen-activated protein kinase，MAPK）级联反应可激活 WRKY 的磷酸化，进一步激活防御基因的表达。MAPK 对 WRKY 的磷酸化也可能是将防御信号转导到细胞核内的重要途径。例如，MAPK3/MAPK6 磷酸化 AtWRKY33 后导致相关植物抗菌物质的表达（Ren，*et al.*，2008）。拟南芥中细菌鞭毛蛋白和几丁质激活了 MAPK 级联反应，上调 AtWRKY29 和 AtWRKY22 的同时增强了对灰霉菌和丁香假单胞杆菌的耐受性（Schikora，*et al.*，2011）。VlWRKY48 通过激活病原菌防御相关基因 *AtICS1* 和 *AtNPR1* 的表达，参与 SA 信号转导途径，加剧了白粉病症状（Zhao，*et al.*，2017）。

2. 通过调控植物 ROS 调控酶系统

受 MAPK 磷酸化的多个 WRKY 转录因子通过参与 RBOHB 介导的 ROS 爆发，提高了烟草对病原菌的抵抗力（Adachi，*et al.*，2015）。抑制大豆中Ⅱ c 类 WRKY 基因 *GmWRKY40* 的表达，修饰氧化相关基因表达的同时，减少 ROS 的积累，使大豆更易感病；大豆 *GmWRKY40* 可能通过调节 H_2O_2 的积累，或与 JA 信号转导途径相关蛋白互作正向调控大豆抗疫霉病（Cui，*et al.*，2019）。

第二节　CsWRKY43 的生物信息学特征

CsWRKY43 具有一个 WRKY 蛋白保守结构域，是典型的 WRKY 蛋白家族成员。聚类结果表明，CsWRKY43 与 CsWRKY23 聚在同一支，与之亲缘关系较近的还有水稻中的 OsWRKY20、OsWRKY2 等，其次是杨树中的 PtWRKY26、PtWRKY3［图 6-1（a）］。CsWRKY43 编码基因定位在甜橙基因组 9 号染色体上，全长 2050bp；包含 4 个外显子、3 个内含子，开放阅读框长度为 351bp；编码 116 个氨基酸，34 ～ 208bp 编码 WRKY 蛋白结构域，长度为 58aa，该结构域由 N 端的 WKKYGQK 保守七肽和 C 端的 C2H2 锌指结构基序组成［图 6-1（b）］。CsWRKY43 的 10 个保守基序大部分集中于 N 端，这和 WRKY 蛋白发挥作用时高度保守的 WRKY 结构域定位一致［图 6-1（c）］，进一步表明 CsWRKY43 是一个 WRKY 家族蛋白。

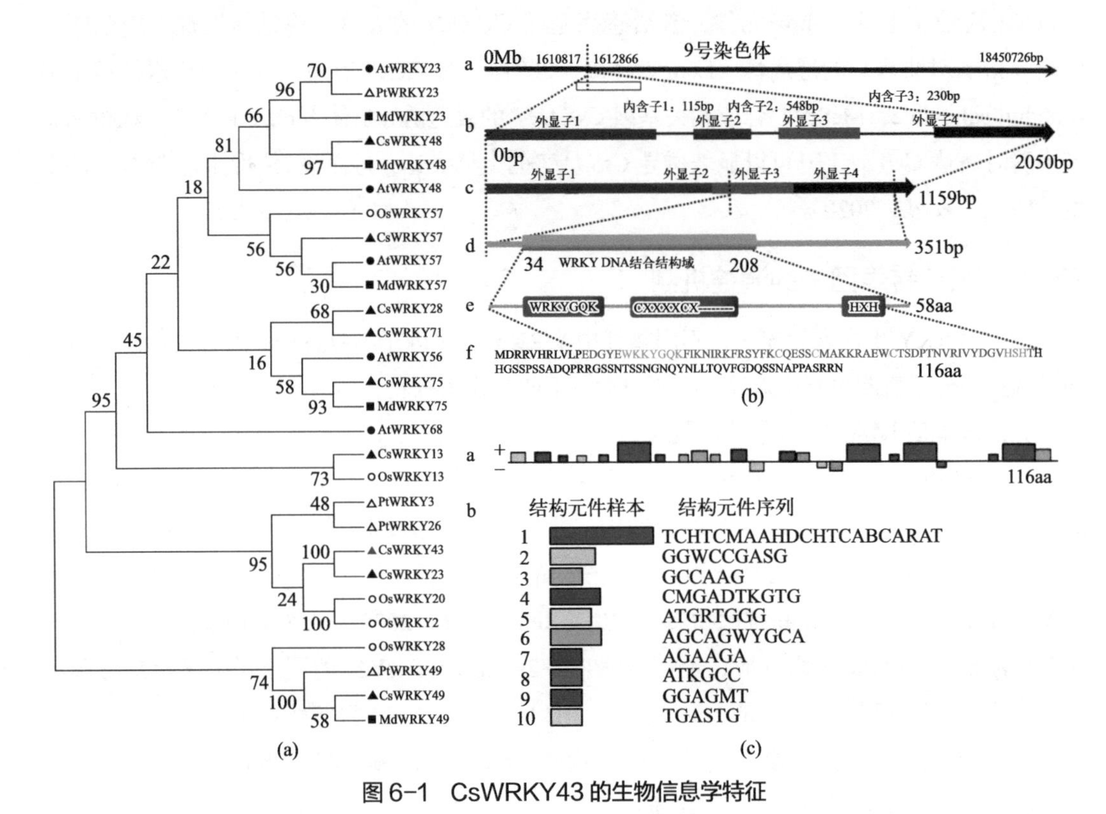

图 6-1 CsWRKY43 的生物信息学特征

（a）不同植物 WRKY 蛋白的系统发育；（b）a—CsWRKY43 的染色体定位；b，c—CsWRKY43 的基因结构；d，e—CsWRKY43 的功能结构域；f—CsWRKY43 的氨基酸序列；（c）a，b—CsWRKY43 的保守基序

（扫封底或勒口处二维码看彩图）

第三节 CsWRKY43 的表达特征

一、CsWRKY43 的亚细胞定位

通过 WoLF PSORT、Plant-mPloc 在线网址对 CsWRKY43 进行亚细胞定位预测，WoLF PSORT 显示定位在细胞核上的可能性为 11.5，定位在细胞质上的可能性为 6.5，定位在质膜上的可能性为 1。Plant-mPloc 预测结果显示定位在细胞核上［图 6-2（a）］。结合以上预测结果，初步预判 CsWRKY43 定位在细胞核。

为进一步确定 CsWRKY43 在细胞内的定位，我们通过构建 CsWRKY43 与报告基因绿色荧光蛋白基因 GFP 融合表达的 35S-CsWRKY43-GFP 亚细胞定位载体并瞬时转化拟南芥原生质体，在激光共聚焦扫描显微镜下观察其荧光表达部位。在目标蛋白荧光通道观察到 CsWRKY43 定位在细胞核，而对照组中各区域均能观察到荧光［图 6-2（b）］，与前期预测结果一致。明确 CsWRKY43 定位在细胞核内发挥其转录因子调控作用。

预测方式	蛋白名称	亚细胞定位预测位置
WoLF PSORT	CsWRKY43	细胞核　−11.5 细胞质　−6.5 质膜　−1
Plant-mPloc		细胞核

(a)

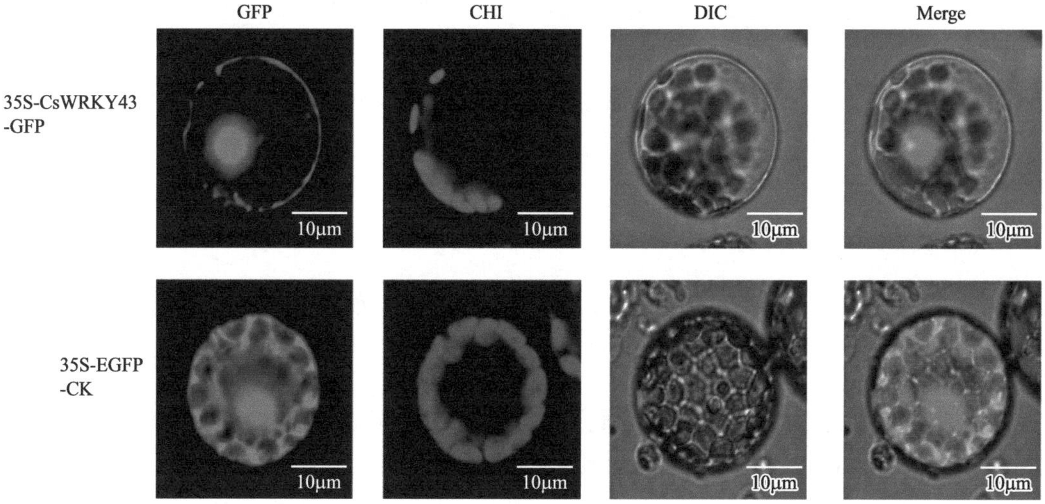

GFP　CHI　DIC　Merge

35S-CsWRKY43-GFP

35S-EGFP-CK

10μm

(b)

图 6-2　CsWRKY43 的亚细胞定位

GFP—目标蛋白荧光通道；CHI—叶绿体荧光通道；DIC—明场；Merge—叠加图

（a）亚细胞定位预测；（b）CsWRKY43-EGFP 的瞬时表达

（扫封底或勒口处二维码看彩图）

二、CsWRKY43 受溃疡病的诱导表达模式

前期在明显抗病的 CsBZIP40 过表达植株的转录组数据中挖掘到 CsWRKY43 是下调倍数最高的一个基因，并通过 qRT-PCR 验证了其表达量。猜测 CsWRKY43 可能与柑橘抗、感溃疡病密切相关。为验证 CsWRKY43 与 *Xcc* 侵染之间的关系，通过在感病品种四季橘和抗病品种晚锦橙中对 CsWRKY43 受 *Xcc* 侵染的诱导表达特性进行分析发现：晚锦橙中，CsWRKY43 的表达量在病菌侵染初期的 0 ～ 6h 有微弱下降趋势，在 6 ～ 48h 内表达量明显上升；与之相反，四季橘中，CsWRKY43 在病菌侵染的前 36h 内，表达量呈逐步下降趋势，在 36 ～ 48h 内，呈现轻微上升趋势，总体表达水平不高（图 6-3）。两个品种的溃疡病抗性水平表明受 *Xcc* 诱导后，CsWRKY43 在感病品种晚锦橙和抗病品种四季橘中有不同的表达特性，CsWRKY43 可能是一个溃疡病相关基因，其表达水平与溃疡病抗性呈负相关。

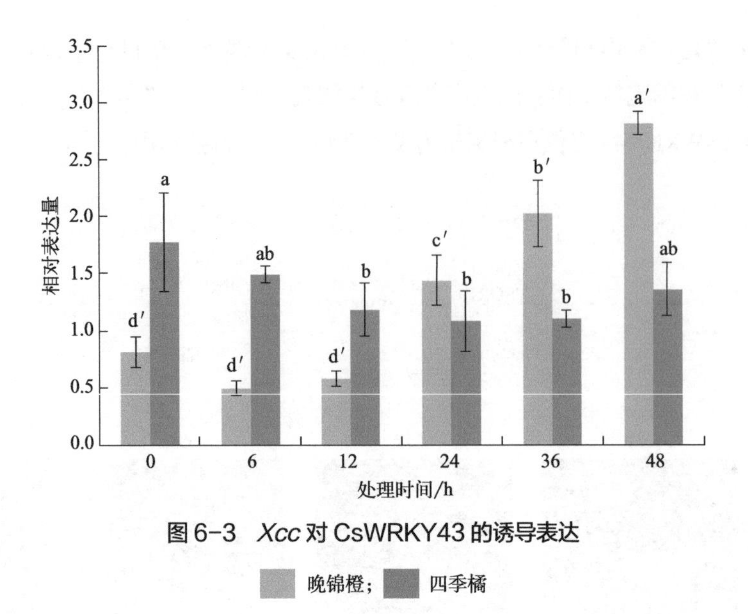

图 6-3 *Xcc* 对 CsWRKY43 的诱导表达

■ 晚锦橙；■ 四季橘

第四节 CsWRKY43 负调控柑橘溃疡病抗性

利用反向遗传学手段，进一步研究 CsWRKY43 在响应柑橘溃疡病中的功能。根据 CsWRKY43 干扰序列构建 RNAi 载体，遗传转化晚锦橙获得 R1 ～ R3 共 3 个阳性植株。观察 3 株阳性苗和野生型植株 WT，生长状态总体趋于一致，无明显异常［图 6-4（a）］。PCR 和 GUS 染色再次验证这 3 株为阳性苗［图 6-4（b）（c）］。qRT-PCR 分析 CsWRKY43 基因在阳性植株中的相对表达量，结果显示，干扰植株 R1、R2 中 CsWRKY43 表达量对比同期野生型植株均显著下调，分别下调了 16%、86%，综合以上分析，表明 CsWRKY43 表达量在 2 株阳性苗中被成功抑制，该阳性苗干扰成功［图 6-4（d）］。

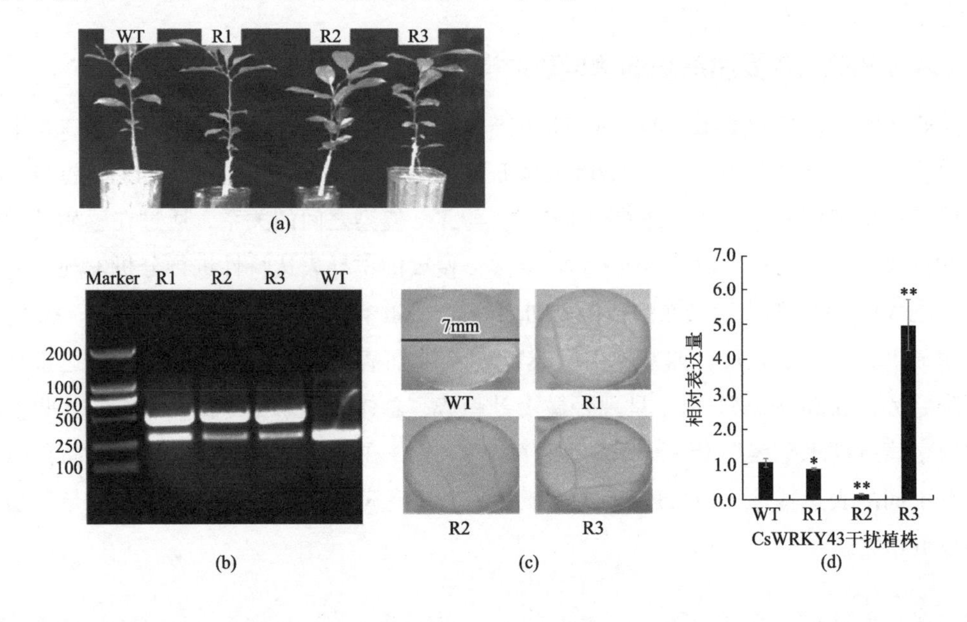

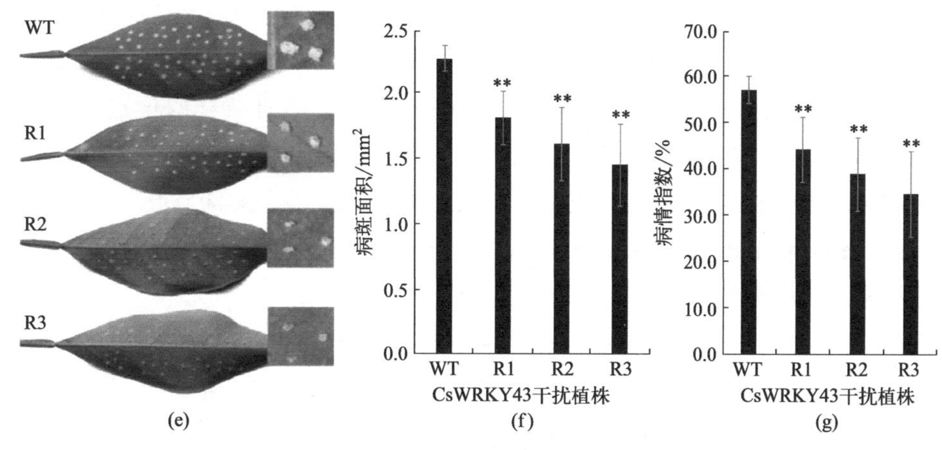

图 6-4 CsWRKY43 干扰表达增强柑橘溃疡病感病性

（a）转基因植株的表型；（b）转基因植株的 PCR 鉴定；（c）转基因植株的 GUS 染色鉴定；（d）转基因植株中 CsWRKY43 的表达；（e）转基因植株的溃疡病症状；（f）转基因植株的病斑面积；（g）转基因植株的病情指数

针刺法评价抗病性发现 WT 叶片发病症状明显，针刺点处有明显白色隆起，整片叶子各区域发病面积均匀，明显响应了柑橘 *Xcc* 的侵染，这也表明此次菌种活性致病力正常，可用于对阳性植株的抗性评价。对比 WT，其余 3 株阳性苗叶片总体发病程度较轻，病斑隆起高度、病斑面积均小于野生型叶片［图 6-4（e）］。。对各叶片发病情况进行数据统计发现，干扰植株的病斑面积分别为野生型植株的 80%、71%、64%［图 6-4（f）］。干扰植株的病情指数降低到野生型的 77%、68% 和 61%［图 6-4（g）］。综上所述，CsWRKY43 可能是一个感病候选基因，在柑橘易感溃疡病过程中发挥关键作用。

第五节 CsWRKY43 负调控柑橘溃疡病抗性的机制

一、CsWRKY43 调控过氧化物酶酶活性

分别在 WT 和 RNAi-CsWRKY43 两组离体叶片中注射含 pLGNe 空载体农杆菌菌悬液，分析两者 POD 酶活性发现，相比 WT，RNAi-CsWRKY43-3 中 POD 酶活性降低了 16%，干扰 CsWRKY43 的表达后，POD 酶活性下降，表明 CsWRKY43 正调控 POD 酶活性［图 6-5（a）］。同时测定两组叶片中的 H_2O_2 含量，发现 RNAi-CsWRKY43 中 H_2O_2 含量上升，表明 H_2O_2 含量与 POD 酶活性负相关［图 6-5（b）］。

二、CsWRKY43 靶向并激活 CsPRX53

过表达 CsBZIP40 后，活性氧（reactive oxygen species，ROS）含量提高，CsWRKY43 与 CsPRX53 同时被下调，而 CsPRX53 可通过编码过氧化物酶以调节植物细胞中 ROS 含

量，推测 CsPRX53 可能参与 CsBZIP40-CsWRKY43 调控溃疡病抗性的信号通路。预测 CsPRX53 与 CsBZIP40 和 CsWRKY43 之间可能的结合位点，在 CsPRX53 的启动子区域未发现 CsBZIP40 的结合位点，但存在 CsWRKY43 可能靶向结合的位点。因此，受到 CsBZIP40 调控的 CsWRKY43 可能与 CsPRX53 之间存在相互作用。为探究 CsPRX53 是否参与 CsBZIP40-CsWRKY43 这一调控模块，利用酵母单杂交、凝胶阻滞或电泳迁移率变动实验（electrophoretic mobility shift assay，EMSA）、检测转基因植株 RNAi-CsWRKY43 中 CsPRX53 的表达量等方法进行研究。

在启动子区域 -898bp ～ -889bp 和 -904bp ～ -895bp 处存在两段核心序列为 TGAC 的 W-box 区域，是上游 CsWRKY43 转录因子可能结合 CsPRX53 的关键位点［图 6-6（a）］。自激活验证确定最低 AbA 抑制浓度为 100ng/mL［图 6-6（b）］。酵母单杂交表明 CsWRKY43 与 CsPRX53 启动子互作［图 6-6（c）］

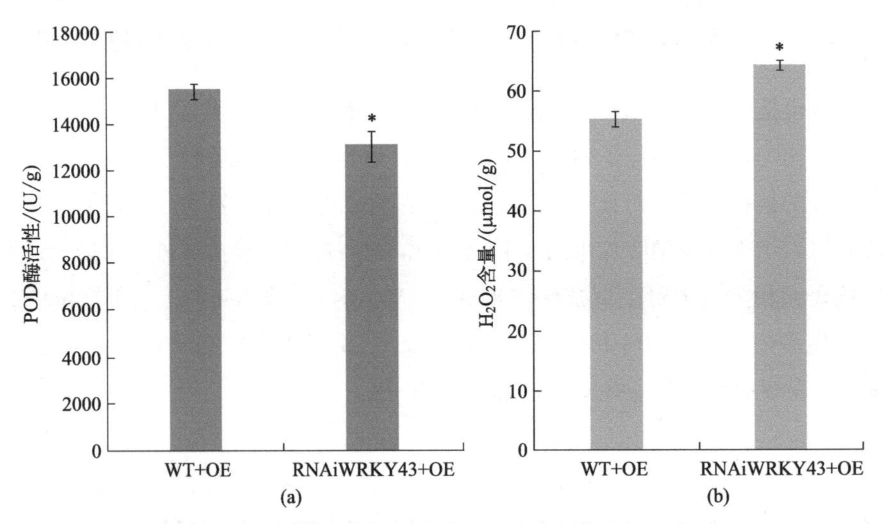

图 6-5 CsWRKY43 调控 POD 酶活性和 H_2O_2 含量

进一步通过 EMSA 验证酵母单杂交结果，结果发现，阴性样品所在泳道无明显迁移条带，已知互作的阳性样本中出现明显迁移条带。在只添加 WT 探针的泳道中未观察到迁移条带。把探针 WT 和目的蛋白 CsWRKY43 混匀后，目的条带出现，表明 WT 探针结合了 CsWRKY43 蛋白。将探针 MT 与目的蛋白混合电泳，未见明显迁移条带，表明 MT 探针不结合 CsWRKY43。通过在 WT 探针和 CsWRKY43 蛋白混合样本中添加冷探针，发现 5× 探针能竞争掉大部分条带，10×、50× 冷探针几乎能完全竞争结合 CsWRKY43 蛋白，使目的条带完全消失。进一步说明 CsWRKY43 特异性结合了 WT 探针［图 6-6（d）］。继续通过双荧光素酶实验验证 CsWRKY43 对 CsPRX53 的转录激活，发现 CsWRKY43 与 CsPRX53 实验组 Luc/Ren 比值为对照组的 2.55 倍，表明 CsWRKY43 可明显激活 CsPRX53 启动子活性。同时通过 qRT-PCR 检测干扰植株中 CsPRX53 的表达情况进一步明确 CsWRKY43 对 CsPRX53 的正调控作用。结果表明，相比野生型，3 株 RNAi-CsWRKY43 植株中 CsPRX53 的表达量分别下降了 58%、80%、68%。随着 CsWRKY43 的表达被干扰，CsPRX53 的表达量也受到抑制，这说明 CsWRKY43 在直接结合 CsPRX53 的同时，也正调控了 CsPRX53 的表达［图 6-6（e）］。

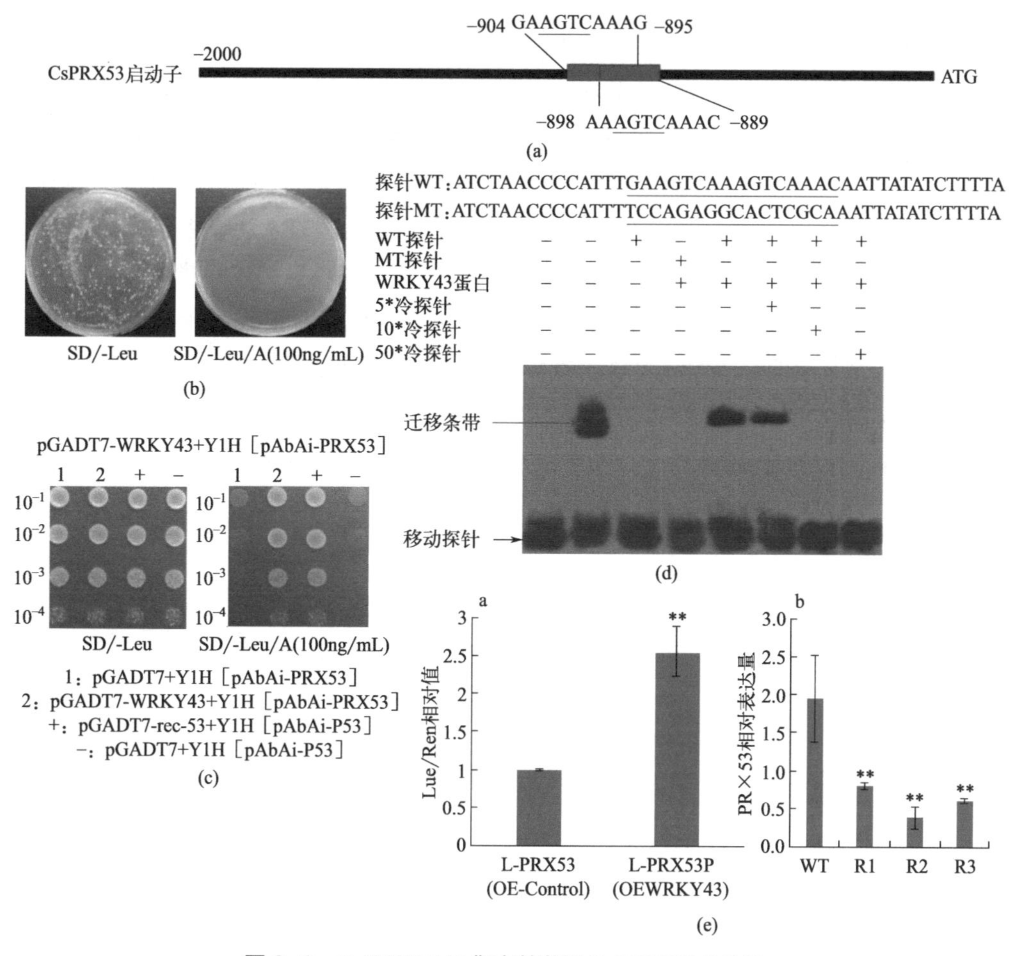

图 6-6 CsWRKY43 靶向并激活 CsPRX53 的表达

（a）CsPRX53 启动子的 W-box；（b）酵母自激活检测；（c）酵母稀释点种；（d）EMSA 验证 CsWRKY43 与 CsPRX53 互作；（e）a—CsWRKY43 与 CsPRX53 的双荧光素酶实验；b—干扰植株中 CsPRX53 的表达量

（扫封底或勒口处二维码看彩图）

第六节 本章小结

WRKY 为植物特有，在应对生物胁迫和非生物胁迫中发挥关键调控作用，其在抗病方面的重要功能在多物种中均有报道。本研究发现抑制 CsWRKY43 表达的转基因植株对柑橘溃疡病表现出了良好抗性，明确 CsWRKY43 可能在柑橘抗病过程中发挥重要作用，是一个柑橘溃疡病感病相关基因，为后续更好地利用 WRKY 转录因子进行抗病研究提供了参考。

PRX 是植物特异性的多基因家族。通过对甜橙 72 个 PRX 基因进行注释，发现这些 PRX

基因在 *Xcc* 侵染的不同阶段表达趋势不一，同时筛选到一些可参与 *Xcc* 抗性的潜在候选基因并进行了相关研究（Li，*et al.*，2020）。结合该甜橙中 PRX 家族的注释和此次实验的前期筛选，在过表达 CsBZIP40 的转录组数据中发现了与 CsWRKY43 一起被下调的 3 个过氧化物酶基因，分别为 CsPRX52（Orange1.1t02040）、CsPRX53 和 CsPRX55（Orange1.1t02044），其中 CsPRX53 下调倍数最高。PRX 基因在植物免疫 ROS 调控中发挥关键作用，我们推测被下调的 CsPRX53 基因极有可能与过表达 CsBZIP40 后阳性植株体内 ROS 含量增加关系密切；同时基于前人对 WRKY 基因通过参与 ROS 调控介导植物抗病的大量研究（Adachi，*et al.*，2015），我们猜想 CsWRKY43 与 ROS 调控之间应该也存在某种直接或间接的调控关系。本实验通过酵母单杂交、EMSA、双荧光素酶实验和 qRT-PCR 分析了 CsWRKY43 与 CsPRX53 之间的关系，结果表明：CsWRKY43 可直接结合并激活 CsPRX53。通过检测瞬时表达后离体柑橘叶片中的 POD 酶活性和 H_2O_2 含量，明确了 CsWRKY43 和 CsPRX53 与 ROS 的关系：CsPRX53 可正调控 POD 酶活性；CsPRX53 是重要的一类 ROS 清除酶，CsWRKY43 促进了 ROS 清除酶 CsPRX53 介导的 POD 酶活性。

第七章
CsWRKY61 在柑橘溃疡病中的功能

前期在高抗品种四季橘和高感品种纽荷尔甜橙（*Citrus sinensis*）的比较研究中发现 WRKY 家族转录因子基因 CsWRKY61 与柑橘溃疡病抗性相关。在前期研究基础上，本章继续对柑橘的 WRKY 转录因子 CsWRKY61 进行功能分析和作用机制研究，以挖掘更多的溃疡病抗病基因。

第一节　CsWRKY61 的生物信息学特征

系统发育树显示 CsWRKY 与其他 WRKY 蛋白有较高的相似性（图 7-1），CsWRKY61 蛋白与可可亲缘关系较近。

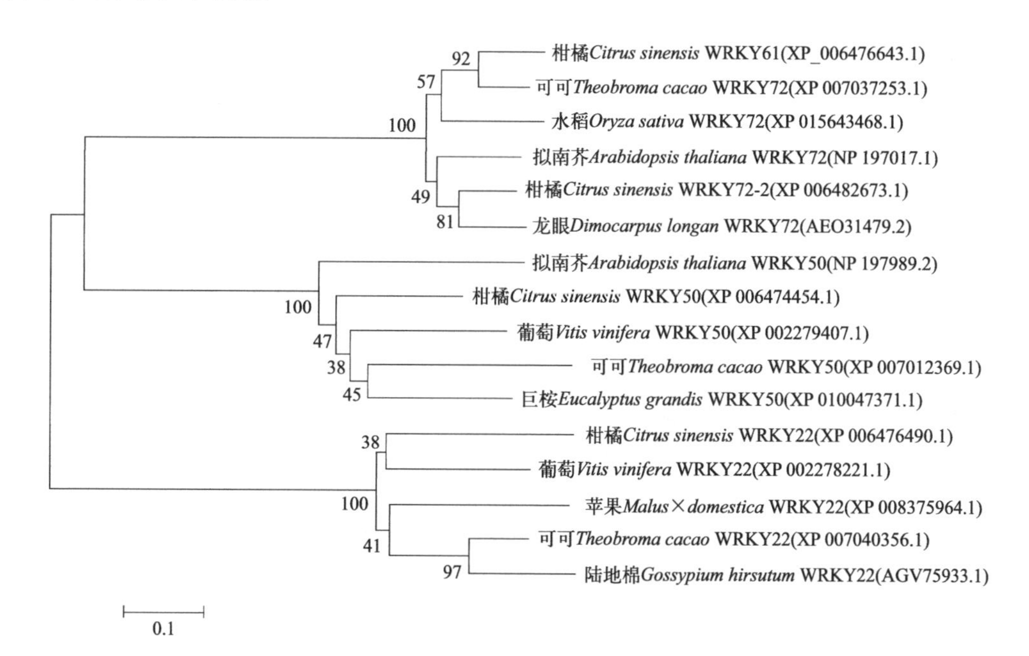

图 7-1　不同植物 WRKY 蛋白的系统发育

第二节 CsWRKY61 的表达特征

一、CsWRKY61 的亚细胞定位

瞬时表达结果显示，相对于载体 pLGN-mGFP 为对照的表达位于整个细胞中，融合蛋白则在细胞核中优势表达（图 7-2），说明 CsWRKY61 为核定位的转录因子。

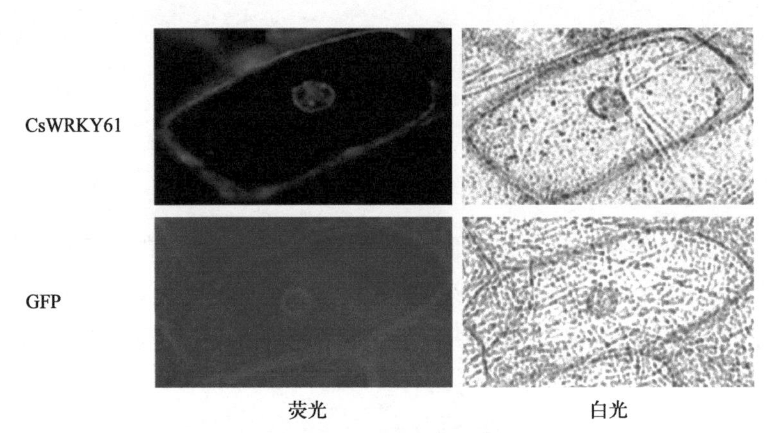

图 7-2 CsWRKY61 的亚细胞定位

（扫封底或勒口处二维码看彩图）

二、CsWRKY61 受溃疡病的诱导表达模式

对 CsWRKY61 受溃疡病的诱导表达模式进行了分析（图 7-3）。接种溃疡病菌后，CsWRKY61 在纽荷尔脐橙和四季橘中的表达量均呈逐渐下降的趋势；侵染后 1 天和 3 天，在四季橘中的表达水平显著高于纽荷尔脐橙。

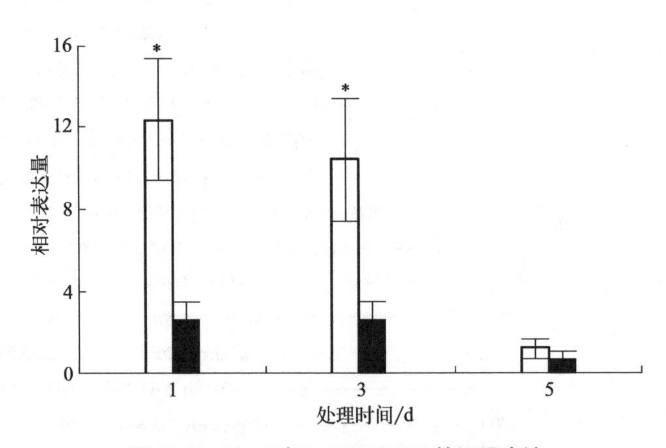

图 7-3 *Xcc* 对 CsWRKY61 的诱导表达

纽荷尔；四季橘

第三节 CsWRKY61 正调控柑橘溃疡病抗性

构建过表达载体并遗传转化晚锦橙，获得目的基因表达水平显著提高的转基因植株进行溃疡病抗性评价。结果表明，在所获得的转基因植株中，只有过表达 CsWRKY61 的转基因植株表现明显的抗性增强，其病斑明显小于野生型植株，而过表达 CsWRKY50 和 CsWRKY72 的转基因植株病斑大小与野生型相比无明显差异［图 7-4（a）］。为了对过表达 CsWRKY61 转基因植株的抗性水平进行定量比较，进一步对其病斑面积和病情指数进行了统计分析。结果显示，W61-3 和 W61-7 植株的病斑面积与野生型无明显差异，其余植株的病斑面积均显著小于野生型，其中 W61-5、W61-6、W61-9 和 W61-11 植株的病斑面积相对较小［图 7-4（b）］。此外，病情

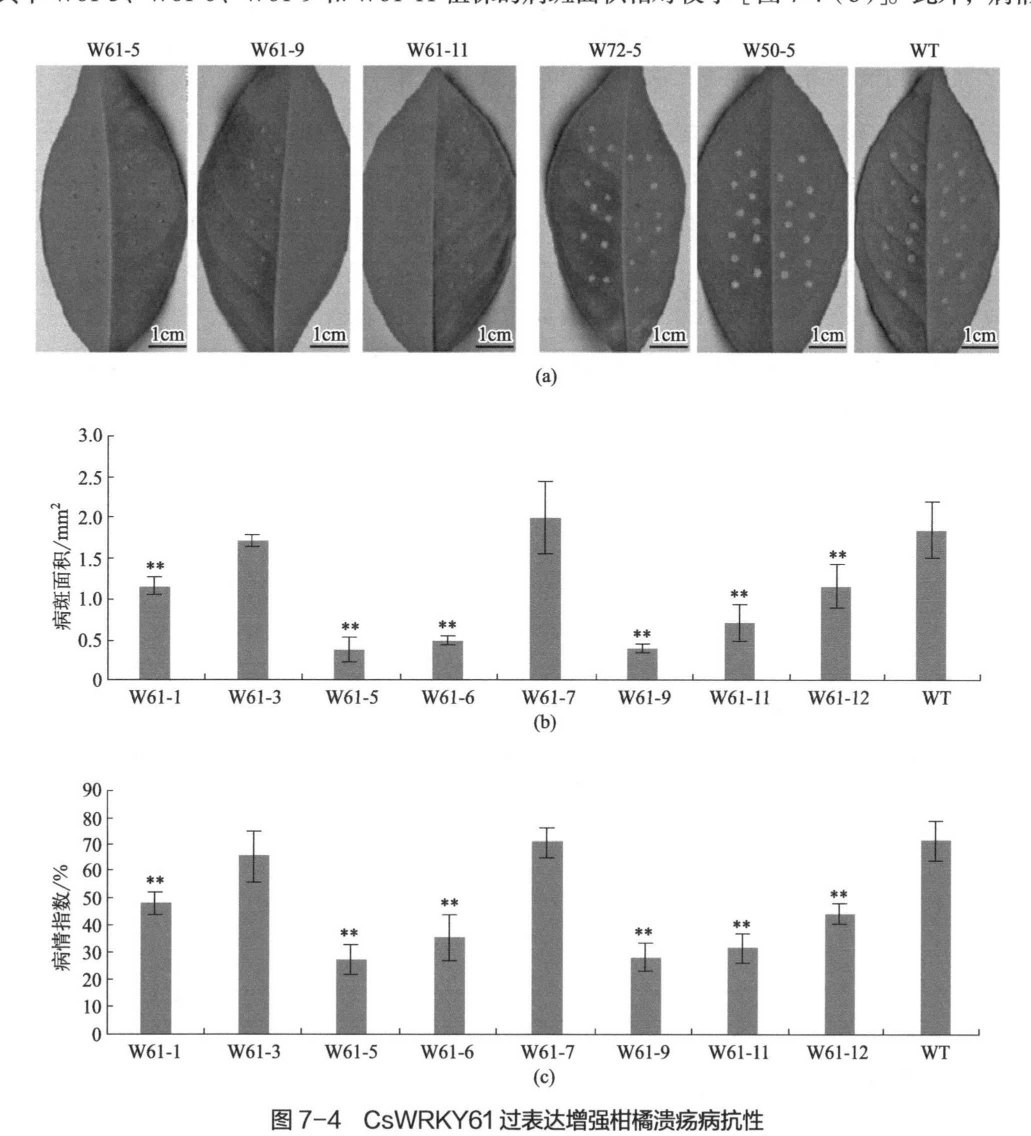

图 7-4 CsWRKY61 过表达增强柑橘溃疡病抗性

（a）转基因植株的溃疡病症状；（b）转基因植株的病斑面积；（c）转基因植株的病情指数

指数的统计结果显示，W61-3 和 W61-7 植株的病情指数与野生型无明显差异，而其余植株的病情指数均显著降低［图 7-5（c）］。结果表明，与野生型相比 CsWRKY61 转基因植株对溃疡病的抗性显著提高，其中 W61-5、W61-6、W61-9 和 W61-11 植株的抗性水平相对较高。

第四节 CsWRKY61 调控柑橘溃疡病抗性的机制

对抗性水平最高的转基因植株 W61-5 和 W61-9 进行了转录组测序分析。聚类热图分析表明，W61-5 和 W61-9 植株中基因表达谱与野生型相比有明显的差异［图 7-5（a）］。此外，与野生型相比，W61-5 和 W61-9 植株分别有 1671 个和 2933 个差异表达基因。在 W61-5 中有 1116 个基因上调表达、555 个基因下调表达，在 W61-9 中有 2010 个基因上调表达、923 个下调表达，其中有 1469 个差异表达基因在两株转基因植株中具有相似的表达谱［图 7-5（b）（c）］。聚类分析显示，两株转基因植株中生物胁迫和信号转导相关途径均被显著激活，以 W61-9 植株变化更加明显［图 7-5（d）］。结果表明，过表达 CsWRKY61 正调控植物应答生物胁迫和信号转导途径。进一步分析 W61-9 植株中与生物胁迫相关的差异基因情况，结果显示，有 85 个差异基因直接与生物胁迫相关，且有 75 个基因显著上调表达。这些基因包括病原入侵的感知、活性氧爆发、信号转导、转录因子和防御基因。另外，许多与胁迫相关的激素信号、细胞壁和次生代谢等基因也显著上调表达。

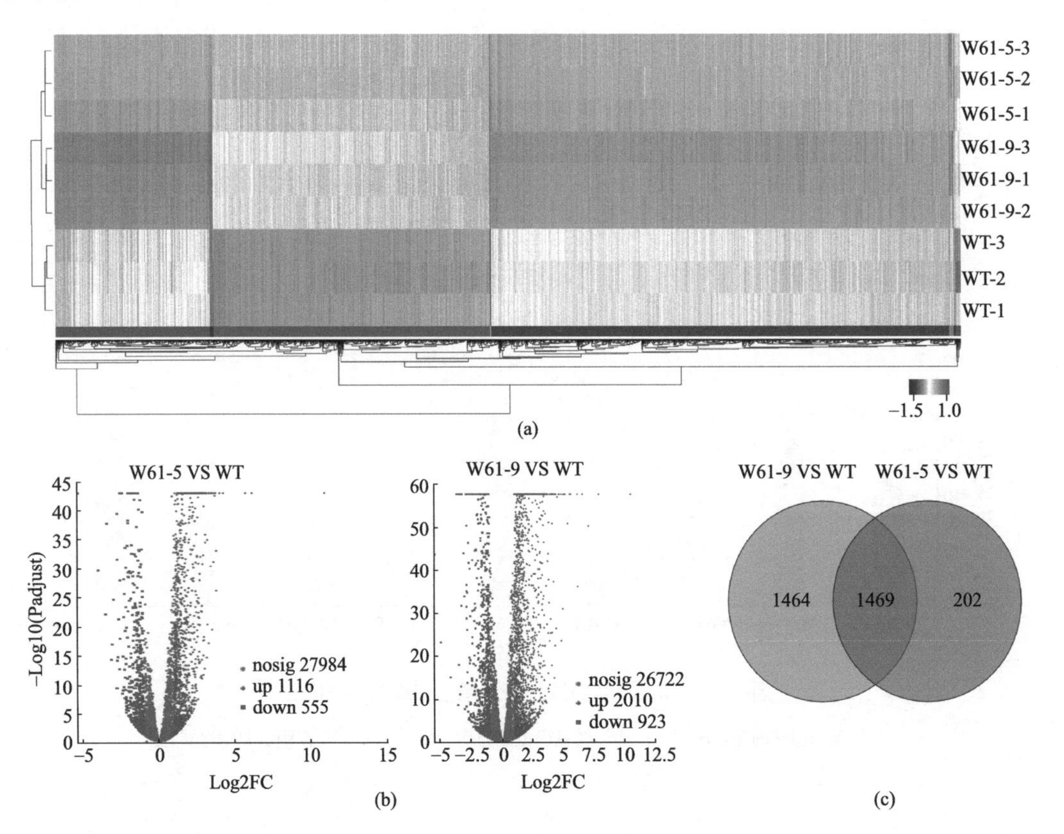

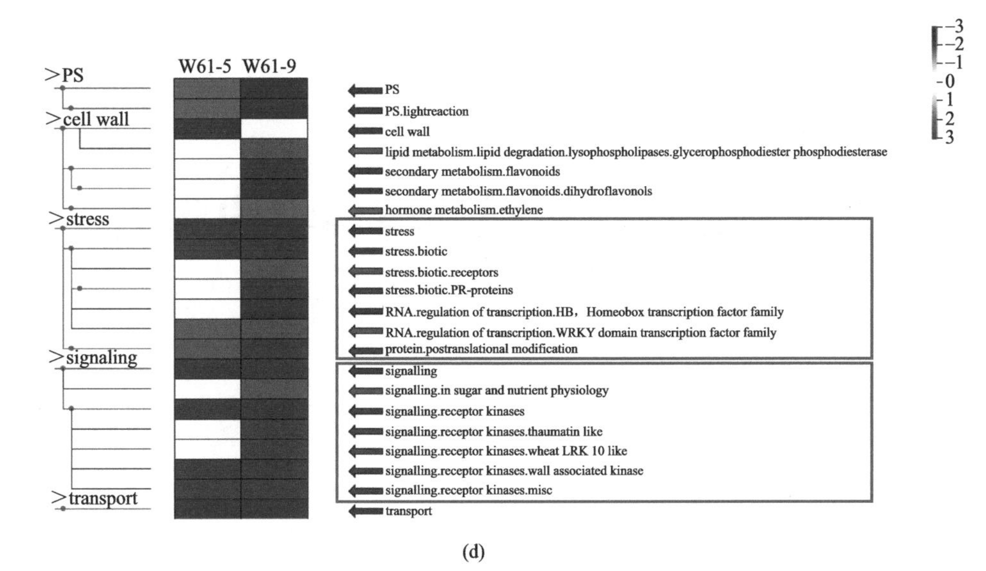

(d)

图 7-5　CsWRKY61 过表达植株的转录组

（a）差异表达基因的聚类热图；（b）差异表达基因的火山图；（c）差异表达基因的维恩图；

（d）差异表达基因的 MapMan 聚类

（扫封底或勒口处二维码看彩图）

第五节　本章小结

WRKY 转录因子家族成员众多，参与调节植物对生物、非生物胁迫的响应以及生长发育等多方面进程。而在本研究中，过表达 CsWRKY61 通过激活转基因植株中生物胁迫和信号转导相关途径来提高溃疡病抗性。这些基因主要涉及病原入侵的感知、活性氧爆发、转录因子和防御基因，以及与胁迫相关的激素信号、细胞壁和次生代谢等基因。综上所述，CsWRKY61 能够激活与生物胁迫和信号转导相关的途径，是柑橘抗病育种中有潜在应用价值的抗性基因。

第八章
CitMYB20 在柑橘溃疡病中的功能

MYB 转录因子在植物抵御生物胁迫的过程中发挥重要功能。前期转录组测序结果表明，柑橘 MYB 基因 *CitMYB20*（Ciclev10005629m）在侵染柑橘溃疡病菌的甜橙中上调表达。本章通过克隆不同柑橘品种 *CitMYB20* 基因序列，分析 CitMYB20 在柑橘溃疡病菌和不同外源植物激素诱导下的表达水平，并通过过表达和 RNA 干扰手段，验证 CitMYB20 在柑橘抗、感溃疡病中的功能。

第一节　MYB 转录因子的研究背景

MYB 转录因子家族含有保守的 MYB 结构域，是植物界最大的转录因子家族之一。MYB 基因在植物抵御真菌、细菌和病毒侵染的过程中具有重要作用。杨树 MYB115 激活原花青素合成基因，增加次生代谢物含量，从而增强植物对杨树溃疡病菌（*Dothiorella grefaria*）的抗性（Wang，*et al.*，2017）；甜樱桃 PacMYBA 在拟南芥中异源表达，可增强转基因植株对丁香假单胞菌番茄致病变种（*Pseudomonas syringae* pv. *tomato*，*Pst*）DC3000 的抗性（Shen，*et al.*，2017）。柑橘中存在 100 多个 MYB 转录因子，对其功能研究结果显示，柑橘 MYB 转录因子调控花青素、木质素、类黄酮和黄酮醇等次生代谢产物的合成。未见柑橘 MYB 基因参与生物学胁迫的相关报道。笔者前期的转录组测序结果表明，柑橘 CitMYB20（Ciclev10005629m）在侵染柑橘溃疡病菌的甜橙中上调表达，推测其与柑橘溃疡病相关。

第二节　CitMYB20 的表达特征

一、CitMYB20 受溃疡病的诱导表达模式

取易感品种枣阳小叶枳和抗性品种金弹金柑的成熟离体叶片接种柑橘溃疡病菌菌液。

qRT-PCR 结果表明易感品种枣阳小叶枳在接种柑橘溃疡病菌 0 天、1 天、3 天和 5 天时，CitMYB20 的表达量与对照相比无明显变化；而抗性品种金弹金柑 CitMYB20 的相对表达量则上调幅度明显，尤其是在接种柑橘溃疡病菌 5 天时表达量为对照的 2.5 倍（图 8-1）。

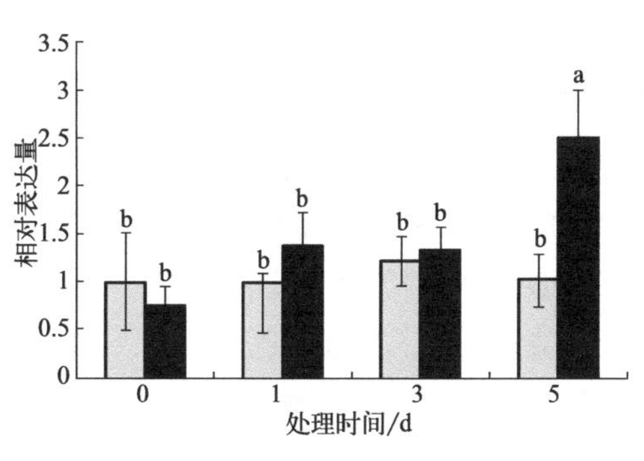

图 8-1　*Xcc* 对 CitMYB20 的诱导表达

枣阳小叶枳；金弹金柑

二、CitMYB20 受激素的诱导表达模式

CitMYB20 对不同外源激素的应答反应不尽相同。其中，SA 和 MeJA 对 CitMYB20 的诱导表达结果相似，在用两种激素处理后，金弹金柑中 CitMYB20 的相对表达量均呈现出先升高后降低的趋势，处理 24h 时相对表达量最高；而枣阳小叶枳中该基因的相对表达量均为先降低后升高，处理 24h 时相对表达量最低。用乙烯利（ETH）处理后，CitMYB20 的表达量在枣阳小叶枳中 12h 时达到最高值，之后表达量降低；而在金弹金柑中其表达量从 12h 起呈现缓慢下降的趋势（图 8-2）。

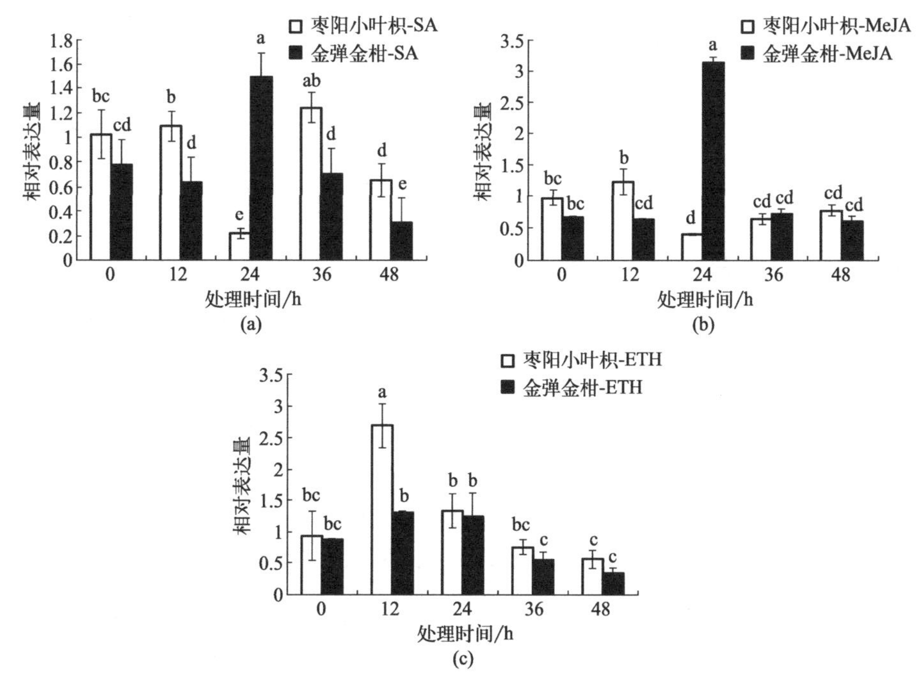

图 8-2　激素对 CitMYB20 的诱导表达

第三节 CitMYB20 正调控柑橘溃疡病抗性

一、CitMYB20 转基因植株鉴定

构建过表达和 RNAi 载体，利用根癌农杆菌法转化枣阳小叶枳。提取嫁接苗叶片 DNA，用 PCR 再次检测转基因阳性植株，共获得 7 株 CitMYB20 过表达植株，分别命名为 OE-1、OE-4、OE-5、OE-6、OE-8、OE-9、OE-10；5 株 CitMYB20 干扰植株，分别命名为 R-3、R-8、R-9、R-10 和 R-11。qRT-PCR 结果显示，在过表达植株中，CitMYB20 显著上调表达，最高表达倍数达 207 倍［图 8-3（a）］；在干扰植株中，CitMYB20 的表达显著下调，最低仅为对照表达量的 12%［图 8-3（b）］。

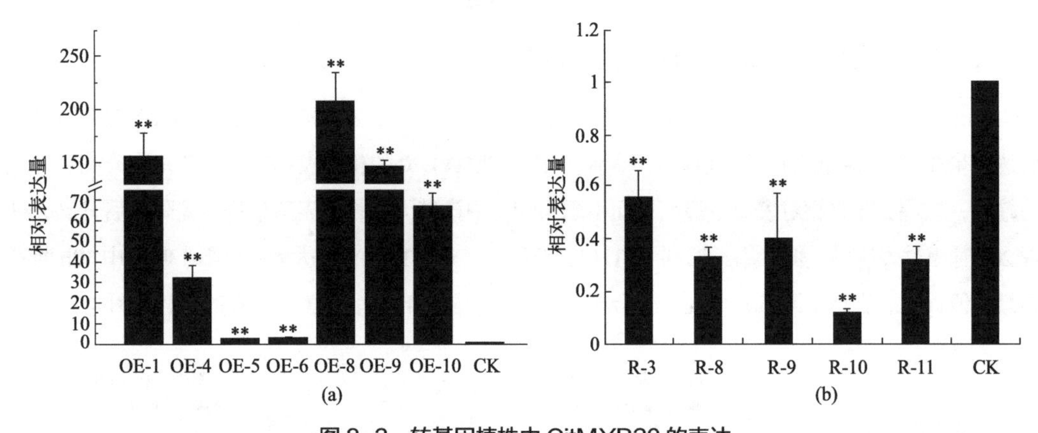

图 8-3 转基因植株中 CitMYB20 的表达

（a）过表达植株；（b）RNAi 植株

二、CitMYB20 转基因植株抗性评价

与非转基因植株的表型相比，枣阳小叶枳 CitMYB20 过表达植株和干扰植株的株高和叶片大小未观测到明显的变化。选取生长状态一致的过表达植株叶片，采用针刺法进行抗性评价。结果显示，过表达植株叶片的病斑面积均小于非转基因植株叶片的病斑面积，其中 OE-1、OE-6、OE-10 这 3 株转基因材料的病斑面积与非转基因植株相比存在显著差异，病斑面积减少 25% 左右（图 8-4）。RNAi 抑制 CitMYB20 表达植株叶片的病斑面积均大于非转基因植株叶片的病斑面积，其中 R-9 转基因植株的病斑面积与非转基因植株相比存在显著差异，病斑面积增加约 40%（图 8-5）。

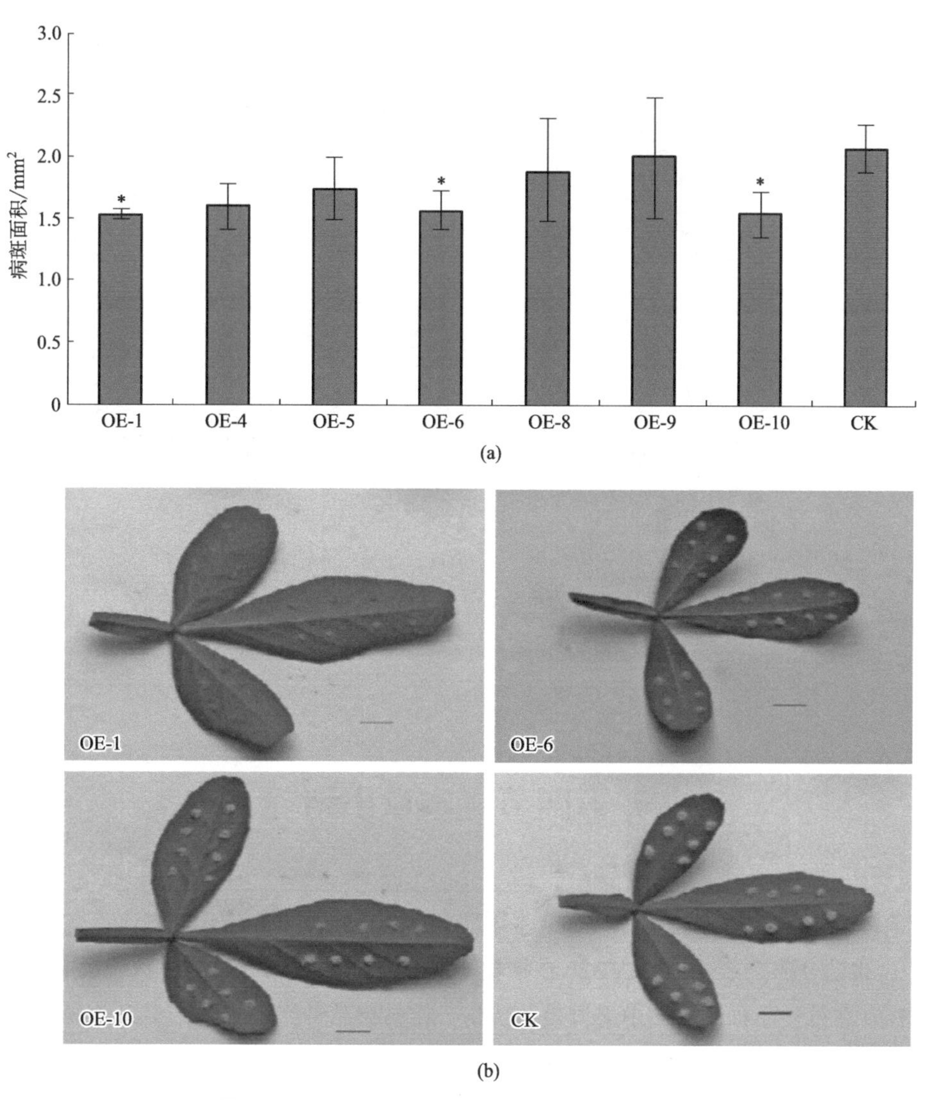

图 8-4 CitMYB20 过表达增强柑橘溃疡病抗性

（a）转基因植株的病斑面积；（b）转基因植株的溃疡病症状

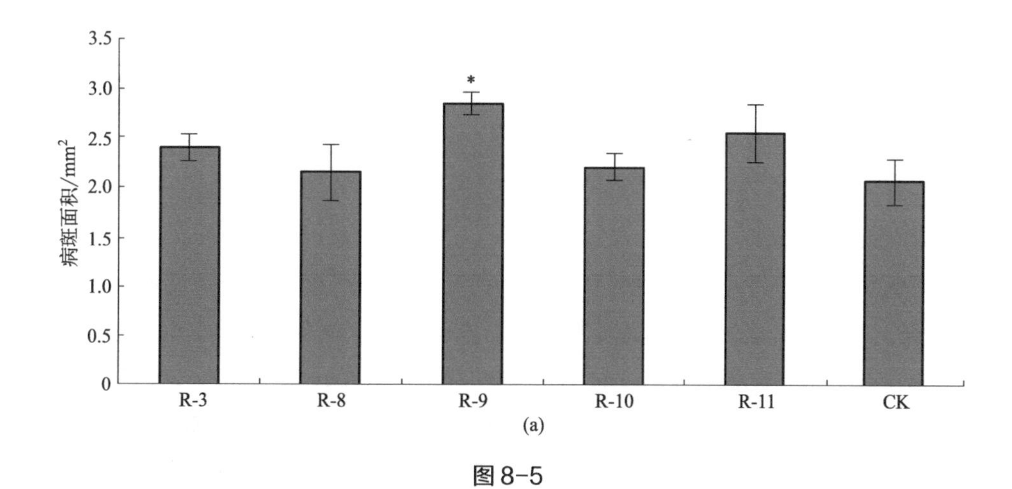

图 8-5

图 8-5 CitMYB20 干扰表达增强柑橘溃疡病感病性

（a）转基因植株的病斑面积；（b）转基因植株的溃疡病症状

第四节 本章小结

枣阳小叶枳和金弹金柑 CitMYB20 基因序列，与晚锦橙 CitMYB20 相比，在核苷酸水平上相似度也达 99%，表明 CitMYB20 在柑橘不同品种间高度保守。受柑橘溃疡病菌侵染后，CitMYB20 在抗性品种四季橘中上调表达 3 倍，在易感品种纽荷尔脐橙中无差异表达。本研究以柑橘溃疡病抗性品种金弹金柑和易感品种枣阳小叶枳作为材料，分析柑橘溃疡病菌侵染不同时间基因表达量的变化，也发现 CitMYB20 在侵染柑橘溃疡病菌的抗性品种中显著上调表达，同样在侵染柑橘溃疡病菌的易感品种中未发现显著差异表达。本研究证明 CitMYB20 能够抵抗柑橘溃疡病菌侵染，在抗溃疡病途径中起到正调控作用。然而，转基因植株对柑橘溃疡病的抗性与 CitMYB20 的表达量之间没有观测到明显的相关性，这可能与外源基因在植物基因组上插入位点相关，影响基因组上其他基因的表达从而影响其抗性；也可能与外源基因在翻译和翻译后水平的调控相关，虽然外源基因表达水平甚高，但在转基因植株中其蛋白质的表达并不一定很高，因而外源基因的过表达量达到抗性水平时，更高的基因表达量也不会进一步增加转基因植株的抗性。

CitMYB20 与拟南芥同源基因的系统发育树分析显示，该基因与拟南芥 AtMYB15 的同源性最高，前人研究表明 AtMYB15 能够参与木质素的生物合成和植物的基础免疫调节，增强对丁香假单胞杆菌番茄致病变种 DC3000 的抗性（Chezem，*et al.*，2017），由此推测 CitMYB20 可能通过植物次生代谢物的合成在柑橘溃疡病菌侵染过程中发挥抵抗作用。

目前关于 MYB 转录因子通过激素信号通路参与病菌响应的研究也有报道，如 AtMYB44

能够通过水杨酸信号通路抵抗丁香假单胞杆菌番茄致病变种的侵染（Zou，*et al.*，2013）。本研究使用外源激素 SA、MeJA 和乙烯分别对 CitMYB20 进行诱导表达，结果显示该基因在金弹金柑和枣阳小叶枳中对 SA 和 MeJA 呈现出相反的诱导表达方式，推测该基因的抗病途径可能受到 SA 和 MeJA 的诱导。另外，笔者在分析启动子顺式作用元件时发现，与金弹金柑相比，枣阳小叶枳 CitMYB20 的启动子序列中缺少 SA 响应的功能元件（TCA-element）。在受外源 SA 诱导时，枣阳小叶枳中 CitMYB20 在一定时期表达量不增反降。枣阳小叶枳对柑橘溃疡病抗性的丧失是否因为 TCA-element 元件的缺失从而失去 SA 诱导抗性基因表达的能力，有待于进一步研究。

第九章 CiNPR4 在柑橘溃疡病中的功能

病程相关基因非表达子（non-expressor of pathogenesis-related genes，NPR）在 SA 介导的 SAR 途径中发挥重要功能。本章以过表达 CiNPR4 转基因晚锦橙为材料进行溃疡病抗性评价，探讨 CiNPR4 在柑橘溃疡病生物胁迫信号途径中相关激素应答和抗性诱导的相关性，明确 CiNPR4 对柑橘溃疡病的抗性机理。

第一节　病程相关基因非表达子的研究背景

植物受到病原物侵染后体内的 SA 水平上升，并由病原物侵入点向周围进行扩散，诱导植物产生系统获得性抗性（systemic acquired resistance，SAR）（Stucher，*et al.*，1997）。在 SA 介导的 SAR 途径中，病程相关基因非表达子 1（NPR1）以及两个 NPR1 同源物 NPR3 和 NPR4 参与了植物对病原物的防御反应。植物细胞感知 SA 信号后，细胞内的氧化还原势发生变化，NPR1 在细胞质中由寡聚体变成单体，并在其 C- 末端核定位信号的介导下向细胞核中移动。在细胞核中，NPR1 与 TGA 转录因子结合，促进病程相关基因（pathogenesis-related gene，PR）的表达，增强植物对病原物的抗性（Despres，*et al.*，2000）。研究表明，在甜橙中导入 CiNPR4 增加了转基因植株对柑橘黄龙病的抗性。转录组分析证实，黄龙病抗性增强的 CiNPR4 转基因植株中与防御反应相关的基因上调表达。这些结果表明，过表达 CiNPR4 提高了柑橘的内在免疫力（Peng，*et al.*，2021）。异源表达拟南芥 AtNPR1 能够同时提高转基因柑橘对溃疡病和黄龙病的抗性。但 AtNPR4 正向还是负向调控植物防御仍具有争议性，关于柑橘 CiNPR4 与柑橘溃疡病抗性相关性鲜有研究。

第二节　CiNPR4 正调控柑橘溃疡病抗性

对 7 个转基因植株（N1、N2、N8、N12、N20、N21 和 N28）进行溃疡病的离体抗性分析。用针刺法离体接种 *Xcc*，以 WT 植株为对照，3 天后转基因植株和 WT 植株叶片针刺点有轻微的损伤，针刺孔中有白色且形似愈伤样的组织。随着侵染时间的延长，白色愈伤样的组织突出针刺孔，但不同的转基因植株白色愈伤样组织团的大小存在差异 [图 9-1（a）]。接种 *Xcc* 10 天后，统计植株叶片针刺点的病斑面积，转基因植株 N1、N2、N12、N21 和 N28 的叶片溃疡病病斑面积显著低于对照 [图 9-1（b）]。根据病斑面积计算病情指数后显示，转基因植株 N8 和 N20 与 WT 的病情指数无显著性差异，但 N1、N2、N12、N21 和 N28 转基因植株的相对抗病率显著低于 WT 植株，分别为 WT 植株的 79.3%、58.5%、65.4%、49.3% 和 55.6% [图 9-1（c）]，表明过表达 CiNPR4 能够显著提高晚锦橙对柑橘溃疡病的抗性。分析溃疡病菌接种后 0 天、1 天、3 天、5 天、7 天和 9 天，5 个转基因植株晚锦橙（N1、N2、N12、N21 和 N28）叶片内细菌的生长。结果显示，WT 植株接种 *Xcc* 后至第 7 天，接种部位 *Xcc* 细菌总量急剧上升，而 N1、N2、N12、N21 和 N28 转基因植株接种部位 *Xcc* 细菌总量在整个观察期的增长较为缓慢。*Xcc* 接种 9 天后，对 5 个转基因植株和 WT 植株叶片接种部位的 *Xcc* 细菌总量进行方差分析，结果显示，5 个转基因植株叶片内 *Xcc* 细菌总量显著低于 WT 植株；N2 转基因植株中 *Xcc* 细菌总量显著低于 N1 植株。这些结果表明 CiNPR4 的过表达降低了 *Xcc* 在寄主上的生长能力，与表型一致 [图 9-1（d）]。

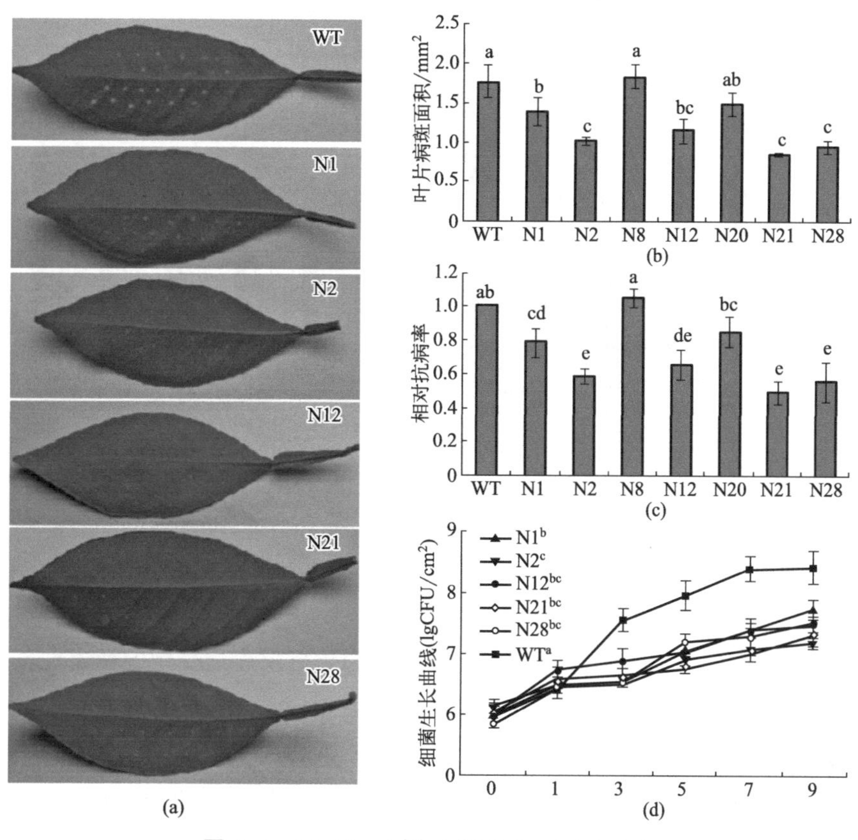

图 9-1 CiNPR4 过表达增强柑橘溃疡病抗性

（a）转基因植株的溃疡病症状；（b）转基因植株的病斑面积；（c）转基因植株的病情指数；（d）转基因植株的 *Xcc* 生长曲线

第三节 CiNPR4正调控柑橘溃疡病抗性的机制

一、CiNPR4调控水杨酸和茉莉酸合成

接种*Xcc* 0天、3天和5天后，测定植株叶片内水杨酸（SA）和茉莉酸（JA）含量。处理0天时，转基因植株N1、N2、N12、N21和N28体内的SA含量与野生型无显著差异。处理3天时，N1、N12、N21和N28转基因植株叶片中SA含量急剧上升，与WT植株相比达到显著差异水平，随着诱导时间延长，SA水平进一步增加；N2转基因植株在处理3天时SA含量达到最高，在处理5天时SA含量有所下降但仍保持较高水平；而WT植株在整个观察期间SA的水平基本保持不变［图9-2（a）］。

对于转基因植株体内的JA含量来说，*Xcc*诱导0天时，所有检测的转基因植株体内含量显著低于WT植株的JA含量；*Xcc*诱导3天时，JA含量在转基因植株体内稍微上升，达到与WT植株无显著差异的水平；*Xcc*诱导5天时，JA含量在转基因植株体内急剧上升，达到比WT植株显著高的水平；而WT植株在整个观察期间JA含量无显著差异［图9-2（b）］。结果表明，受*Xcc*诱导后，CiNPR4的过表达显著上调晚锦橙叶片内SA和JA含量，对SA和JA在体内的积累有着正向调控作用。

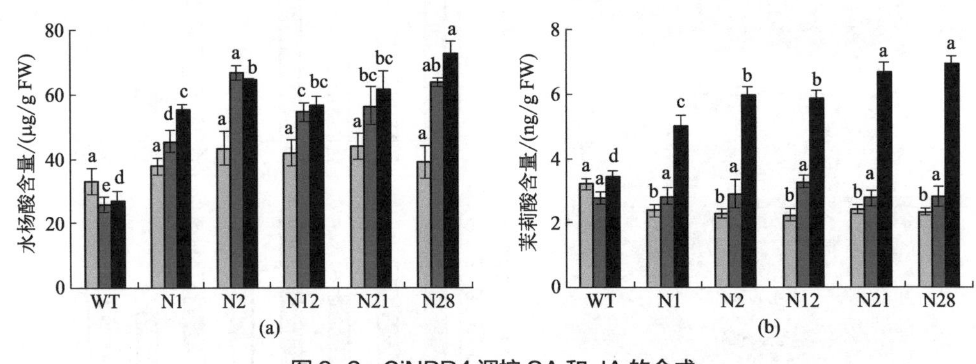

图9-2 CiNPR4调控SA和JA的合成

0d 3d 5d

二、CiNPR4调控水杨酸和茉莉酸响应基因

*CsPR1*和*CsPDF1.2*分别是SA和JA介导的植物防御反应途径中的标志性基因。为了进一步分析CiNPR4在*Xcc*生物胁迫信号途径相关激素应答和抗性诱导过程中的功能，对*Xcc*诱导后5个转基因植株和WT植株叶片中*CsPR1*和*CsPDF1.2*的表达情况进行分析。以各自健康的植株为参照，*Xcc*处理0天时，所有检测的转基因植株和WT植株中*CsPR1*的表达水平无明显变化；*Xcc*处理3天时，转基因植株N1、N2、N12、N21和N28中*CsPR1*的表达水平迅速上升，与WT植株相比存在显著差异；*Xcc*诱导5天时，*CsPR1*的表达水平在

转基因植株 N1、N2 和 N21 中继续上升，而在 N12 转基因植株中有所下降，在 N28 转基因植株中基本保持不变，但所有检测的转基因植株中 *CsPR1* 的表达水平仍然显著高于 WT 植株；而 WT 植株中的 *CsPR1* 的表达在 *Xcc* 诱导后无显著性变化［图 9-3（a）］，上述结果表明 CiNPR4 正向调控转基因植株体内 *CsPR1* 的表达。

同样，以各自健康的 WT 植株为参照，*Xcc* 处理 0 天时，所有检测的转基因植株和 WT 植株中 *CsPDF1.2* 的表达水平无明显变化；*Xcc* 处理 3 天时，CiNPR4 过表达植株和 WT 植株中 *CsPDF1.2* 下调表达，且转基因植株与对照之间无显著差异；*Xcc* 诱导 5 天，*CsPDF1.2* 在所有的 CiNPR4 转基因植株和 WT 植株中的表达水平均上升，但 WT 植株的 *CsPDF1.2* 表达水平显著高于 CiNPR4 转基因植株［图 9-3（b）］，上述结果表明 CiNPR4 抑制了转基因植株体内 *CsPDF1.2* 的表达。

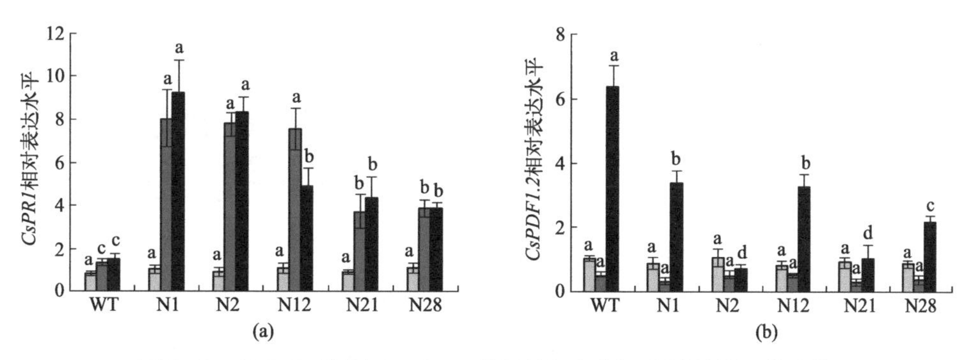

图 9-3 CiNPR4 调控 SA 和 JA 信号途径中防御反应相关基因的表达

WT—野生型植株；N1，N2，N12，N21，N28—CiNPR4 过表达植株

三、CiNPR4 与 CsTGA2 互作

通过 CiNPR4 蛋白与 TGA 转录因子相互作用网络分析，得知 CiNPR4 可能的诱饵蛋白是 Ciclev10005080m 和 Ciclev10001081m，以甜橙基因组为参考，通过氨基酸序列比对，得出 Cs5g11160 和 Cs1g16230 为甜橙中的同源基因，编码的氨基酸序列具有 100% 和 98.9% 的相似性。Cs1g16230 和 Cs5g11160 蛋白分别属于 TGA6 和 TGA2 蛋白，因此在本研究中，分别将 Cs1g16230 和 Cs5g11160 命名为 CsTGA6 和 CsTGA2。

酵母双杂交结果表明，所有的共转化子在 DDO 培养基上都生长白色菌斑，而只有 CiNPR4 与 CsTGA2 组合在 QDO/X/ABA 培养基上长出蓝色菌斑［图 9-4（a）］。质粒 pGADT7-CsTGA2 和 pGADT7-CsTGA6 分别与 pGBKT7 空载杂交后在 QDO/X/ABA 培养基上没有出现蓝色菌斑，表明 CsTGA2 和 CsTGA6 不能自激活［图 9-4（b）］。阳性对照 pGBKT7-53 与 pGADT7-Rec 存在互作，共转化后在 QDO/X/ABA 培养基上长出蓝色菌斑，而阴性对照 pGBKT7-Lam 与 pGADT7-Rec 不存在互作，共转化后在 QDO/X/ABA 培养基上不能生长［图 9-4（c）］。综上所述，CiNPR4 与 CsTGA2 蛋白存在互作。为了进一步证实互作的真实性，对 CiNPR4 与 CsTGA2 共转化子在 QDO/X/ABA 培养基上长出的蓝色菌落进行 PCR 分析，分别扩增 *CiNPR4* 与 *CsTGA2* 的基因片段。结果显示，在 CiNPR4 与 CsTGA2 共转化的酵母菌落中分别能扩增出 *CiNPR4* 和 *CsTGA2* 基因片段［图 9-4（d）］，表明 CiNPR4 与 CsTGA2 确实存在互作。

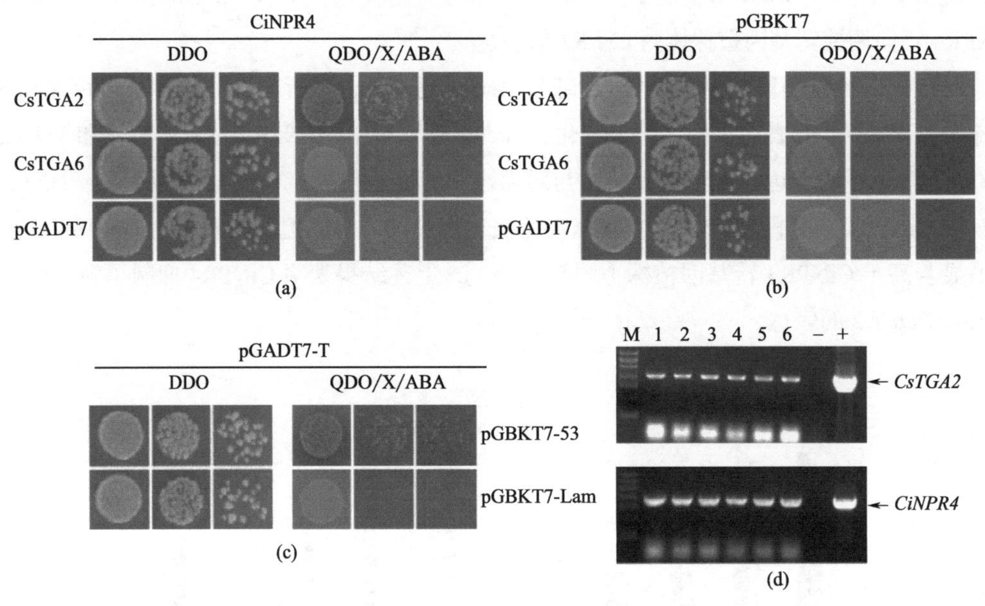

图 9-4　CiNPR4 与 CsTGA2 和 CsTGA6 的酵母双杂交分析

（a）CiNPR4 与 CsTGA2 和 CsTGA6 的酵母双杂交分析；（b）CsTGA2 和 CsTGA6 与空载 pGBKT7 的酵母双杂交分析；（c）阳性对照（pGBKT7-53 和 pGADT7-T）和阴性对照（pGBKT7-Lam 和 pGADT7-T）的酵母双杂交分析；（d）酵母双杂交阳性克隆的 PCR 验证

DDO—缺少色氨酸和亮氨酸的 SD 培养基；QDO/X/ABA—缺少腺嘌呤和组氨酸，添加 α- 半乳糖苷酶和金担子素的 DDO 培养基；M—DNALadder；1 ～ 6—阳性克隆；－—水对照；+—CsTGA2（上）和 CiNPR4（下）质粒

（扫封底或勒口处二维码看彩图）

第四节　本章小结

过表达 CiNPR4 抗黄龙病的转基因晚锦橙，同时也获得了溃疡病抗性，证明了 CiNPR4 能够正向调控植物防御反应。柑橘溃疡病与细菌性白叶枯病的病原菌同属于黄单胞菌，研究表明，JA 信号转导增加了玉米对细菌性白叶枯病的抗性（Yamada，*et al.*，2012）。相似地，在本研究中，野生型晚锦橙受 *Xcc* 侵染后，尽管其体内的 JA 含量并没有发生显著变化，但 JA 信号转导途径中防御反应相关基因 *CsPDF1.2* 在侵染 *Xcc* 5 天后显著上调表达，而 SA 信号转导途径中的防御反应基因 *CsPR1* 的表达水平在 *Xcc* 诱导期间无显著变化，表明野生型晚锦橙启动 JA 信号转导途径抵抗 *Xcc* 的入侵。这种现象发生的原因可能是野生型晚锦橙受 *Xcc* 诱导后调控了 JA 信号而非 JA 水平，与 OsNPR1 调控 SA 和 JA 介导的信号而不是它们的水

平提高水稻中防御反应相关基因的表达水平结果一致（Yuan，*et al.*，2007）。但是，在晚锦橙中导入 CiNPR4 后，在 *Xcc* 的诱导下，SA 和 JA 的水平都显著提高，相应地，SA 介导的防御反应相关基因 *CsPR1* 的表达水平显著上升，而 CiNPR4 转基因植株体内高水平的 JA 并未强烈地诱导 *CsPDF1.2* 的表达，在 *Xcc* 诱导 5 天时，CiNPR4 转基因植株拥有显著低于 WT 植株的 *CsPDF1.2* 表达水平，这些结果表明 CiNPR4 促进了 SA 介导的 *CsPR1* 表达，而抑制了 JA 介导的 *CsPDF1.2* 表达，此研究结果不同于 AtNPR4 正向地调控 SA 和 JA 信号转导途径中的防御反应相关基因 *PR-1* 和 *PDF1.2* 的表达（Liu，*et al.*，2005），而与 AtNPR1 正向地调控 SA 信号而抑制 JA 信号途径中相关基因的表达结果相同（Spoel，*et al.*，2007）。这种现象的出现可能是因为 CiNPR4 的 C- 末端不含有 AtNPR4 氨基酸序列 C- 末端的 VDLNETP 基序，而与 AtNPR1 的 C- 末端具有某些相似性。

NPR 类蛋白不能直接结合 DNA，需要通过与 TGA 转录因子互作，调控 SA 下游基因的表达。本研究表明，柑橘 CiNPR4 通过与 CsTGA2 转录因子互作，对 SA 和 JA 分别介导的防御反应相关基因的表达水平进行调控，从而增强转基因植株对柑橘溃疡病的抗性。但 CiNPR4 与 CsTGA2 形成的复合物是否结合在 *CsPR1* 和 *CsPDF1.2* 的启动子上还需进一步的研究。

第三篇

植物免疫受体

植物免疫系统含有众多的免疫受体蛋白，包括位于细胞膜的感受环境信号的类受体激酶（receptor-like kinases，RLKs）以及以直接或者间接方式识别病原菌分泌的效应因子（effector）的NLR（nucleotide-binding domain and leucine-rich repeat）蛋白等。这些受体接受免疫信号后，通过各种机制激活下游的抗病反应，从而实现对环境快速变化的适应。本篇筛选并研究了三个与溃疡病紧密相关的免疫受体：CsWAKL08、CsLYK6和CsNBS-LRR，阐述了这三个免疫受体在增强柑橘对溃疡病抗性的作用和机制。

第十章
CsWAKL08 在柑橘抗溃疡病中的功能

植物细胞壁关联的类受体激酶（wall-associated kinase like，WAKL）连接细胞壁与细胞质，可以将外界免疫信号跨膜传递到胞内。大量研究发现 WAKL 参与了植物体内抵御病原反应、金属胁迫、细胞扩大与伸长调控等一系列生理过程。本章对柑橘 WAKL 家族进行鉴定，分析溃疡病菌、SA、JA 诱导后柑橘中该基因的表达，以反向遗传学手段研究 CsWAKL08 在增强柑橘溃疡病抗性中的功能和调控机理。

第一节　细胞壁关联的类受体激酶的研究背景

一、细胞壁关联的类受体激酶的发现

有研究者分析了先前发现的丝氨酸 / 苏氨酸蛋白激酶（Pro25）的生化特征，发现该蛋白质与细胞壁紧密相连，因此重新命名为 WAK1（wall-associated kinase 1），首次提出了细胞壁相关蛋白激酶的概念。通过位置发现该基因位于拟南芥的 1 号染色体上，并且还存在其他的基因家族成员，例如 WAK2 ～ WAK5。

另外，拟南芥中 22 个基因与 WAK 结构非常相似，因此把它命名为 WAKL（WAK like genes，WAKLs）（Verica，*et al.*，2003）。在这 22 个基因中，有 5 个编码小型 WAKL 蛋白的基因（WAKL7、WAKL8、WAKL12、WAKL16 和 WAKL19），其他 17 个基因编码包含丝氨酸 / 苏氨酸蛋白激酶（serine/threonine protein kinase，STK）的细胞内结构域、跨膜结构域和包含钙结合结构域（EGF-Ca2+）和 / 或一个细胞外结构域（Kanneganti，*et al.*，2008）。研究人员还分析了水稻的 WAK 基因家族。生物信息学分析表明，水稻基因组具有与拟南芥 WAK1 和 WAKL 结构相似的基因。Zhang 等（Zhang，*et al.*，2005）从粳稻品种中分离出属于 WAKL 水稻基因家族（OsWAK）的 125 个基因，其数量比拟南芥大得多。

结果表明，在单子叶植物水稻和双子叶植物拟南芥（*Arabidopsis thaliana*）中 WAK 功能可能存在差异。

二、细胞壁关联的类受体激酶的结构和分类

WAKL 连接细胞壁与细胞质，可以将外界信号跨膜传递到胞内，其基本结构由胞外域、跨膜域和具有激酶活性的胞内域三个部分组成，三个典型的结构域各自承担着相应的生物学功能。WAK 的胞外域与果胶（细胞壁的组分）共价结合，可实时监测细胞壁的变化。胞外域在靠近细胞膜的位置上存在一段具有保守性的包含了 12 个半胱氨酸残基的且与 EGF 相似的重复序列。在已有的研究中发现，细胞外配体结构域不仅可以结合不同的配基，还能够使植物响应各种不同的细胞外信号，包括小分子蛋白配体、微生物鞭毛蛋白、几丁质等，因此认为 EGF 参与动物体内蛋白质的直接相互作用（Rebay，*et al.*，1991），由此推测 WAKL 中的类 EGF 重复序列可能与蛋白质互作相关。跨膜域连接着胞外配体结构域和胞内域，可保证细胞外信号有效传递到细胞内。WAKL 的细胞内结构域位于细胞质中并含有丝氨酸或苏氨酸激酶结构域，其具有激酶活性并且可通过磷酸化向细胞内传递细胞外信号（He，*et al.*，1999）。细胞内结构域可通过磷酸化对转录水平相关基因的表达进行调控，从而确保信号通路的传播，如抗病性。推测 WAKL 可能是细胞壁与细胞质之间的联系纽带，它不仅能够直接介导细胞外的信息向细胞内传递，还参与调节细胞应激反应。

对拟南芥中 WAK1 ～ WAK5 基因进行研究，发现它们的细胞内域的同源性很高（86%），而在细胞外域上仅有 40% ～ 64% 的同源性，由此得出 WAK 家族的主要差异在细胞外域。因此猜测 WAK 胞外域可以与不同的配基结合，从而接收来自细胞外的信号。其他的 22 个 WAKL 大部分具有钙结合类似结构域、胞内丝氨酸或者苏氨酸激酶域、跨膜域和基因组序列中两个插入位置保守的内含子等 WAK 所特有的结构。这 22 个 WAKL 基因与 WAK 相似，主要集中串联分布在拟南芥的 5 条染色体上，在 WAKL 基因之间，胞内域和胞外域分别存在着 65% ～ 88% 和 51% ～ 77% 的相似性，这些差异与 WAK 类似（Verica，*et al.*，2003）。

三、细胞壁关联的类受体激酶的功能和机制

有大量的研究发现 WAKL 参与了植物体内抵御病原菌反应、金属胁迫、细胞扩大与伸长等一系列生理过程。水稻中分离得到与拟南芥中的 WAK2 具有 27.6% 同源性的 OsWAK1，组成性表达 OsWAK1 后发现转基因水稻对稻瘟病具有抗性，同时还发现 OsWAK1 受稻瘟病、SA、茉莉酸的诱导（Li，*et al.*，2009）。Xa4 可提高水稻对白叶枯病的抗性，并且还能够提高水稻产量，Xa4 基因通过加速合成纤维素和降低细胞壁的松弛来加固细胞壁，从而增强植株抗病性，并且还减少植株株高提高了水稻的抗倒伏能力（Hu，*et al.*，2017）。玉米中的 ZmWAK 对玉米丝黑穗病具有抵抗作用，当 ZmWAK 在中胚轴中

过表达时，能够引起植物抗病相关反应的应答，使丝轴黑粉菌（*Sporisorium reiliana*）向上生长受到抑制，抵御了玉米丝黑穗病的发生（Zuo，*et al.*，2015）。沉默番茄中的 SiWAK1 使得番茄更加容易侵染番茄假单胞杆菌（*Pseudomonas syringae* pv. *tomato*）（Rosli，*et al.*，2013）。在拟南芥中植物主要通过 SA 和类似物二氯异烟碱酸（INA）诱导防御反应，WAK1 的 mRNA 水平受机械损伤和细菌侵染的诱导，且表达水平显著升高，受到 SA 或 INA 的诱导处理后，WAKl、WAK2、WAK3、WAK5 在转录水平上显著上调。由此可见，WAKL 可能是一个病原菌相关基因，可能参与植物抵御病原侵害的过程。研究发现，拟南芥中 WAK 胞外域与细胞壁成分在原生质体膜的位置与果胶共价交联。拟南芥受到病原菌侵染后 WAKL 与细胞壁产生的果胶片段结合，激活依赖 MPK6 的应激反应（Kohorn，*et al.*，2015）。MPK（促分裂原活化蛋白激酶）是转录、酶活调控过程中的主要信号转导。植物细胞壁被降解后会产生寡聚半乳糖醛酸（oligogalacturonides，OGs），OGs 可直接激活植物免疫反应，并对植物的生长发育进行监管。另外，WAK1 胞外结构域在细胞质内具有激酶活性的 KAPP 结合的同时与细胞壁中含甘氨酸的 AtGRP3 蛋白共价结合，形成 GRP3-WAK1-KAPP 复合体。进一步研究发现，胞壁中的 Ca^{2+} 在 GRP3-WAK1-KAPP 的结合过程中发挥重要作用，复合物的形成开启了信号转导。WAKL 介导的抗病路径可能的作用机制是：当植物细胞受到病原菌侵害时，细胞壁破坏，结构发生改变，产生果胶片段，WAKL 识别小分子的果胶片段 OGs 并与之结合，从而引发植物损伤相关分子模式激活植物体内的免疫反应，激活下游的靶蛋白发生磷酸化作用。从而使得下游抗病相关的基因表达，引发植物的抗病反应。

第二节 柑橘 WAKL 家族分析

一、柑橘 WAKL 家族的鉴定

本研究经过注释总计从甜橙基因组挖掘到了 21 个典型的 WAKL 基因（表 10-1），根据各基因在染色体上的位置对其进行命名。对 CsWAKL 家族进行氨基酸数目、分子量、等电点统计分析发现：此家族的氨基酸数目由 581 至 991 不等，其中氨基酸数目最多的为 CsWAKL13、氨基酸数目最少的为 CsWAKL11，同时它们也是分子量最大和最小的两种蛋白。对等电点进行分析发现等电点由 5.29 至 8.61 不等，最高的是 CsWAKL12、最低的是 CsWAKL14。

表 10-1 柑橘 WAKL 家族

名称	CAP 序号	氨基酸数目	分子量 /kDa	等电点
CsWAKL01	Cs1g13880.1	754	83.56	5.33

续表

名称	CAP 序号	氨基酸数目	分子量 /kDa	等电点
CsWAKL02	Cs1g13900	741	82.86	6.00
CsWAKL03	Cs7g31940	631	68.80	6.79
CsWAKL04	Cs8g13820	715	79.89	5.75
CsWAKL05	Cs8g13950	640	70.61	5.85
CsWAKL06	Cs9g14490	722	80.44	6.31
CsWAKL07	Cs9g14510	723	80.78	7.86
CsWAKL08	Cs9g14540	715	79.86	6.13
CsWAKL09	Cs9g14550	711	79.61	5.64
CsWAKL10	Cs9g14580	724	80.22	6.56
CsWAKL11	orange1.1t01290	581	64.77	7.70
CsWAKL12	orange1.1t01292	690	77.34	8.61
CsWAKL13	orange1.1t01937	991	11.18	6.15
CsWAKL14	orange1.1t02748	864	95.72	5.29
CsWAKL15	orange1.1t03406	754	83.56	5.33
CsWAKL16	orange1.1t03409	737	82.65	6.22
CsWAKL17	orange1.1t03411	690	77.00	8.38
CsWAKL18	orange1.1t03412	624	69.03	6.51
CsWAKL19	orange1.1t04255	731	81.80	6.84
CsWAKL20	orange1.1t04768	738	82.58	7.98
CsWAKL21	orange1.1t05230	713	80.34	7.17

二、柑橘 WAKL 家族的系统发育

为得到较原始的 CsWAKL 进化数据，我们还对这 21 个蛋白质序列与拟南芥 WAKL 蛋白数据进行进化分析，发现 WAKL 在不同物种间具有种属特异性，相同物种的 WAKL 聚在一

起，柑橘 CsWAKL 主要分布在 6 类群（C1 类有 7 个、C2 类有 3 个、C3 类有 4 个、C6 类有 1 个、C7 类有 4 个、C8 类有 2 个），其中 C1、C2 类均为柑橘 CsWAKL，C4、C5 仅有拟南芥 AtWAKL 分布其中（图 10-1）。

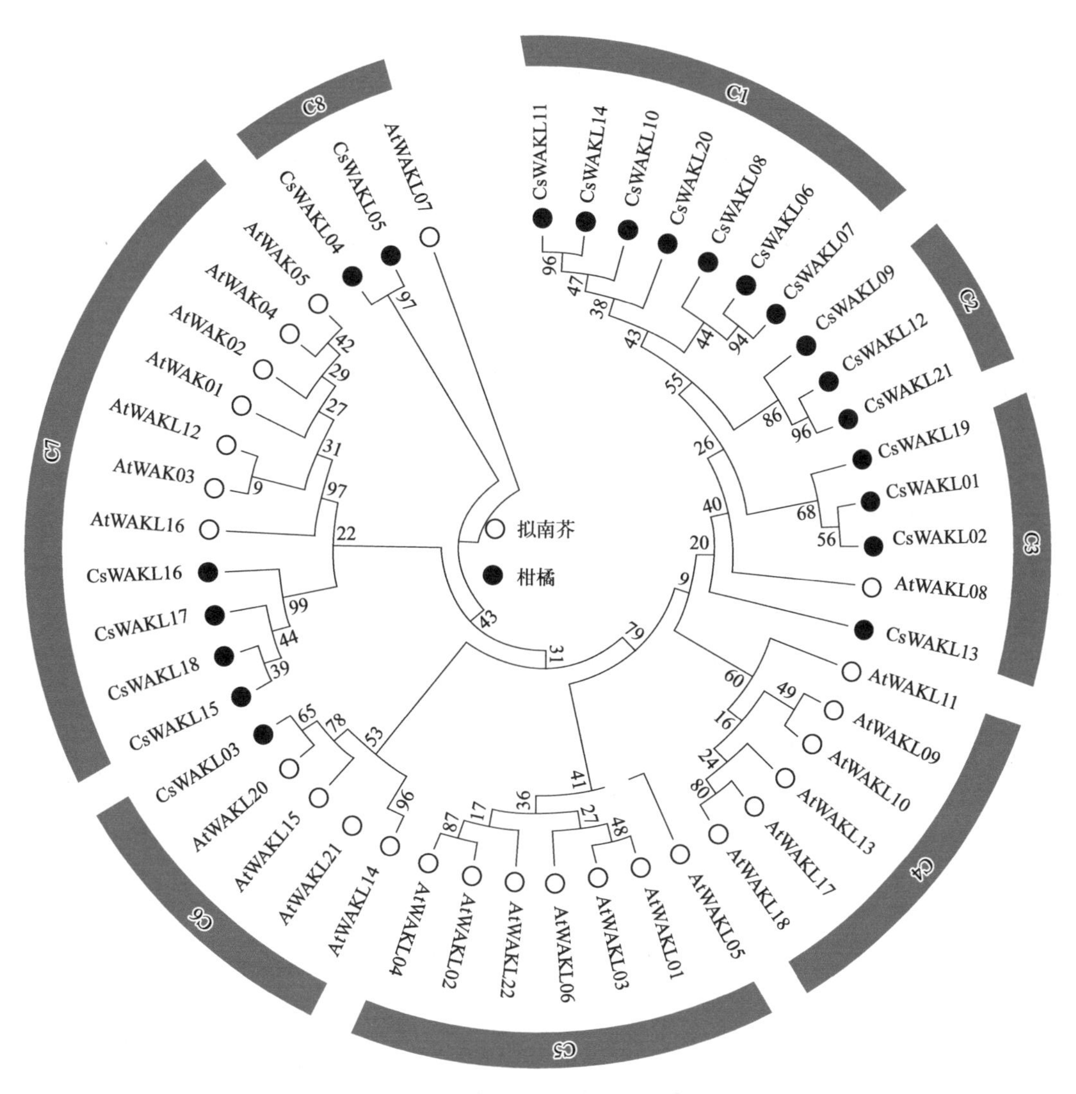

图 10-1 柑橘 WAKL 家族的系统发育

三、柑橘 WAKL 家族的结构域

对 CsWAKL 家族进行蛋白序列分析发现 21 个基因均具有 CsWAKL 家族典型的胞外 GUB 结构域（细胞外半乳糖醛酸结合结构域）和胞内激酶域，少数还具有 EGF 结构域（图 10-2）。根据是否具有钙结合结构域将 21 个 CsWAKL 基因分为两类：具有 EGF 结构域和胞内激酶域的有 4 个（CsWAKL15、CsWAKL16、CsWAKL17、CsWAKL18）；不具有 EGF 结构域的有 17 个（CsWAKL01、CsWAKL02、CsWAKL03、CsWAKL04、CsWAKL05、CsWAKL06、CsWAKL07、CsWAKL08、CsWAKL09、CsWAKL10、

CsWAKL11、CsWAKL12、CsWAKL13、CsWAKL14、CsWAKL19、CsWAKL20、CsWAKL21)。对CsWAKL家族结构域分析发现21个基因胞外GUB结构域和胞内激酶域的位置为该基因家族的保守区。

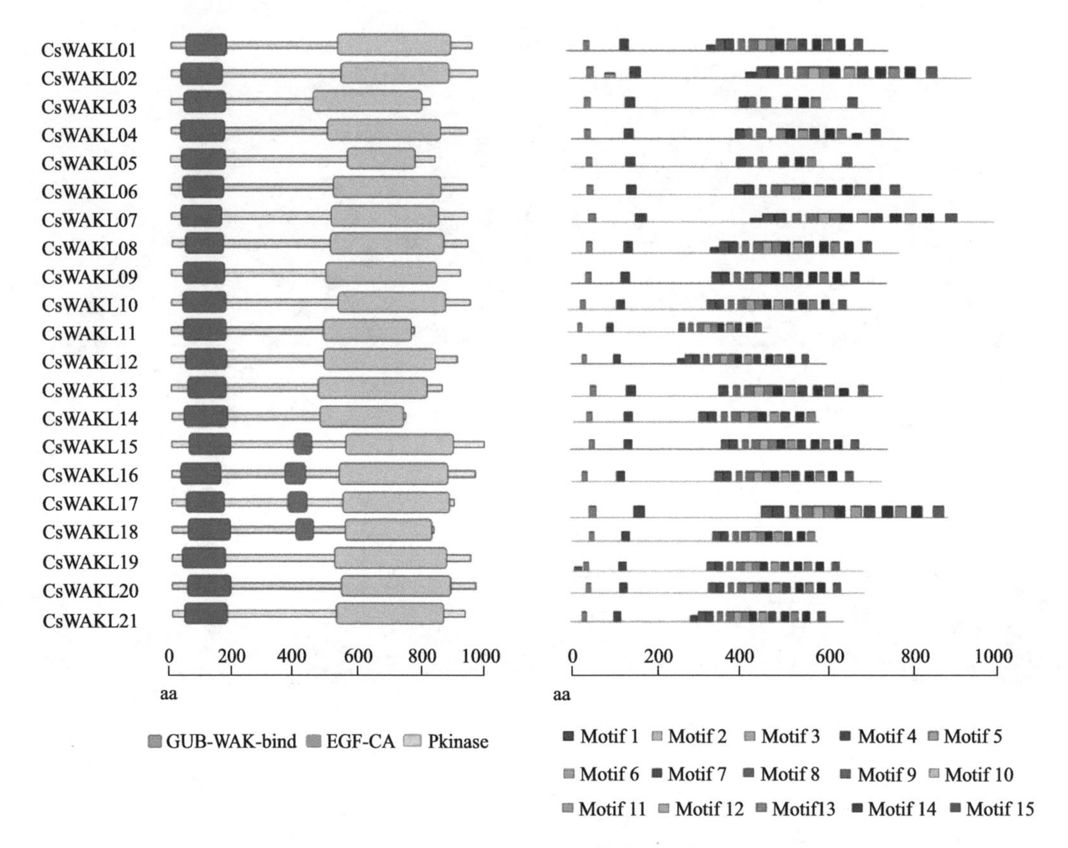

图10-2 柑橘WAKL家族的结构

GUB-WAK-bind—WAK结构域；EGF-CA—钙结合结构域；Pkinase—磷酸激酶结构域；Motif—结构元件

（扫封底或勒口处二维码看彩图）

第三节 柑橘WAKL家族受溃疡病的诱导表达模式

为研究CsWAKL家族21个基因在溃疡病菌侵染过程中的表达模式，本研究对感病品种晚锦橙和抗病品种四季橘分别进行柑橘溃疡病菌叶片表皮下注射诱导。qRT-PCR结果分析得知柑橘CsWAKL家族的21个基因受到溃疡病菌的诱导在感病品种晚锦橙和抗病品种四季橘中具有不同的表达趋势（图10-3)。其中CsWAKL08、CsWAKL01和CsWAKL20三个基因在感病品种和抗病品种中表达量差异显著。

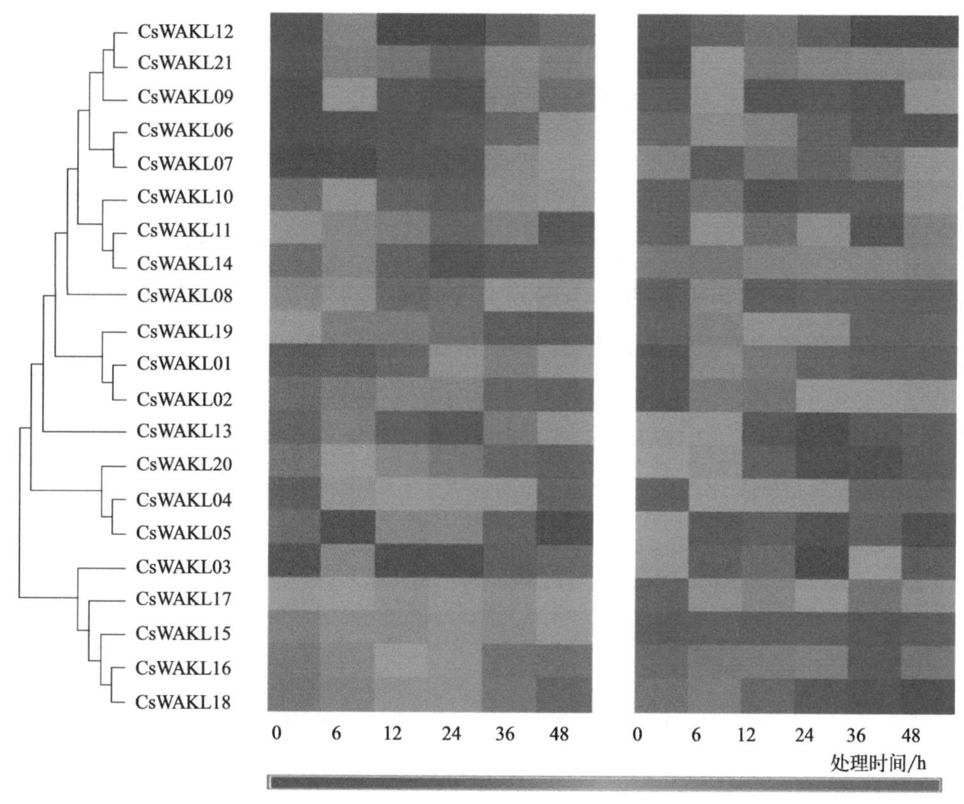

图 10-3 *Xcc* 对柑橘 WAKL 家族的诱导表达

（扫封底或勒口处二维码看彩图）

第四节 CsWAKL08 的信息学和表达特征

一、CsWAKL08 的信息学特征

经序列分析发现 CsWAKL08 蛋白的分子量为 79.86kDa，等电点是 6.13，主要编码亮氨酸、丝氨酸、甘氨酸、缬氨酸，含量分别为 10.8%、9.7%、7.3%、7.1%，不稳定指数为 40.12，脂肪系数为 92.92，亲水指数为 -0.106，该蛋白整体表现为非亲水的不稳定蛋白。CsWAKL08 基因位于柑橘的第 9 号染色体上［图 10-4（a）］，对其结构进行分析发现此基因由 3 个外显子和 2 个内含子组成［图 10-4（b）］，对特定的结构域进行分析发现 GUB（细胞外半乳糖醛酸结合结构域）结构位于第 29 ～ 130 个氨基酸的位置、激酶域位于第 388 ～ 654 个氨基酸的位置［图 10-4（c）］。GUB 结构是由第一个外显子编码的，而激酶域由第三个外显子编码。N 端有一个信号肽（SP）［图 10-4（d）］。对 CsWAKL08 进行跨膜区分析发现在第 312 ～ 335 个氨基酸的位置存在 22 个氨基酸（YIVIGCSGGLVLLFLLIGIW）的跨膜区（由第二个外显子和第三个外显子共同编码，跨第二个内含子），1 ～ 312 为胞外区（由第一个外显子和第二个外显子共同编码，跨第一个内含子），335 ～ 715 为胞内区（由第三个外显子编

码）[图 10-4（e）]。

二、CsWAKL08 受水杨酸和茉莉酸诱导表达模式

用 ABA 处理后，CsWAKL08 的表达在 48h 处理期间在四季橘或晚锦橙植物中没有显著改变［图 10-4（f）］。然而，外源性 MeJA 处理后四季橘中的 CsWAKL08 表达急剧升高（14 倍），而在晚锦橙中未检测到表达的显著变化［图 10-4（g）］。关于 SA 诱导，CsWAKL08 的表达也在 48h 治疗期内在四季橘中增加并保持在高水平。在 SA 处理后的前 12h 内，CsWAKL08 在晚锦橙中的表达显著增加，然后持续降低［图 10-4（h）］。基于这些结果，我们得出结论，在柑橘溃疡病（CBC）抗性品种四季橘中，CsWAKL08 表达可以被 MeJA 和 SA 诱导，而在晚锦橙中，CsWAKL08 表达的诱导程度较低。这些发现表明 CsWAKL08 在一些抗病相关信号通路中发挥作用。

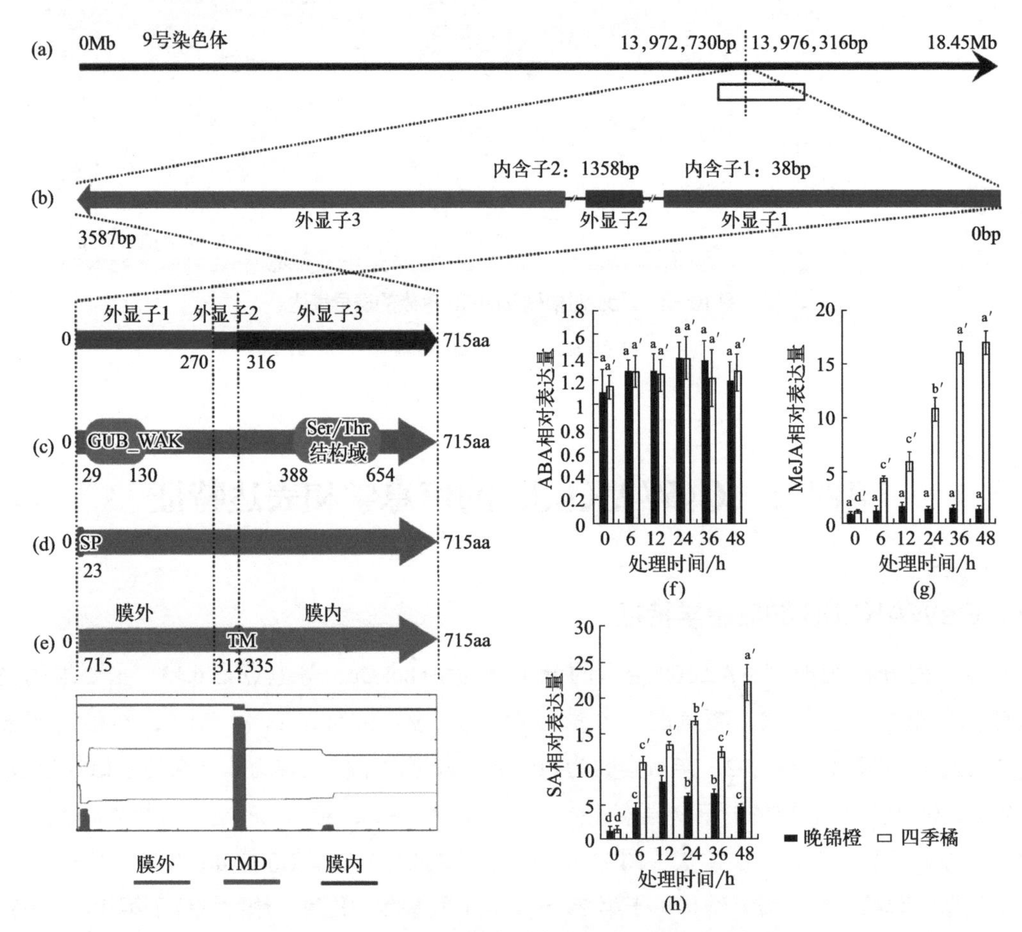

图 10-4 CsWAKL08 的信息学特征和激素诱导表达

（a）CsWAKL08 的染色体位点；（b）CsWAKL08 的基因结构；（c）CsWAKL08 的功能结构域；（d）CsWAKL08 的信号肽；（e）CsWAKL08 的跨膜结构域（TMD）；（f）～（h）脱落酸（ABA）、茉莉酸甲酯（MeJA）和水杨酸（SA）对 CsWAKL08 的诱导表达

（扫封底或勒口处二维码看彩图）

三、CsWAKL08 定位于质膜

CELLO 显示该蛋白质的细胞外基因座值为 2.98，大于其他基因定位值，表明 CsWAKL08 是一种细胞外蛋白质。为了验证这一预测，我们在瞬时表达重组 pLGNe-CsWAKL08-GFP 载体并瞬时转化洋葱表皮细胞，在对照中，细胞核和细胞质均显示绿色荧光，如质壁分离前后的显微镜观察所示［图 10-5（a）（b）］。相比之下，CsWAKL08-GFP 在质壁分离前后的洋葱表皮细胞质膜中表达非常明显［图 10-5（c）（d）］。因此，预测分析和瞬时表达都清楚地表明 CsWAKL08 是一种细胞膜定位蛋白，可以在细胞外信号接收中发挥作用。

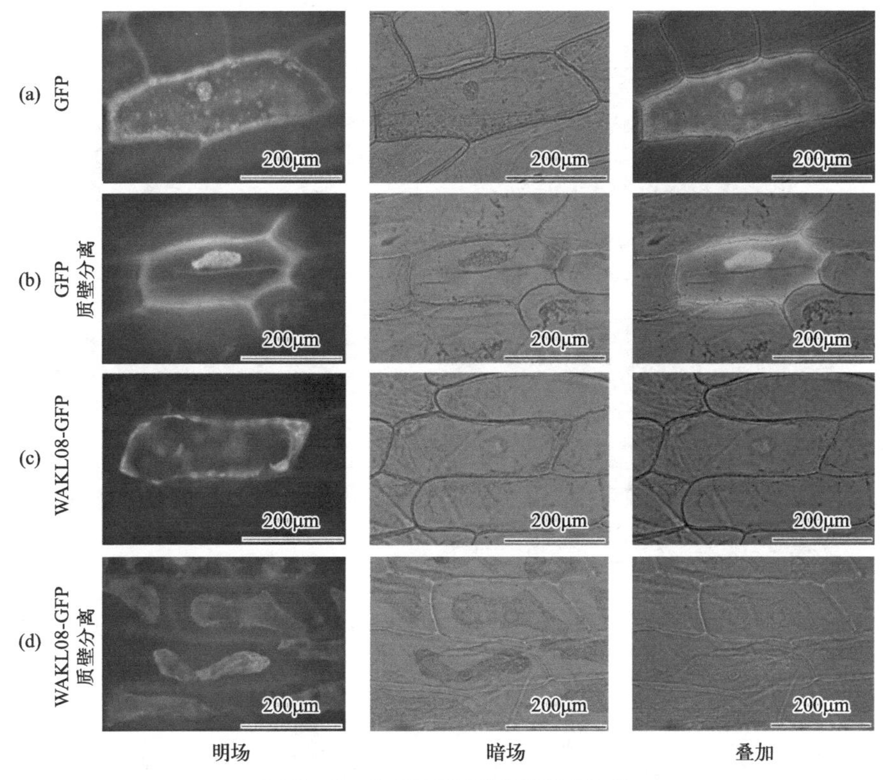

图 10-5 CsWAKL08 的亚细胞定位

（a）GFP 瞬时表达；（b）质壁分离后的 GFP 瞬时表达；（c）CsWAKL08-GFP 瞬时表达；（d）质壁分离后的 CsWAKL08-GFP 瞬时表达

（扫封底或勒口处二维码看彩图）

第五节 CsWAKL08 正调控柑橘溃疡病抗性

一、CsWAKL08 过表达增强柑橘溃疡病抗性

本研究构建了 CsWAKL08 过表达载体并转化晚锦橙。在三个转基因植株（OE1 ～ OE3）

中通过 PCR 检测到特征片段（2688bp）［图 10-6（a）］，并且在叶圆片 GUS 染色后有明显的蓝色呈现［图 10-6（b）］。过表达植株中 CsWAKL08 得到了高水平表达（分别是 WT 的 161 倍、68 倍和 149 倍）［图 10-6（c）］。与无转基因 CK 植株相比，三种转基因植株表现出正常的生长速率［图 10-6（d）］。过表达转基因叶片表现出较轻的症状［图 10-6（e）］，其中 OE3 表现出最大的抗性，大约是 CK 植物中病灶大小的 48%［图 10-6（f）］。转基因植株的病情指数降低了 31%（OE2）至 58%（OE3）［图 10-6（g）］。通过注射法进一步评估转基因植株的抗性。在 10 天后，在 CK 中检测到溃疡症状，而在过表达植株（尤其是 OE1）中观察到症状明显减轻［图 10-6（h）］。这些结果表明，CsWAKL08 的过表达可以强烈增强转基因柑橘对 *Xcc* 的抗性。

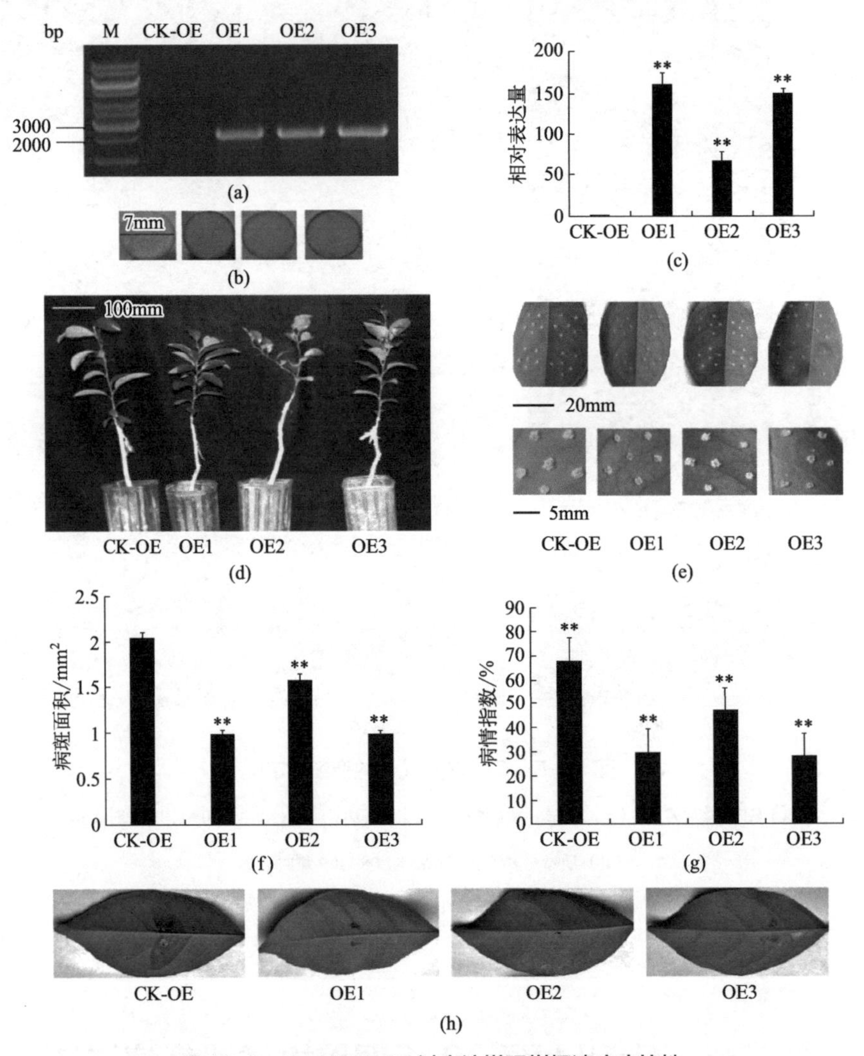

图 10-6 CsWAKL08 过表达增强柑橘溃疡病抗性

（a）转基因植株的 PCR 鉴定；（b）转基因植株的 GUS 染色鉴定；（c）转基因植株中 CsWAKL08 的表达；（d）转基因植株的表型；（e）转基因植株的溃疡病症状；（f）转基因植株的病斑面积；（g）转基因植株的病情指数；（h）转基因植株的注射法溃疡病症状

（扫封底或勒口处二维码看彩图）

二、CsWAKL08 干扰增强柑橘溃疡病易感性

为了进一步评估 CsWAKL08 在晚锦橙中的重要性，我们通过 RNA 干扰（RNAi）沉默了 CsWAKL08。经 PCR 鉴定和 GUS 染色后获得了 5 个 RNAi 转基因植株（R1～R5）（片段：1456bp）[图 10-7（a）（b）]。五株植物表现出较低的 CsWAKL08 表达水平 [图 10-7（c）]。与 CK 相比，R5 表现出相对较矮小 [图 10-7（d）]。转基因植株表现出更大的病斑 [图 10-7（e）]。因此，我们得出结论，沉默 CsWAKL08 显著增强了对 CBC 的易感性。转基因植株的病斑明显大于 CK 的病斑 [114%（R1）～132%（R3）][图 10-7（f）]。转基因植株的病情指数显著高于 CK，从 22%（R1）上升到 35%（R3）[图 10-7（g）]。注射法抗性评价发现 RNAi 植株比 CK 表现出更严重的症状 [图 10-7（h）]。这些数据表明甜橙中 CsWAKL08 的沉默增加了对 *Xcc* 的易感性。

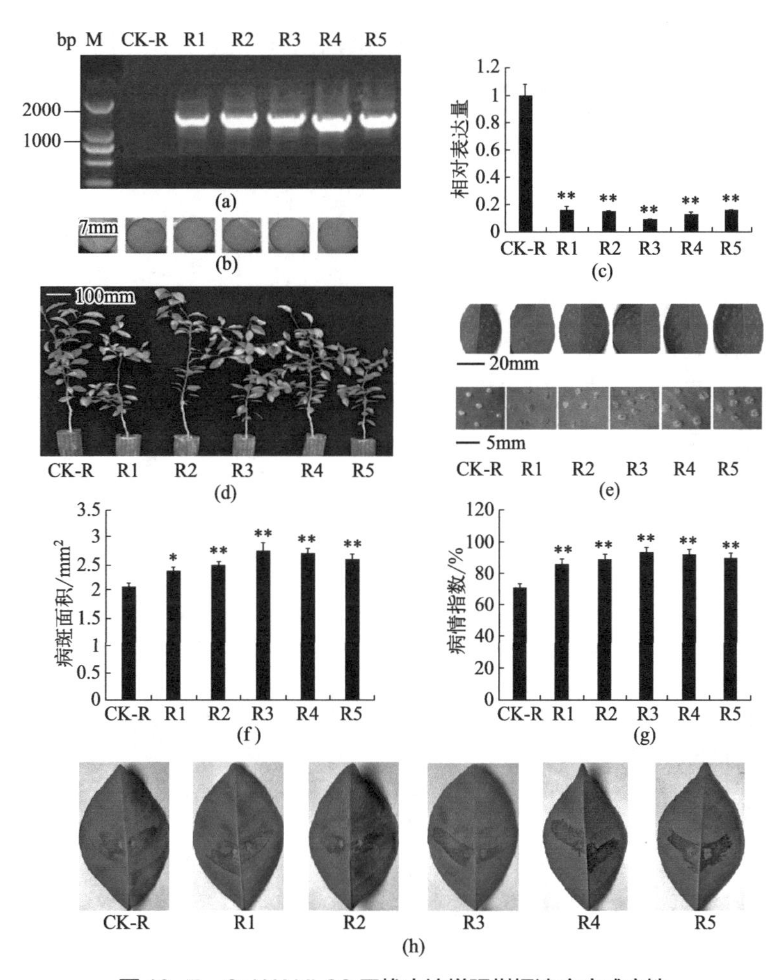

图 10-7 CsWAKL08 干扰表达增强柑橘溃疡病感病性

（a）转基因植株的 PCR 鉴定；（b）转基因植株的 GUS 染色鉴定；（c）转基因植株中 CsWAKL08 的表达；（d）转基因植株的表型；（e）转基因植株的溃疡病症状；（f）转基因植株的病斑面积；（g）转基因植株的病情指数；（h）转基因植株的注射法溃疡病症状

（扫封底或勒口处二维码看彩图）

第六节 CsWAKL08 正调控柑橘溃疡病抗性的机制

一、CsWAKL08 调控活性氧平衡

为了确定 ROS 平衡是否参与 CsWAKL08 介导的 *Xcc* 抗性，分析了转基因植株中的 ROS 水平，我们发现 H_2O_2 和 $O_2^{\cdot -}$ 的浓度在这些转基因植株中发生了改变［图 10-8（a）～（d）］。在表现出 *Xcc* 抗性的 OE1 和 OE3 植株中，H_2O_2 水平高于 CK，而 $O_2^{\cdot -}$ 则降低。高 H_2O_2 水平可能导致 *Xcc* 侵染过程中的超敏反应（HR）。在表现出 *Xcc* 易感性的 R3 和 R4 中，ROS 浓度与过表达植株的浓度相反。这些结果提供了对 ROS 水平和 *Xcc* 抗性之间潜在联系的深入了解。植物具有完善的抗氧化酶系统，包括过氧化物酶（POD）和超氧化物歧化酶（SOD）。POD 和 SOD 活性都被 CsWAKL08 过表达上调并被 CsWAKL08 沉默抑制［图 10-8（e）～（h）］。因此，我们得出 CsWAKL08 过表达通过 ROS 平衡调控增加溃疡病抗性。

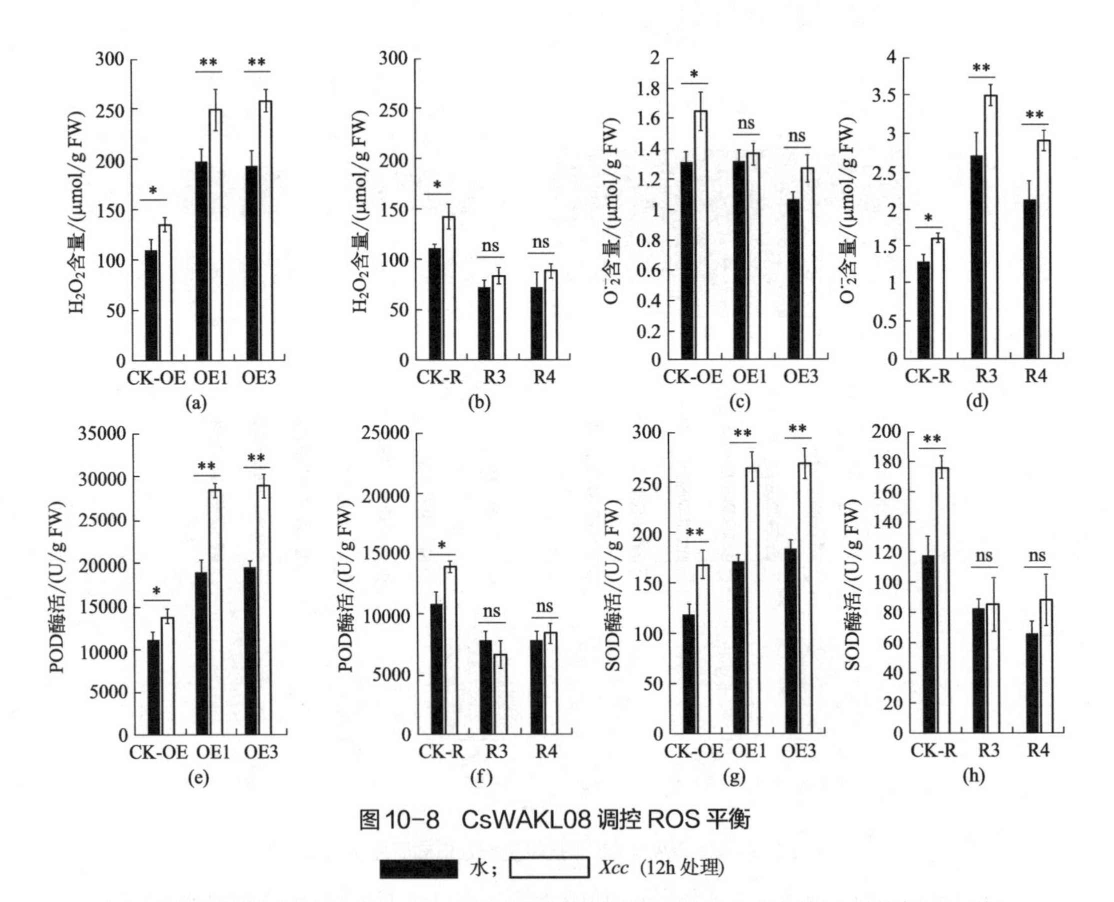

图 10-8 CsWAKL08 调控 ROS 平衡

水；*Xcc*（12h 处理）

（a）（b）转基因植株中 H_2O_2 含量；（c）（d）转基因植株中 $O_2^{\cdot -}$ 含量；（e）（f）转基因植株中 POD 活性；（g）（h）转基因植株中 SOD 活性

二、CsWAKL08 调控茉莉酸的生物合成

植物激素在免疫信号网络中发挥关键作用。在这项研究中，我们测量了转基因植物和 CK 植物中的 SA 和 JA 含量，还检测了分别参与 JA 和 SA 生物合成的 CsAOS（CAP：Cs3g24230）和 CsICS（CAP：Cs5g04210）基因的转录水平。与 CK 相比，OE1 和 OE3 具有显著更高的 JA 含量，在 *Xcc* 侵染后急剧上调，而在 R3 和 R4 中，JA 含量低于 CK 并且对 *Xcc* 侵染不敏感［图 10-9（a）（b）］。与 JA 含量相比，CsWAKL08 的过表达或沉默均未显著诱导 SA 合成［图 10-9（c）（d）］。与这些 JA 和 SA 测量结果一致，在 *Xcc* 侵染后，CsWAKL08 过表达植株中 CsAOS 的表达相对于 CK 中的表达显著上调，而在 CsWAKL08 沉默的植物中，该表达对 *Xcc* 诱导不敏感［图 10-9（e）（f）］。相比之下，CsWAKL08 转基因植株和 CK 植物之间的 SA 水平和 CsICS 表达差异很小［图 10-9（g）（h）］。这些结果表明 CsWAKL08 可能通过调节 JA 生物合成在 JA 积累中发挥作用。

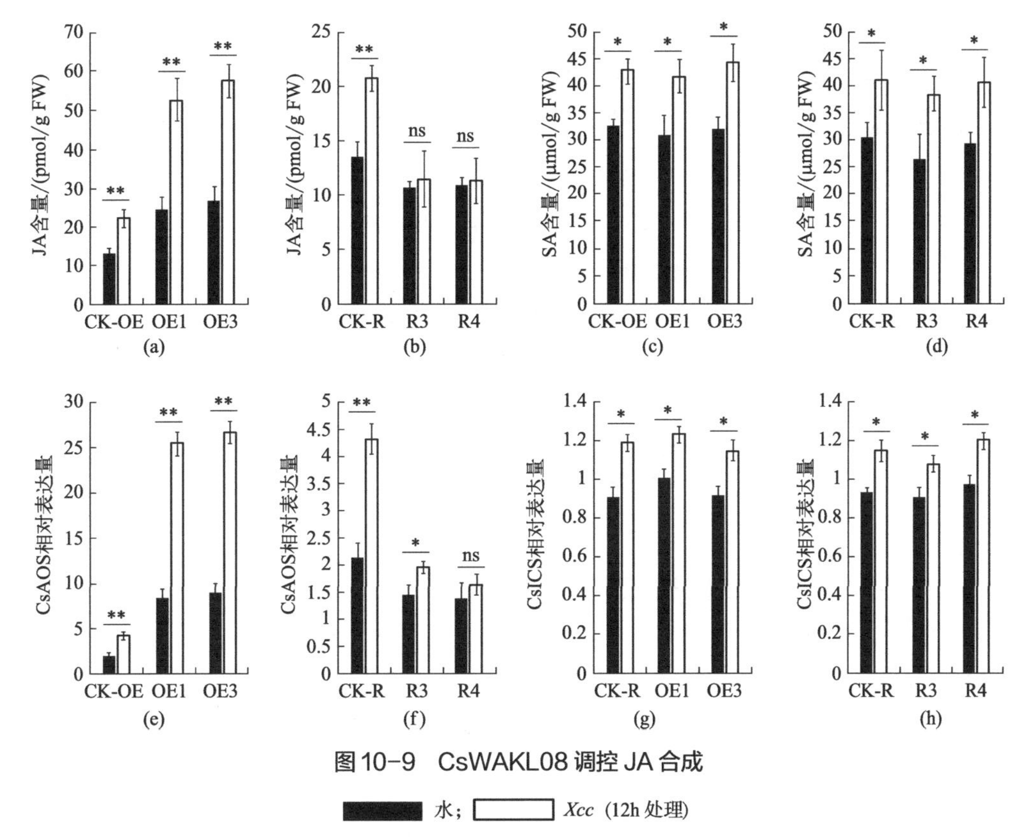

图 10-9　CsWAKL08 调控 JA 合成

水；*Xcc*（12h 处理）

（a）（b）转基因植株中 JA 的含量；（c）（d）转基因植株中 SA 的含量；（e）（f）转基因植株中 CsAOS 的表达；（g）（h）转基因植株中 CsICS 的表达

三、CsWAKL08 调控茉莉酸响应基因

鉴于茉莉酸（JA）在 CsWAKL08 过表达植株中组成性积累，我们假设 CsWAKL08 可以通过调节 JA 依赖性信号转导来调节 *Xcc* 侵染。为了验证这一假设，我们评估了这些转基因

植株中某些 JA 响应基因的表达，即 LOX1（脂肪氧化酶 1）和 MPK3（丝裂原活化蛋白激酶 3）。正如预期的那样，CsLOX1（CAP：Cs3g13930）在 CsWAKL08 过表达和沉默植物中分别上调和下调［图 10-10（a）（b）］。与 CsLOX1 相似，CsMPK3 的表达也被 CsWAKL08 过表达和 *Xcc* 诱导表达显著上调［图 10-10（c）］，而 CsMPK3 在 CsWAKL08 沉默的植物中的表达在 *Xcc* 侵染后没有显著增加［图 10-10（d）］。综上得出结论，CsWAKL08 可以通过调节 JA 依赖性信号转导激活来响应 *Xcc* 侵染，从而赋予 CBC 耐受性。

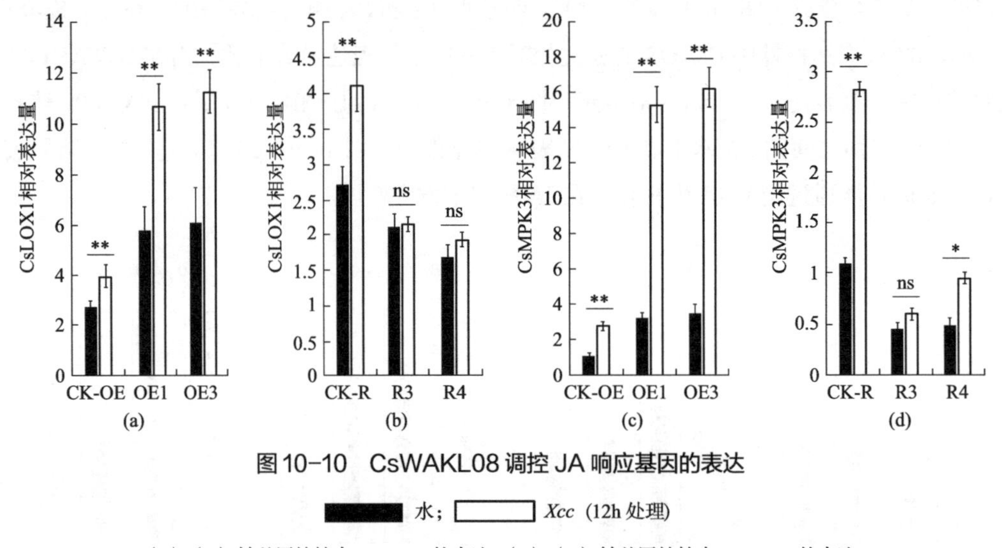

图 10-10　CsWAKL08 调控 JA 响应基因的表达

水；*Xcc*（12h 处理）

（a）（b）转基因植株中 CsLOX1 的表达；（c）（d）转基因植株中 CsMPK3 的表达

第七节　本章小结

细胞壁关联的类受体激酶已被证明在植物抗病（Zuo，*et al.*，2015）和发育过程中发挥重要的调控功能。在本研究中，我们通过系统注释鉴定了柑橘 WAKL 家族，研究了 *Xcc* 侵染对 CsWAKL 的诱导表达，找到 3 个 CsWAKL 基因（CsWAKL01、CsWAKL08 和 CsWAKL20）在 CBC 抗性和 CBC 敏感品种中受 *Xcc* 侵染差异诱导。在病原侵染时，植物细胞壁的碎片化果胶被这些 WAK 识别为配体，然后 WAK 将该信号转导到细胞中并激活下游基因，从而诱导应激反应（Delteil，*et al.*，2016）。CsWAKL08 在本研究中被证明是柑橘溃疡病的一个抗性基因。我们观察到 CsWAKL08 和 JA 信号转导之间的联系，类似于之前在玉米中的这些发现（Zuo，*et al.*，2015）。但与 ZmWAK 相比，我们没有在过表达 CsWAKL08 的细胞中检测到 SA 升高，表明不同的 WAKL 具有相关但不同的防御机制。CsWAKL08 也调控 ROS 爆发，尤其是 H_2O_2 和 O_2^- 的产生，进而增强过表达转基因植株的溃疡病抗性。根据研究结果，我们推测 CsWAKL08 在防御 CBC 方面发挥着至关重要的作用，主要是通过调节 ROS 水平和通过 JA 依赖性信号激活 PR 基因增强柑橘溃疡病抗性。

第十一章 CsLYK6 在柑橘溃疡病中的功能

溶解素基序类受体激酶（LysM receptor-like kinase，LYK）可直接参与病原菌识别、信号转导和蛋白质激活等抗病应答过程，是植物抗病育种的重要候选基因。鉴于 LYKs 在植物抗病应答中的重要功能，我们也在柑橘中鉴定与溃疡病相关的 LYK，并且鉴定到与溃疡病紧密相关的 CsLYK6。利用基因工程手段对柑橘 CsLYK6 基因进行功能研究，并通过蛋白组学、转录组学和生理生化指标等初步研究其调控机制。

第一节　溶解素基序类受体激酶的研究背景

一、溶解素基序类受体激酶的发现

溶解素基序（LysM）是一类长度约为 40 个氨基酸的蛋白质结构域，普遍存在于大多数动植物体中。早期研究发现分泌型的细菌水解酶中含有 LysM 结构域，其三维结构有一个明显特点，即反向平行的 β 折叠结构的一侧堆叠着两个 α 螺旋。LYK 是在植物中发现的一类含有 LysM 结构域的类受体激酶。LysM 类受体激酶家族在不同品种中数目有所不同，例如拟南芥有 5 个、水稻有 10 个、苹果有 12 个。

二、溶解素基序类受体激酶的功能和机制

植物通过自身的先天免疫机制抵御病原微生物的入侵，其模式触发式免疫（pattern-triggered immunity，PTI）起始于植物细胞表面免疫受体对分子模式的识别，包括来自植物本身的寡聚半乳糖醛酸苷和来自病原微生物的鞭毛、肽聚糖和几丁质等。植物中的 LYK 作为一类免疫受体，识别病原分子模式信号并转导于磷酸化级联途径，调控下游免疫相关蛋白，使植物产生抗病反应（Brulé，*et al.*，2019）。如拟南芥和水稻中的 AtCERK1 和 OsCERK1 可以识别病原信号，引起免疫反应（Carotenuto，*et al.*，2017）；葡萄 VvLYK1-1/2 和香蕉 MaLYK1 可介导真菌免疫（Brulé， *et al.*，2019；Zhang，*et al.*，2019）。由此可见，LYK是植物抗病育种的重要候选基因。

拟南芥和水稻中的LYK主要通过调控呼吸迸发氧化酶（respiratory burst oxidase homologues，RBOH）催化的活性氧（reactive oxygen species，ROS）迸发来介导植物抗病反应。拟南芥中，AtCERK1通过胞外LysM结构域结合病原肽聚糖或几丁质，激活胞内磷酸激酶并磷酸化下游的AtBIK1，活化的AtBIK1从受体复合物中释放出来，进一步磷酸化AtRBOHD，提供电子直接催化分子氧还原产生超氧负离子（O_2^-），并进一步转换为H_2O_2（Cao，*et al.*，2014）（图11-1）；水稻中，LYK家族成员OsCEBiP通过与OsCERK1形成复合体识别病原，经过OsRacGEF1-OsRac1磷酸化级联途径，磷酸化OsRBOHB，促进H_2O_2合成（Desaki，*et al.*，2018）（图11-1）。由此可见，RBOH在植物免疫激活途径中的激活和供给对ROS迸发至关重要。生成的H_2O_2通过以下机制调控免疫反应（图11-1）：①H_2O_2由水通道蛋白（aquaporin，AQP）进入细胞，诱导植物产生超敏反应（hypersensitivity response，HR）（Tian，*et al.*，2016）；②激活MAPK信号级联途径，调节参与防御的调控因子（Son，*et al.*，2011）；③同SA和脱落酸（abscisic acid，ABA）等信号交联，诱发系统获得性抗性（Wang，*et al.*，2014）；④结合细胞膜受体，诱发Ca^{2+}内流，启动细胞内免疫（Wu，*et al.*，2020）。综上所述，拟南芥和水稻中的LysM结构域蛋白主要通过识别病原菌PGN或几丁质，磷酸化级联反应激活RBOH诱导ROS的爆发，通过调节ROS的含量变化参与植物免疫反应。据此，我们推测柑橘中的LYK蛋白激酶可能与拟南芥和水稻中的LysM结构域蛋白功能相似，亦可通过类似的调控通路参与植物抗病。

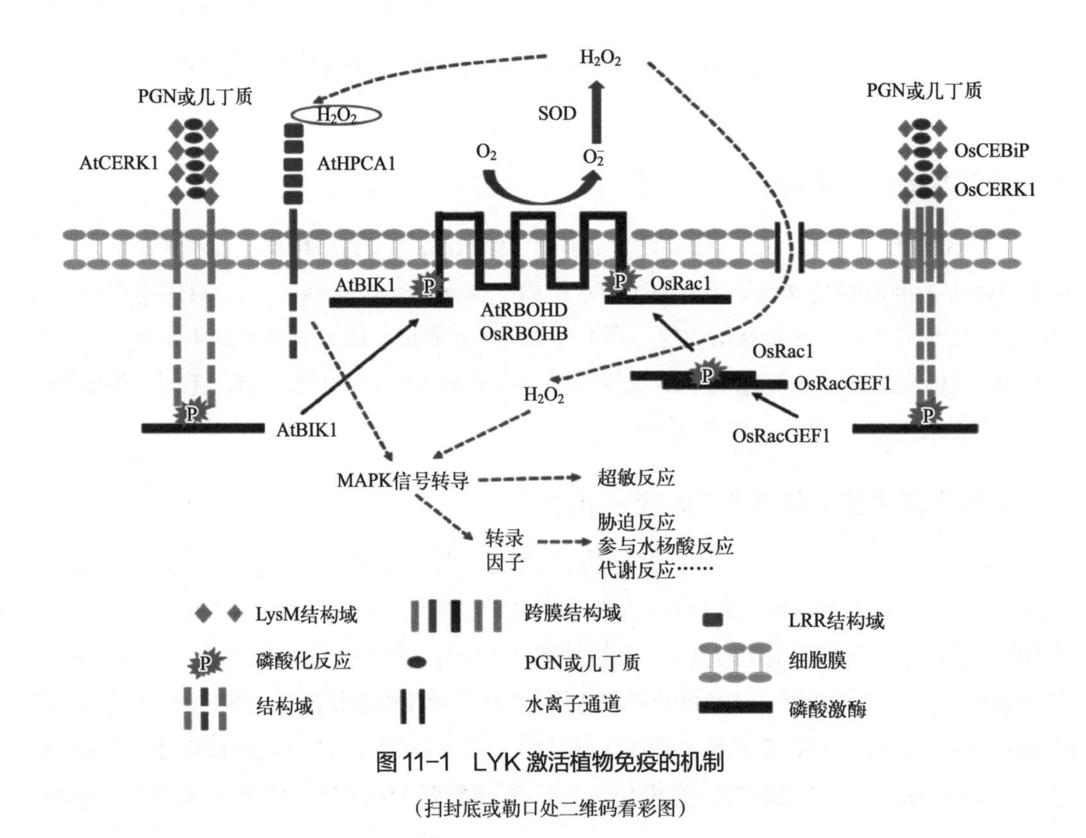

图11-1 LYK激活植物免疫的机制

（扫封底或勒口处二维码看彩图）

第二节 柑橘 LYK 家族分析

一、柑橘 LYK 家族的鉴定

柑橘有 9 个 CsLYK，按其染色体位置命名为 CsLYK1 ～ CsLYK9（表 11-1）。CsLYK 基因编码 611（CsLYK3 和 CsLYK7）个至 695（CsLYK5）个氨基酸残基，其分子量分别为 67.59 ～ 76.80kDa。CsLYK6 和 CsLYK7 主要包含碱性氨基酸，从而使蛋白质呈碱性（$pI > 7$），而其他 CsLYK，即 CsLYK1 ～ 5 和 CsLYK8 ～ 9 主要包含酸性氨基酸，从而使蛋白质呈酸性（$pI < 7$）。软件预测发现，这些基因编码蛋白都位于细胞膜上，仅有 CsLYK4 位于细胞质中。由于存在跨膜结构域，受体样激酶可在细胞膜上将检测到的外界信号转导至细胞内部，从而发挥作用。

表 11-1 柑橘 CsLYK 家族

名称	基因编号	氨基酸数目	分子量 /kDa	等电点	亚细胞定位
CsLYK1	Cs1g15820	663	73.22	6.05	细胞膜
CsLYK2	Cs1g23580	631	68.72	5.01	细胞膜
CsLYK3	Cs2g02680	611	67.59	6.62	细胞膜
CsLYK4	Cs2g20910	627	68.11	5.94	细胞膜，叶绿体
CsLYK5	Cs2g25010	695	76.80	6.09	细胞膜
CsLYK6	Cs6g02700	678	75.62	8.04	细胞膜
CsLYK7	Cs8g16260	611	68.22	7.43	细胞膜
CsLYK8	Cs9g08050	625	69.96	6.14	细胞膜
CsLYK9	orange1.1t04036	669	74.28	6.57	细胞膜

二、柑橘 LYK 家族的系统发育

可根据 AtLYK 的进化关系，将来自三个物种的 LYK 分为三个不同的进化枝（进化枝 1 ～ 3）（图 11-2）。CsLYK 在 3 个进化枝中数目不均，进化枝 1 包含 5 个 CsLYK，而进化枝 2 和进化枝 3 中仅有 1 个 CsLYK 和 3 个 CsLYK。不同物种的 LYK 成员数目不同。在 3 个进化枝中，进化枝 1 含有最多 LYK。CsLYK6 位于系统发育树的进化枝 1，与 PtLYK3 和 AtLYK2 亲缘关系最近。

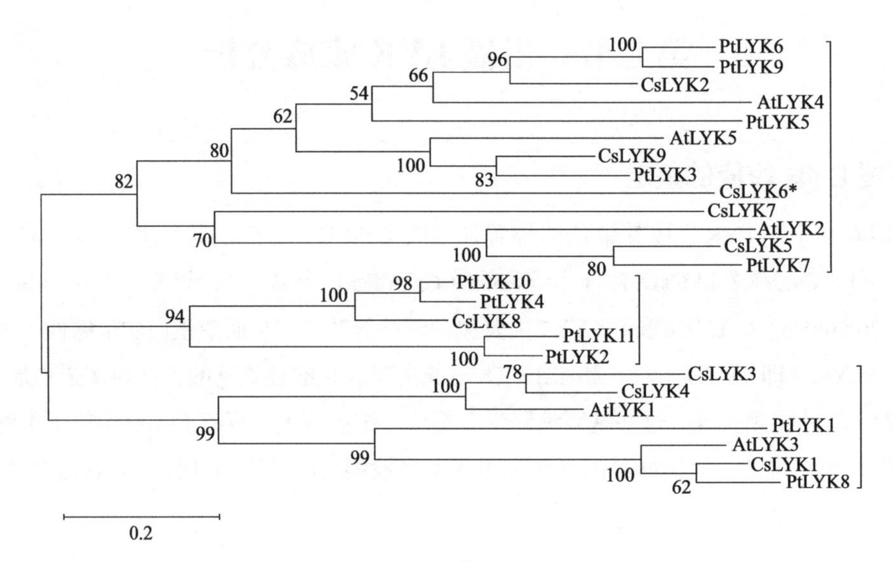

图 11-2 柑橘 LYK 家族的系统发育

第三节 CsLYK6 的生物信息学特征

CsLYK6 位于柑橘的 6 号染色体［图 11-3（a）］，基因全长为 2431bp［图 11-3（b）］。开

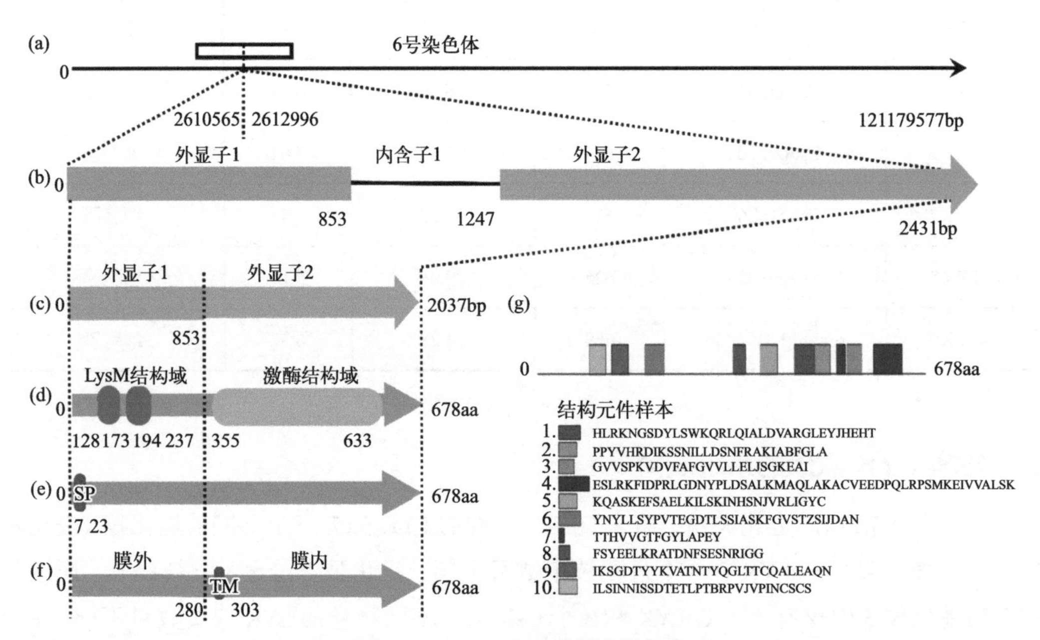

图 11-3 CsLYK6 的信息学特征

（a）CsLYK6 的染色体定位；（b）（c）CsLYK6 的基因结构；（d）CsLYK6 的功能结构域；

（e）CsLYK6 的信号肽；（f）CsLYK6 的跨膜结构；（g）CsLYK6 的保守基序

（扫封底或勒口处二维码看彩图）

放阅读框由 2 个外显子组成，长度为 2037bp［图 11-3（c）］。CsLYK6 可编码 678 个氨基酸，含有 2 个 LysM 功能结构域和 1 个激酶结构域［图 11-3（d）］；含 1 个信号肽序列［图 11-3（e）］；有跨膜结构域［图 11-3（f）］。CsLYK6 具有跨膜结构域和信号肽，推测 CsLYK6 可能在细胞膜上表达，将检测到的外界信号转导至细胞内部发挥作用。CsLYK6 保守基序主要集中于蛋白质 N 端或中间区域，与蛋白质的功能结构域的位置基本一致［图 11-3（g）］。

第四节 CsLYK6 的表达特征

一、CsLYK6 受柑橘溃疡病的诱导表达模式

柑橘溃疡病诱导后，抗、感两品种中 CsLYK6 的相对表达趋势不同，晚锦橙中 CsLYK6 的相对表达量随时间的变化呈先下降、24h 有所上升后下降并保持低水平表达；四季橘中 CsLYK6 的相对表达量随时间的变化基本呈上升趋势，36h 时 CsLYK6 相对表达量达到最高（图 11-4）。总体来说，晚锦橙中 CsLYK6 相对表达量普遍低于四季橘，且不同时间点其表达量均保持低水平，响应溃疡病诱导并不明显；四季橘不同时间点 CsLYK6 相对表达量变化有显著差异，对溃疡病诱导有一定响应。据此，可推测 CsLYK6 可能为 1 个抗柑橘溃疡病基因，四季橘可能因 CsLYK6 受溃疡病菌诱导表达而表现出对柑橘溃疡病较强的抗性。

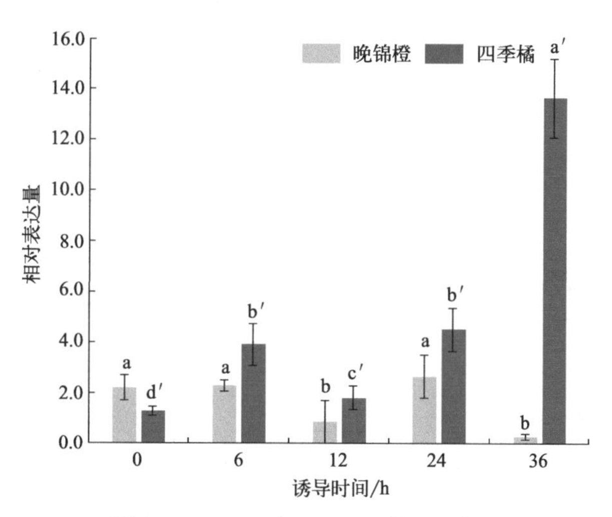

图 11-4 *Xcc* 对 CsLYK6 的诱导表达

二、CsLYK6 的亚细胞定位

LYK 是一个跨细胞膜的蛋白质，定位于细胞膜且包含胞外 LysM 结构和胞内磷酸激酶结构是其发挥功能的前提。信号肽预测结果显示其 N 端有 16 个氨基酸的信号肽，表明 CsLYK6 可穿过膜体结构。亚细胞定位预测表明定位于细胞膜上的预测可信分值为 2.533，明显高于其他部位，说明 CsLYK6 可能定位在细胞膜上。为了验证亚细胞定位和信号肽的预测结果，我

们构建 CsLYK6-5S-GFP 融合表达载体并转化洋葱表皮细胞。观察发现 CsLYK6 融合蛋白定位于细胞膜和细胞壁区域，而对照组整个细胞均检测到荧光。将洋葱表皮细胞进行质壁分离，结果发现 CsLYK6 融合蛋白在细胞膜中检测到荧光，并非细胞壁。而对照组质壁分离后，在细胞膜内部区域均检测到荧光（图 11-5）。综合分析证明，CsLYK6 为跨膜蛋白，定位于细胞膜上发挥其生理功能。

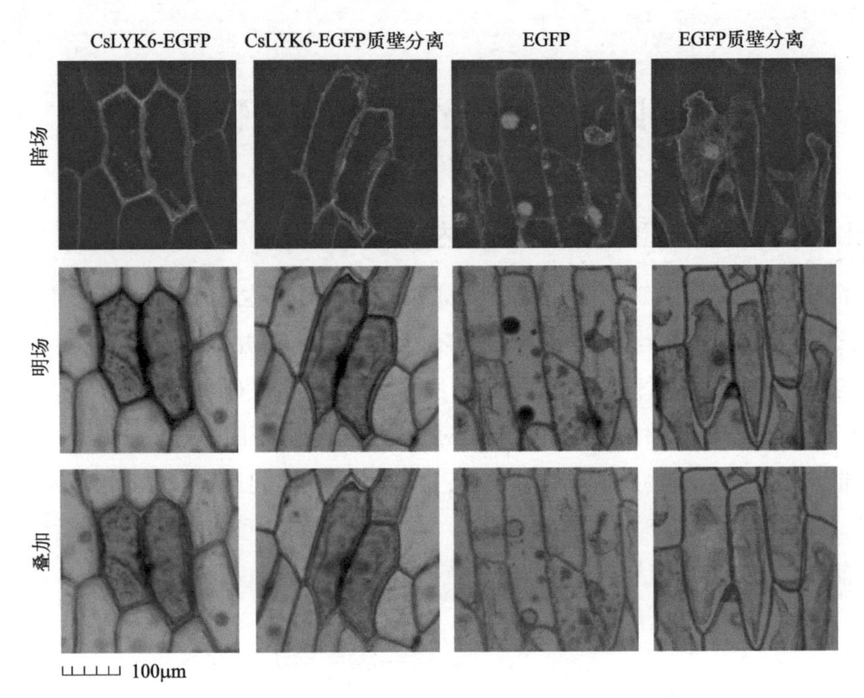

图 11-5 CsLYK6 的亚细胞定位

（扫封底或勒口处二维码看彩图）

第五节 CsLYK6 正调控柑橘溃疡病抗性

鉴于前述的在抗病种质四季橘中 CsLYK6 对 *Xcc* 诱导有明显响应，呈上升趋势，而感病种质晚锦橙中 CsLYK6 基础表达低于抗病种质，未响应 *Xcc* 诱导（见图 11-4），我们推测 CsLYK6 可能与柑橘对 *Xcc* 免疫应答有关。遗传转化获得 CsLYK6 过表达植株，其表型与野生型（WT）无明显差异［图 11-6（a）］；转基因植株中 CsLYK6 得到了较高水平表达［图 11-6（b）］。针刺法抗性评价发现转基因植株发病症状较轻，菌斑面积较小［图 11-6（c）］，病情指数下降了 42% ～ 57%［图 11-6（e）］；注射法发现转基因植株无明显脓疱性突起，出现超敏反应现象，而 WT 形成明显脓疱性突起［图 11-6（d）］；病原菌生长曲线显示 CsLYK6 过表达在一定程度上抑制了 *Xcc* 增殖［图 11-6（f）］。综上所述，CsLYK6 是柑橘溃疡病抗性的正调控因子，其过表达可明显增强柑橘对溃疡病的抗性。

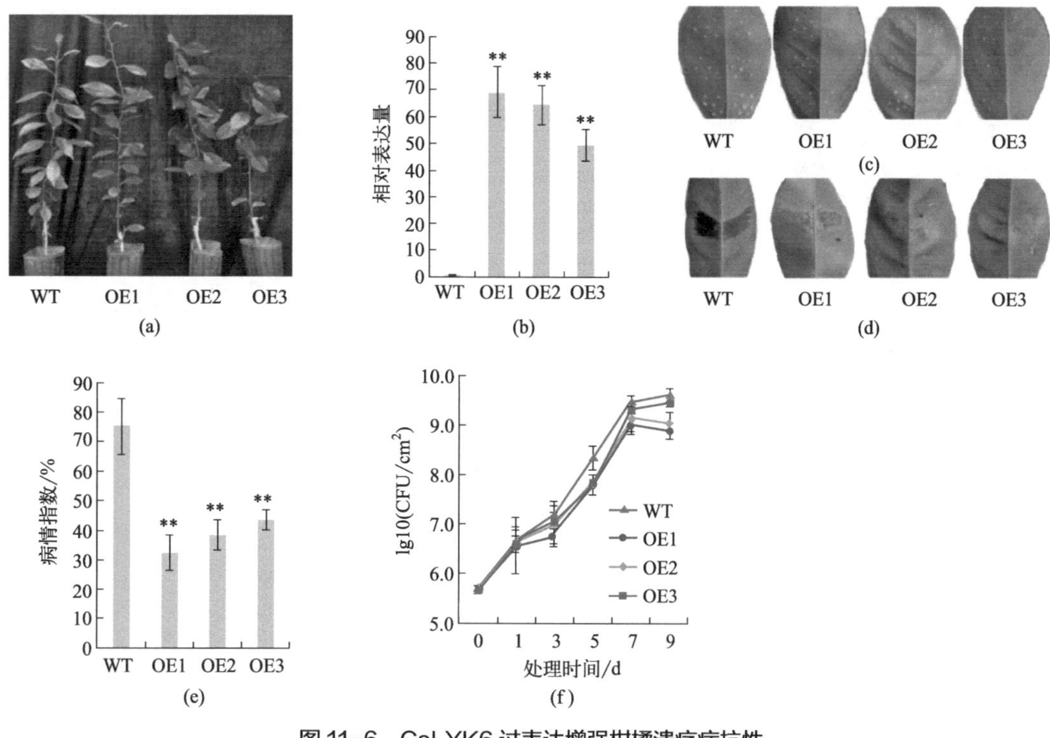

图 11-6 CsLYK6 过表达增强柑橘溃疡病抗性

（a）转基因植株表型；（b）转基因植株中 CsLYK6 的表达量；

（c）转基因植株的溃疡病症状；（d）转基因植株注射法症状；（e）转基因植株的病情指数；

（f）转基因植株中 *Xcc* 的生长曲线

（扫封底或勒口处二维码看彩图）

第六节 CsLYK6 正调控柑橘溃疡病抗性的机制

一、CsLYK6 调控过氧化氢合成

笔者为探究过氧化氢（H_2O_2）合成与溃疡病发生的相关性，比较了抗 / 感溃疡病种质的 RBOH 酶活和 H_2O_2 含量，发现在抗性种质中 RBOH 酶活和 H_2O_2 含量均明显高于感性种质［图 11-7（a）（b）］；注射 *Xcc* 后（10 天），感性种质发病明显，表现典型的溃疡病症状，未出现超敏反应［图 11-7（c）］；抗病种质则出现了明显的褐化塌陷，呈超敏反应细胞坏死症状，未出现溃疡病症状［图 11-7（d）］。上述结果表明：RBOH 酶活和 H_2O_2 含量与种质的超敏反应和溃疡病抗性水平呈正相关。因 CsLYK6 过表达后植株也出现对 *Xcc* 侵染的超敏反应，我们推测 CsLYK6 很可能调控了转基因植株中 H_2O_2 合成。我们测定了 RBOH 酶活和 H_2O_2 含量，发现转基因植株的 RBOH 酶活和 H_2O_2 含量明显高于野生型［图 11-7（e）（f）］。上述结果表明：CsLYK6 过表达上调了 RBOH 酶活和 H_2O_2 合成。

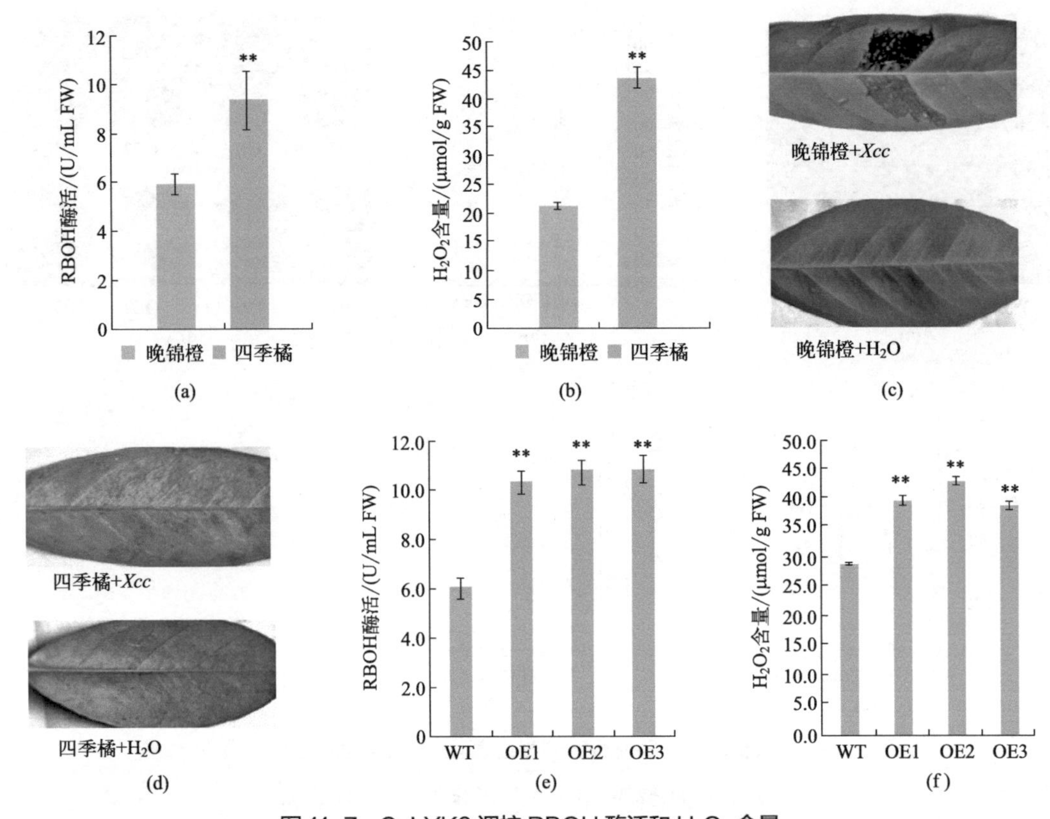

图 11-7 CsLYK6 调控 RBOH 酶活和 H_2O_2 含量

（a）（b）抗/感种质 RBOH 酶活和 H_2O_2 含量；（c）（d）抗/感种质接种 *Xcc* 后的症状和细胞程序性死亡；（e）（f）CsLYK6 过表达植株 RBOH 酶活与 H_2O_2 含量

（扫封底或勒口处二维码看彩图）

二、CsLYK6 调控 CsRBOH5 的磷酸化和转录

为探究 CsLYK6 的下游调控途径，我们对 CsLYK6 过表达植株进行磷酸化蛋白组分析，结合 KEGG 聚类，发现磷酸化差异蛋白（CsRBOH5、CsCPK13 和 CsMAPK6）被富集到寄主与病原菌互作通路和 MAPK 信号转导通路［图 11-8（a）（b）］。这些蛋白质分别有两个位点的磷酸化水平明显升高，比如 CsRBOH5 的 S148 和 S234 位点［图 11-8（c）］、CsCPK13 的 S511 和 S521 位点［图 11-8（d）］、CsMAPK6 的 Y223 和 T225 位点［图 11-8（e）］。同时，我们对 CsLYK6 过表达植株进行了转录组分析，结合 KEGG 聚类，发现转录差异基因在寄主与病原菌互作通路和 MAPK 信号转导通路也被富集［图 11-8（f）（g）］。转录组和磷酸化蛋白组联合分析发现 CsRBOH5 的磷酸化和转录水平均被 CsLYK6 过表达显著上调［图 11-8（h）］。结合文献报道的 LYKs 最终调控 RBOH 的机制，我们提出假设：柑橘 CsLYK6 可通过某种途径在磷酸化水平和转录水平调控 CsRBOH5。

三、CsLYK6-CsCPK13-CsMAPK6 模块调控 CsRBOH5 的磷酸化

为解析 CsLYK6 下游的磷酸化途径，我们从蛋白互作的角度对调控途径中可能的组分进

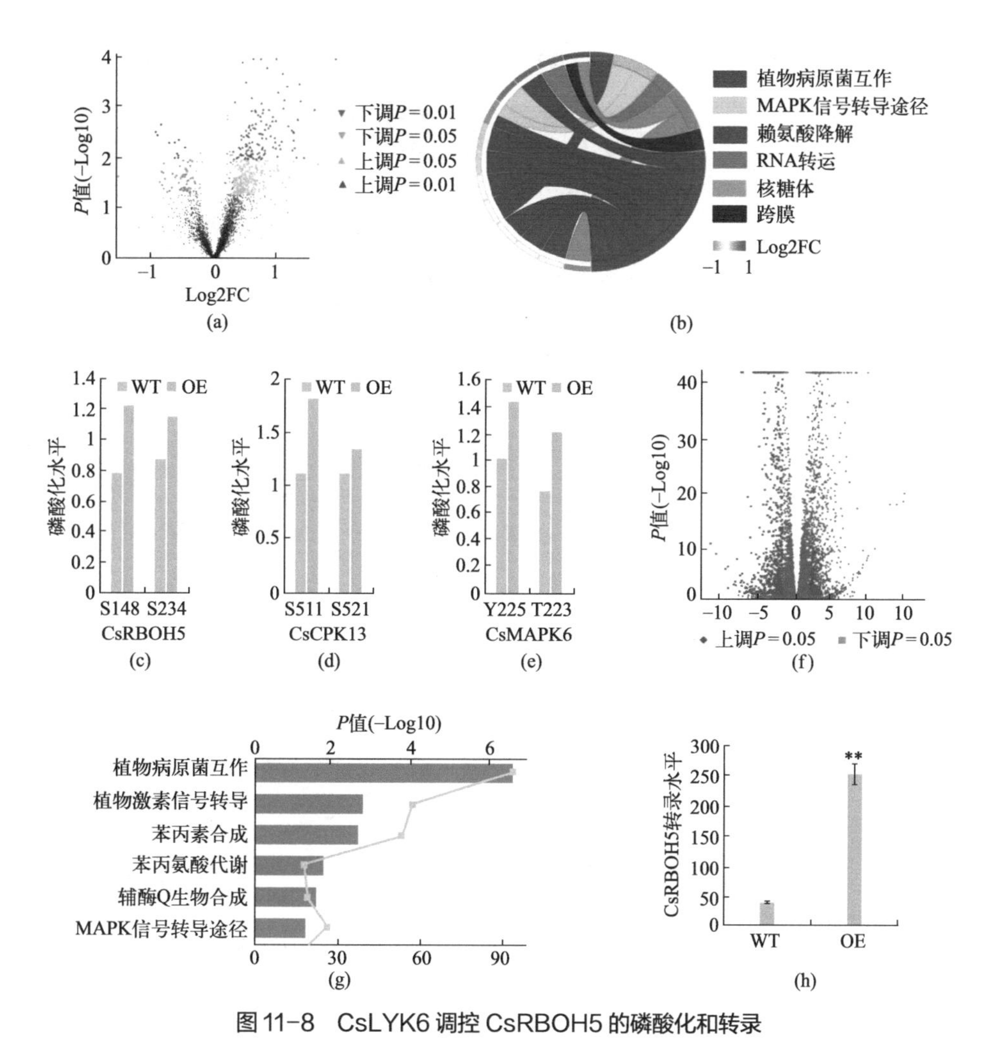

图 11-8 CsLYK6 调控 CsRBOH5 的磷酸化和转录

（a）（b）磷酸化差异蛋白火山图和 KEGG 聚类；（c）～（e）CsRBOH5、CsCPK13 和 CsMAPK6 磷酸化位点及磷酸化水平差异；（f）（g）转录差异基因火山图和 KEGG 聚类；（h）CsRBOH5 转录水平差异

（扫封底或勒口处二维码看彩图）

行了初步分析。首先对 CsLYK6、CsCPK13、CsMAPK6 与 CsRBOH5 在拟南芥数据库进行互作预测，并使用 Y2H 对上述软件预测结果进一步验证。结果显示，CsMAPK6 和 CsRBOH5 存在互作［图 11-9（a）（b）］，CsMAPK6 和 CsCPK13 存在互作［图 11-9（c）（d）］，CsLYK6 和 CsCPK13 存在互作［图 11-9（e）（f）］，而其他组合无互作。根据上述结果，我们预测了 CsLYK6 可能的信号转导途径：CsLYK6-CsCPK13-CsMAPK6 模块调控 CsRBOH5 的磷酸化水平。

四、CsLYK6-CsMAPK6-CsWRKY33 模块调控 CsRBOH5 的转录

前述表明，CsLYK6 过表达植株中 CsRBOH5 的磷酸化水平和转录水平均被上调，但 CsLYK6 作为磷酸激酶无法直接调控 CsRBOH5 的转录水平。因此，在 CsRBOH5 上游一定

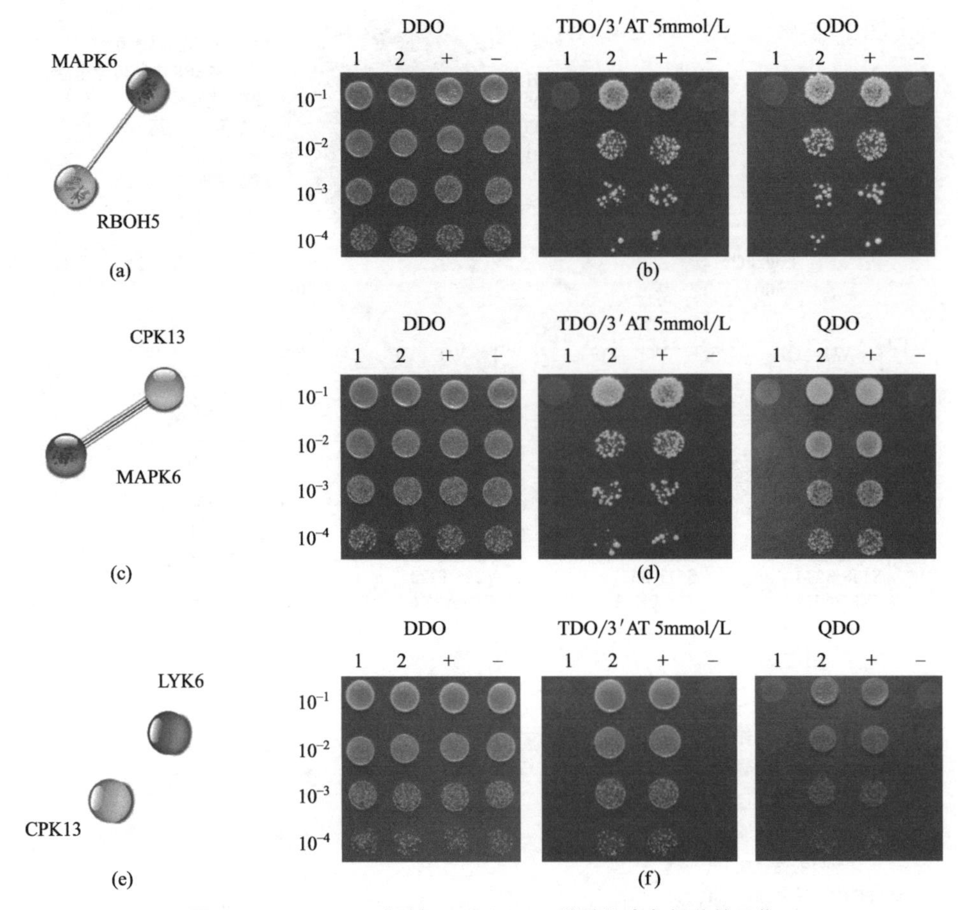

图 11-9 CsLYK6 调控 CsRBOH5 磷酸化中各组分的互作

（a）STRING 预测 CsMAPK6 和 CsRBOH5 互作；（b）酵母双杂交（Yeast two-hybrid，Y2H）验证 CsMAPK6 和 CsRBOH5 互作；（c）STRING 预测 CsMAPK6 和 CsCPK13 互作；（d）Y2H 验证 CsMAPK6 和 CsCPK13 互作；（e）STRING 预测 CsLYK6 和 CsCPK13 互作；（f）Y2H 验证 CsLYK6 和 CsCPK13 互作

有某个转录因子对其进行转录调控。为鉴定这个转录因子，我们以 CsRBOH5 启动子为诱饵筛库，找到转录因子 CsWRKY33。进一步的 Y1H 点对点［图 11-10（a）］和 CsRBOH5 启动子元件（W-box：GTCAA）分析［图 11-10（b）］印证了 CsWRKY33 与 CsRBOH5 启动子的互作。以上研究表明：CsWRKY33 很可能作为 CsRBOH5 的直接上游因子。拟南芥 AtMAPK6 会对 AtWRKY33 磷酸化水平进行调控，以提高 AtWRKY33 的活性（Verma，*et al.*，2021）。如果柑橘中也存在此互作和磷酸化激活，则 CsMAPK6 可能同时调控 CsRBOH5 和 CsWRKY33 的活性，成为 CsLYK6 对 CsRBOH5 在磷酸化和转录水平调控的重要结合点。我们初步利用 STRING 预测和 Y2H 证明了 CsMAPK6 和 CsWRKY33 的确存在互作［图 11-10（c）（d）］。上述结果表明，CsLYK6 可能通过 CsMAPK6-CsWRKY33 模块调控 CsRBOH5 的表达水平，而且 CsMAPK6 是 CsLYK6 对 CsRBOH5 在磷酸化和转录水平调控的重要结合点。

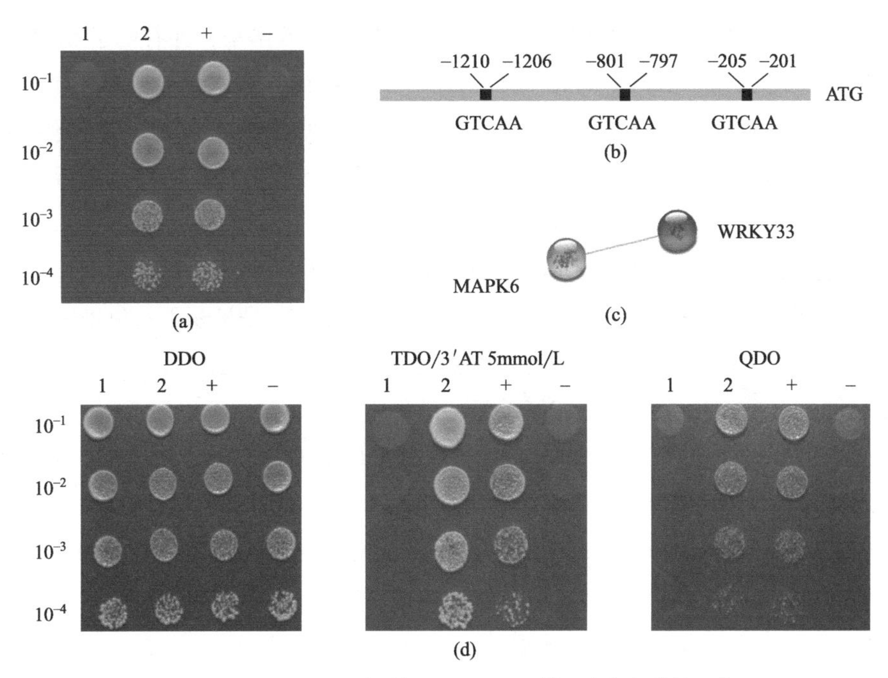

图 11-10　CsLYK6 调控 CsRBOH5 转录中各组分的互作

（a）Y1H 验证 CsWRKY33 和 CsRBOH5 启动子互作；（b）CsRBOH5 启动子含有 WRKY33 结合元件；（c）STRING 预测 CsMAPK6 和 CsWRKY33 互作；（d）Y2H 验证 CsMAPK6 和 CsWRKY33 互作

第七节　本章小结

LYK 是一类识别并结合病原菌后参与植物免疫反应的类受体激酶，其功能在很多物种中已得到验证。CsLYK6 过表达的转基因植株的病情指数、病斑大小、菌液生长曲线和发病程度均低于对照，证明柑橘中 CsLYK6 过表达的转基因植株对溃疡病有良好的抗性，CsLYK6 是柑橘溃疡病的抗性相关基因。综合来看，在其他物种中过表达 *LYK* 基因可增加植物抗性，柑橘中 CsLYK6 过表达后植物对溃疡病的抗性同样发生增强，说明 LYK 基因家族在不同的物种中虽然数目不同，但其功能都与植物抗病相关，存在一定相似性。据此可推测柑橘中 CsLYK6 调控植物应对溃疡病的侵染机制可能与其他物种中的功能机制类似。

CsLYK6 过表达转基因植株的磷酸化蛋白组分析发现 CsRBOH5、CsCPK13 和 CsMAPK6 的磷酸化水平显著上调，说明 CsRBOH5、CsCPK13 和 CsMAPK6 可能在 CsLYK6 提高柑橘溃疡病抗性方面有重要作用。三个蛋白参与细胞信号转导和植物抗逆途径已有部分文献报道，如拟南芥 Ca^{2+} 依赖性蛋白激酶 CPK3 是响应盐胁迫的 MAPK 途径所必需的中间物，CPK3 突变体显示出与 MAPK 途径中的突变体相当的盐敏感性表型，拟南芥响应盐胁迫和信号转导与 CPK3 和 MAPK 密切相关（Mehlmer，*et al.*，2010）。水稻中 LysM 结构域蛋白 OsCERK1 和 OsCEBiP 的受体可识别病原菌，激活 OsRacGEF1/OsRac1 蛋白复合体后磷酸化 OsRLWT185

(细胞质类受体激酶 185)，OsRLWT185 从受体复合物中释放出来，并有助于 MAPK 的活化进而参与植物抗逆反应（Yamaguchi，*et al.*，2013)。在拟南芥和水稻 LysM 结构域蛋白识别病原菌后引发激酶磷酸化反应，最终激活控制 ROS 平衡的 RBOH。据此，我们推测 CsLYK6 可能通过以 CsCPK13 和 CsMAPK6 为主要成分的磷酸化级联途径，磷酸化激活 CsRBOH5，调控 H_2O_2 的合成，参与柑橘抗溃疡病的免疫过程。

本研究通过酵母单杂交以解析 CsRBOH5 的上游调控转录因子，筛库得到转录组中表达水平显著上调的 CsWRKY33。已有前人研究证明 CsWRKY33 是植物天然免疫中的重要转录因子之一（Mao，*et al.*，2011)。故利用酵母单杂点对点验证的方法探究 CsLYK6 调控下游的 CsRBOH5 和 CsWRKY33 是否存在相互关系，结果表明猎物蛋白可以激活报告基因的表达，CsWRKY33 和 CsRBOH5 发生互作。其他物种中存在 CsWRKY33 与 CsRBOH5 直接发生相互作用或 CsWRKY33 与其他蛋白发生互作后间接调控 CsRBOH5 的表达等两种生物模式，但柑橘中 CsWRKY33 可与 CsRBOH5 直接发生互作。由此可推测 CsLYK6 可能通过 CsWRKY33 调控 CsRBOH5 的表达，提高了转基因柑橘对溃疡病的抗性。

综上所述，CsLYK6 过表达对溃疡病有较好的抗性，CsLYK6 可能通过调节 CsWRKY33 的基因表达，调控与 CsWRKY33 转录因子互作的 CsRBOH5 的转录水平；同时 CsLYK6 经由 CsCPK13 和 CsMAPK6 为主要成分的磷酸级联途径，调控 CsRBOH5 的磷酸化水平。两条途径协同调控 RBOH 酶活和 ROS 的含量变化，进而增强柑橘对溃疡病的抗性（图 11-11)。

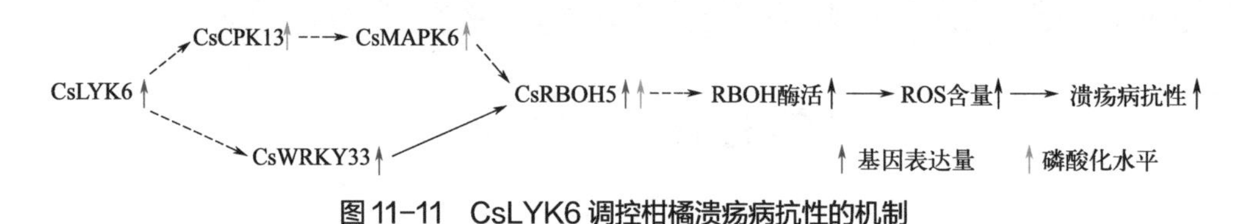

图 11-11 CsLYK6 调控柑橘溃疡病抗性的机制

（扫封底或勒口处二维码看彩图）

第十二章
CsNBS-LRR 在柑橘溃疡病中的功能

植物 NBS-LRR 家族可以作为受体直接或间接地识别效应子，进而激活各种抗性反应。多种植物 NBS-LRR 的功能已有深入研究。目前基于柑橘 NBS-LRR 类抗病基因的功能研究还很少，也缺少反向遗传学证据。本章从甜橙中克隆了 CsNBS-LRR，研究了其与柑橘溃疡病的相关性，利用过表达的方法验证其功能，并进一步研究其作用机理。

第一节　NBS-LRR 的研究背景

植物对于病原体的侵入具有多种有效的防御系统：第一道防御系统可以识别保守的病原体相关分子（pathogen-associated molecular pattern，PAMP），称为 PAMP 触发的免疫（PAMP-triggered immunity，PTI）；第二道防御系统识别病原体产生的特定效应物，例如无毒蛋白（avirulence protein，Avr），称为效应子触发的免疫（effector-triggered immunity，ETI）。鉴于不同病原物效应子的多样性，与 PTI 相比，ETI 介导的抗性更具有特异性和持久性。

ETI 依赖的 R 蛋白可以作为受体直接或间接地识别效应子并形成 R- 效应子复合物，进而激活各种抗性反应。报道的大多数植物 R 蛋白属于 NBS-LRR 家族，即具有核苷酸结合位点和富亮氨酸重复基序的蛋白质家族。该类蛋白质常常与真菌或细菌病原的效应子结合，抑制病原在植物细胞中的定植和扩展。NBS-LRR 蛋白包含 N 端的 NBS 结构域（nucleotide-binding site，NBS）和 C 端的亮氨酸重复结构域（leucine rich repeat，LRR）。其 LRR 结构域可作为受体，参与病原体的识别和信号转导。多种植物 NBS-LRR 功能已有深入研究，如花生 NBS-LRR 家族基因 *AhRRS5* 在响应青枯雷尔菌时显著上调，在烟草叶瞬时过表达可显著增强对青枯雷尔菌的抗性（Zhang，*et al.*，2017）；葡萄 NBS-LRR 家族基因 *VaRGA1* 在烟草中的过表达增强了寄主对寄生疫霉的抗性（Li，*et al.*，2017）。此外，NBS-LRR 家族基因的表达总是与病原体侵染或 SA 处理相关。如拟南芥 NBS-LRR 类基因过表达 RPP2 可以提高对霜霉病的抗性，同时也是 SA 依赖性 ETI 所必需的基因（Bonardi，*et al.*，2011）。目前基于柑橘 NBS-LRR 类抗病基因的功能研究还很少，也缺少反向遗传学证据。

第二节 柑橘 NBS-LRR 的生物信息学特征

CsNBS-LRR（orange1.1t00681）的开放阅读框为 3633bp，编码 1210 个氨基酸。基因全长 5796bp，含有 5 个内含子［图 12-1（a）］。该蛋白质具有 TIR-NBS-LRR 类的典型结构，即在 N 端含有一个 TIR 结构域，紧跟着是 NBS 结构域，在 C 端有一个 LRR 结构域［图 12-1（b）］。

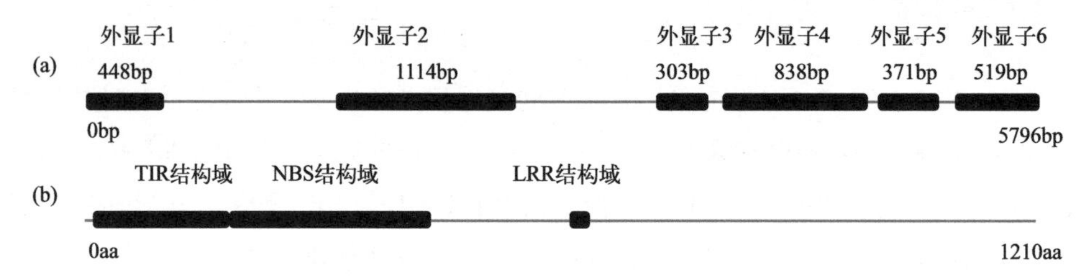

图 12-1 CsNBS-LRR 的生物信息学特征

（a）CsNBS-LRR 的基因结构；（b）CsNBS-LRR 的功能结构域

第三节 柑橘 CsNBS-LRR 的表达特征

感病品种晚锦橙和抗病品种四季橘中 CsNBS-LRR 受 *Xcc* 诱导的表达不同。四季橘中 CsNBS-LRR 受 *Xcc* 的诱导持续上调，24h 维持较高水平；而晚锦橙持续下调。由此可知，CsNBS-LRR 可能与柑橘对溃疡病的抗性有关，并且呈正相关［图 12-2（a）］。在 SA 诱导下，

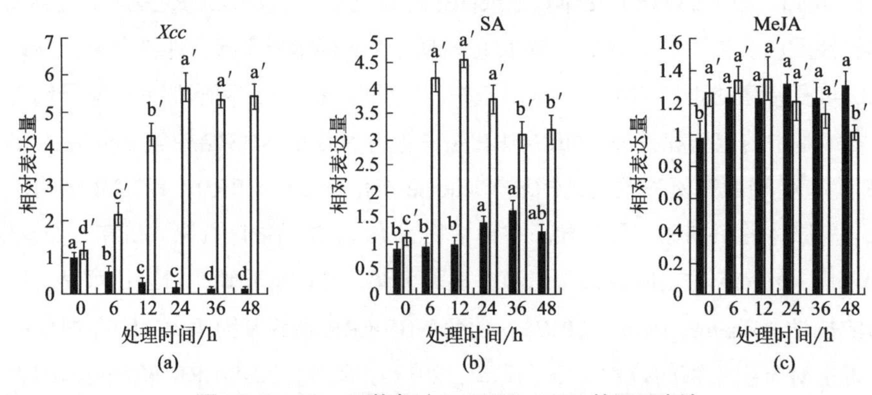

图 12-2 *Xcc* 和激素对 CsNBS-LRR 的诱导表达

晚锦橙；四季橘

四季橘中 CsNBS-LRR 表达水平迅速升高，在 12h 便达到最高水平，36h 后略有下降，但表达量仍较高；而晚锦橙中的 CsNBS-LRR 受 SA 诱导不明显［图 12-2（b）］。两个品种中，该基因受 MeJA 的诱导均不明显［图 12-2（c）］。

第四节 柑橘 CsNBS-LRR 正调控柑橘溃疡病抗性

为了更好地理解 CsNBS-LRR 在抗 *Xcc* 中的功能，本研究利用反向遗传学方法研究了它的功能，即构建了具有 GUS 编码序列的 CsNBS-LRR 过表达载体 pLGNe-CsNBS-LRR 并转化晚锦橙。晚锦橙转基因植株通过基因组 PCR 鉴定得到 4 个转基因植株，扩增得到大约 1.7 kb 的特征片段，而野生型植株无扩增［图 12-3（a）］。对这 4 个植株进行 GUS 染色均检测到蓝色，而野生型呈无色［图 12-3（b）］，所以这 4 株为转基因阳性苗。就其表型而言，同野生型相比，转基因植株表现出相似的生长速率和生长状态［图 12-3（c）］。这 4 个转基因植株中 CsNBS-LRR 均得到了较高水平的表达，分别为野生型的 47 倍、68 倍、62 倍和 49 倍［图 12-3（d）］。

通过针刺接种法研究了 4 株转基因柑橘对溃疡病的抗性。接菌 10 天后，各植株叶片均不同程度发病（图 12-4）；转基因植株病斑面积均小于野生型植株，其中 OE3 的病斑面积最小，仅为野生型的 73%，OE1 地病斑面积最大，为野生型的 82%；OE2 的病情指数为野生型的 75%；OE3 的为野生型的 77%，OE1 和 OE4 的病情指数分别为野生型的 88% 和 85%。说明 CsNBS-LRR 过表达在一定程度上增强了转基因柑橘对柑橘溃疡病的抗性。

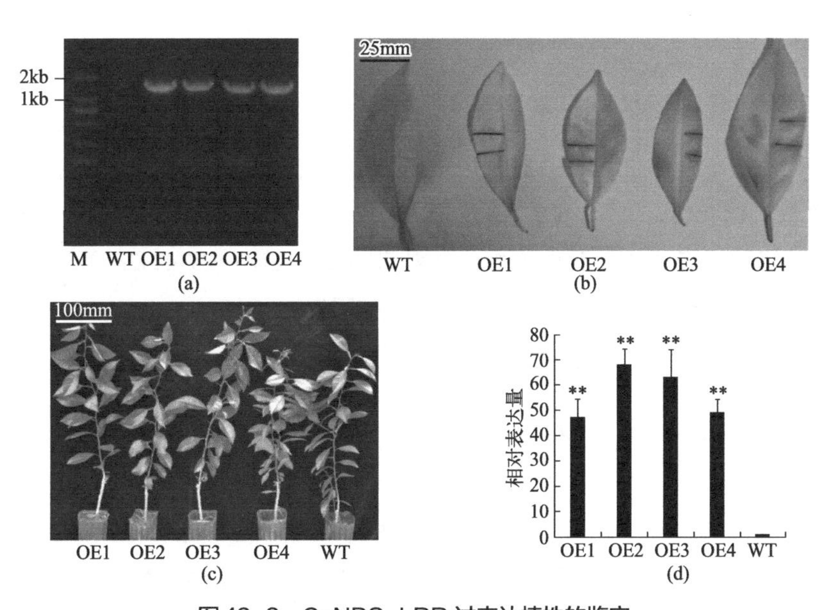

图 12-3 CsNBS-LRR 过表达植株的鉴定

（a）转基因植株的 PCR 鉴定；（b）转基因植株的 GUS 染色鉴定；（c）转基因植株的表型；（d）转基因植株中 CsNBS-LRR 的表达

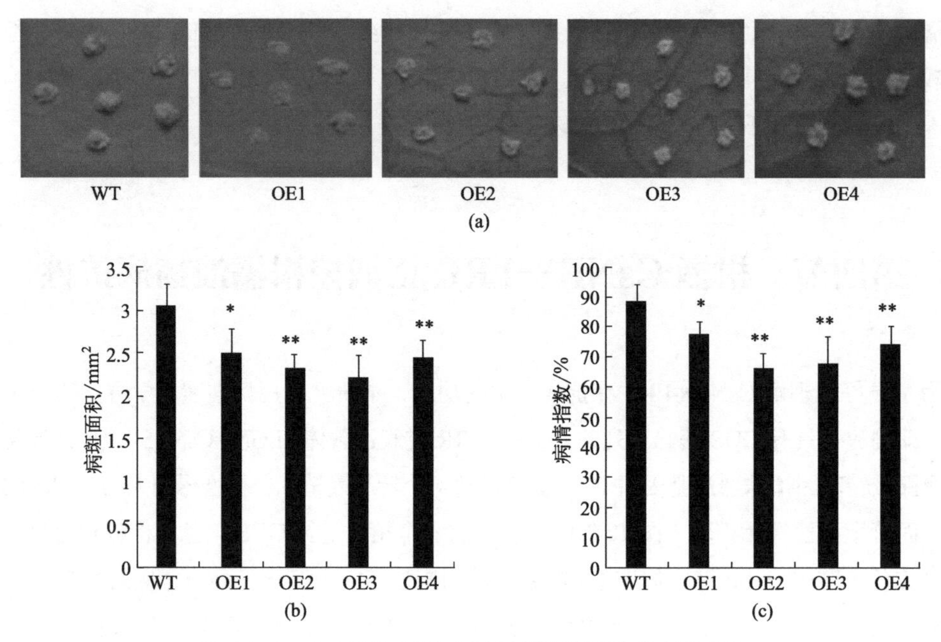

图 12-4 CsNBS-LRR 过表达增强柑橘溃疡病抗病性

（a）转基因植株溃疡病症状；（b）转基因植株病斑面积；（c）转基因植株病情指数

第五节 柑橘 CsNBS-LRR 正调控柑橘溃疡病抗性的机制

一、CsNBS-LRR 调控水杨酸和茉莉酸合成

溃疡病抗性较好的 OE2 和 OE3 植株中水杨酸（SA）增加（是 WT 的 3 倍以上），但茉莉酸（JA）含量与野生型无差异。SA 生物合成相关基因 *CsICS*（CAP：Cs5g04210）与野生型相比上调表达了约 4 倍。JA 生物合成相关基因 *CsAOS*（CAP：Cs3g24230）表达基本无差异（图 12-5）。说明 CsNBS-LRR 可以正调节 SA 合成与积累。

二、CsNBS-LRR 调控水杨酸响应基因

转基因植株中 SA 大量积累揭示 CsNBS-LRR 可能通过影响 SA 信号途径来减轻溃疡病发病程度。PR1 和 PR5 是应答 SA 信号途径中的两个抗性蛋白（Zuo，*et al.*，2015）。未受 *Xcc* 侵染时，同野生型比较，CsNBS-LRR 过表达植株中 *CsPR1*（CAP：Cs2g05870）明显上调表达、*CsPR5*（CAP：Cs3g24410）与 *CsPR1* 类似（图 12-6）。在溃疡病菌诱导下，CsNBS-LRR 过表达植株中 *CsPR1* 和 *CsPR5* 上调更加明显。上述结果表明，CsNBS-LRR 的过表达可以通过调节 SA 信号途径激活下游 *PR* 基因来提升对柑橘溃疡病的相对抗性。

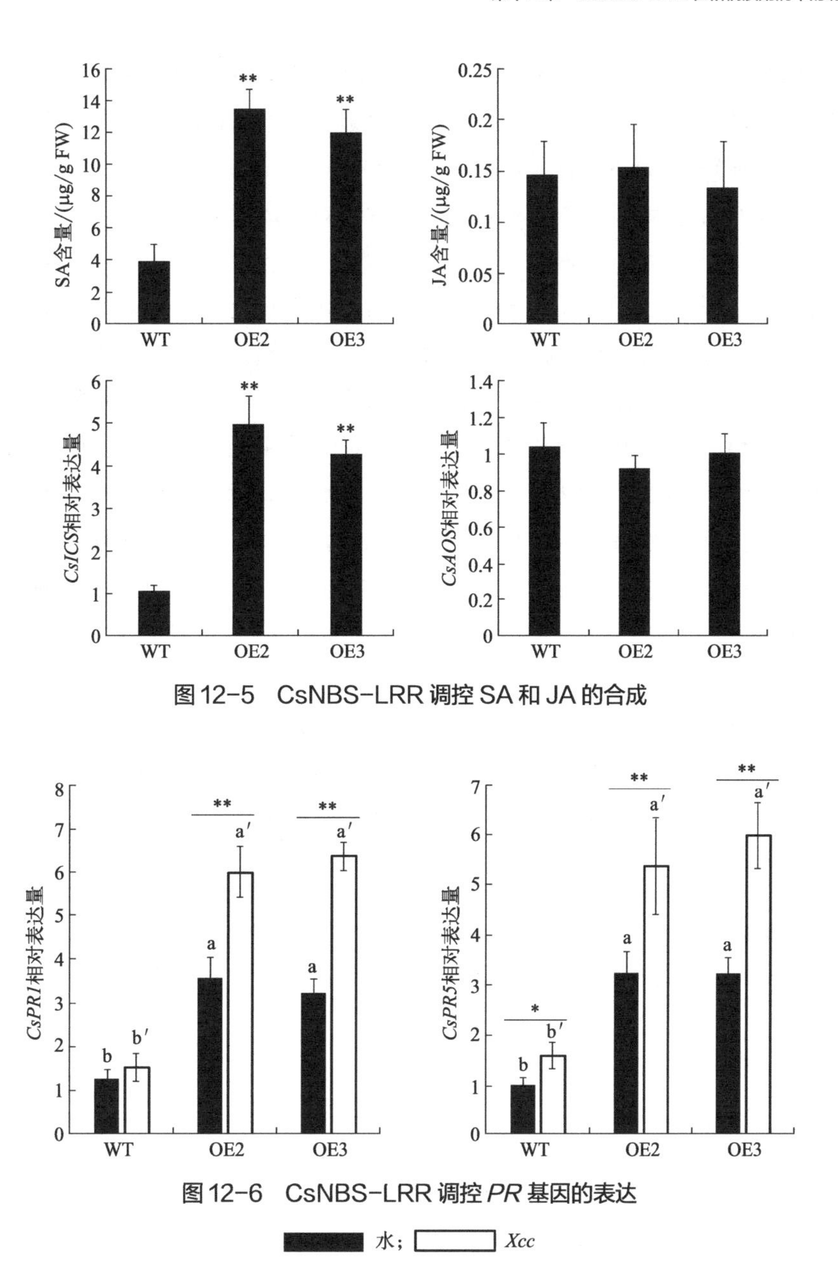

图 12-5 CsNBS-LRR 调控 SA 和 JA 的合成

图 12-6 CsNBS-LRR 调控 *PR* 基因的表达

第六节 本章小结

NBS-LRR 蛋白在病原体识别和防御反应信号转导中起重要作用。已经有许多研究关注了对微生物病原体和环境胁迫有抗性的 NBS-LRR（Xu，*et al.*，2018)。本研究中，克隆并系统地研究了甜橙中 1 个 NBS-LRR 编码基因 *CsNBS-LRR*，证明了这个受溃疡病菌诱导的 *CsNBS-LRR* 基因过表达会在一定程度上增强转基因植株对溃疡病的抗性。先前许多研究关注 NBS-LRR 类基因提高植物抗性的机理，比如玉米 *NBS-LRR* 基因 ZmNBS25 插入拟南芥后可

通过激活 *PR* 基因的表达和调控活性氧平衡提升拟南芥对丁香假单胞菌（DC3000）的抗性；ZmNBS42 可以调控 SA 的合成，通过 SA 信号途径调控某些 SA 信号通路依赖性基因的表达，进而提高拟南芥对 DC3000 的抗性（Xu，*et al.*，2018）。

柑橘中尚没有通过 NBS-LRR 类基因过表达提升对溃疡病抗性的研究。本研究中克隆了一个在低感品种中受溃疡病菌诱导表达上调且在高感品种中下调的 CsNBS-LRR 类基因，通过反向遗传学手段研究了它的功能。证明其可以在一定程度上提高柑橘对溃疡病的抗性。本研究中并没有得到对溃疡病免疫的植株，可能是由于柑橘溃疡病发生、发展的复杂性，也可能是 *CsNBS-LRR* 并非关键的抗病基因。目前亟待关键基因的挖掘、应用和多基因协同进行溃疡病抗病分子育种。以 CsNBS-LRR 转基因柑橘为研究材料分析了该基因对 SA 和 JA 合成和积累的影响，证明了 CsNBS-LRR 可以调控 SA 的生物合成和积累，该结果与 Xu 等（2018b）的研究结果类似，但 NBS-LRR 调控 SA 水平的机制尚不明确。通过对转基因植株中 SA 信号途径下游 *PR* 基因的表达分析证明了 *PR1* 和 *PR5* 均受 CsNBS-LRR 过表达的影响而上调表达。而 Xu 等（2018b）的研究中 *PR1* 表达上调，*PR5* 表达下调。这可能是因为 SA 途径在不同物种中存在差异。

总之，在甜橙中 *CsNBS-LRR* 不仅仅受 SA 的诱导，同时它又可以调控 SA 的合成和积累，并且通过 SA 信号途径调控某些 SA 信号通路依赖性 *PR* 基因的表达，提高柑橘对溃疡病的相对抗性。本研究为柑橘抗溃疡病分子育种提供了新的候选基因。

第四篇

植物 ROS 平衡调控酶系统

ROS 爆发是即时病原体识别反应的第一道防线。在植物中，高浓度的 ROS 可增强细胞壁强度并抑制病原体生长，从而通过超敏反应（HR）增强宿主对病原体的抵抗力，并通过信号分子调节下游基因表达。然而，ROS 的大量积累可能通过抑制植物生长和发育而对植物细胞产生毒性。因此，ROS 平衡需要通过抗氧化化合物和酶来维持，达到抗性和发育的平衡。本篇介绍了对柑橘的 ROS 平衡调控基因家族进行鉴定，获得与柑橘溃疡病相关的基因 *CsPrx25*、*CsGSTU18* 和 *CsGSTF1*，并研究其在柑橘溃疡病抗病中的功能和机制。

第十三章 CsPrx25在柑橘溃疡病中的功能

CⅢ过氧化物酶（CⅢ peroxidase，CⅢ Prx）是血红素结合蛋白，是在所有植物中普遍存在的大型多基因家族，其在ROS平衡调控中具有重要的作用。本章对甜橙的CⅢ Prx家族进行了综合分析，包括系统发育关系、染色体定位等分析，获得一个受溃疡病菌差异诱导的基因*CsPrx25*，对其在柑橘溃疡病抗性中的功能和机制进行了研究。

第一节 CⅢ过氧化物酶的研究背景

质外体中产生ROS爆发，包括超氧自由基（$O_2^{\cdot -}$）和H_2O_2，是即时病原体识别反应的第一道防线。在植物细胞中，ROS由细胞表面的NADPH氧化酶、CⅢ类过氧化物酶及其相关途径产生，包括光合作用、光呼吸和呼吸作用。此外，ROS清除剂与ROS生产者合作以维持ROS平衡。

CⅢ Prx是血红素结合蛋白，在所有植物中普遍表达并包含大型多基因家族。CⅢ Prx可以调节细胞壁的木质化和木栓化并参与非生物过程中的ROS和活性氮（RNS）代谢以及生物应激反应。CⅢ Prx是许多植物对真菌和细菌病原体的先天抗性的关键蛋白，可以介导被动和主动防御机制。这种介导防御的效率决定了植物对病原体侵染的易感性或抗病性。快速ROS产生是一种防御策略，可导致质外体中$O_2^{\cdot -}$和H_2O_2的产生。根据参与过氧化循环还是羟基循环的不同，CⅢ Prx分别作为ROS的生产者和清除者。在法国豆和烟草中，质外体CⅢ Prx可以产生ROS并作为共价细胞壁修饰的催化剂和细胞死亡的调节剂（Schweizer，*et al.*，2008）。基于CⅢ Prx的这些功能，越来越多的研究已经确定了这种酶与病原体攻击之间的联系，并且利用CⅢ Prx提高了宿主抗病性。Radwan的研究发现豆黄花叶病毒侵染导致蚕豆叶片中丙二醛（malonaldehyde，MDA）和H_2O_2的水平增加。在被黄花叶病毒侵染的叶子中也观察到增强的CⅢ Prx和SOD活性，这表明酶促抗氧化剂响应病原体侵染调节ROS的产生

（Radwan，*et al.*，2010）。增加植物中过氧化物酶的表达可以有效地增加植物对疾病的抵抗力。例如，HvPrx40（Johrde，*et al.*，2008）和 TaPrx10（Radwan，*et al.*，2010）的过表达增强了小麦对小麦白粉病（Wheat powdery mildew）的抗性。

第二节　柑橘 CⅢ Prx 家族分析

一、柑橘 CⅢ Prx 家族的鉴定

本研究共从甜橙基因组中注释了 72 个 CⅢ Prx，包括 59 个完整基因、3 个不完整基因和序列中不包含 Prx 基序或包含终止密码子的 10 个假基因。根据染色体定位将 72 个 CsPrx 命名为 CsPrx01 ～ CsPrx72。然而，包括假基因和部分基因在内的 61 个 CsPrx 基因未检测到任何 EST 支持（表 13-1）。

表 13-1　柑橘 CⅢ Prx 家族

名称	RedOxiBase 编号	CAP 编号	染色体位置	氨基酸数目
CsPrx01	8882	Cs1g12340	chr1（15375260—15377129）	364
CsPrx02	8892	Cs1g15010	chr1（18294080—18297330）	379
CsPrx04	1379	Cs1g18600	chr1（21579525—21581281）	334
CsPrx05	8893	Cs1g19540	chr1（22819124—22821114）	327
CsPrx06	8907	Cs1g19890	chr1（23056698—23059034）	327
CsPrx07	1374	Cs1g20230	chr1（23341276—23343370）	320
CsPrx08	8916	Cs1g21860	chr1（24647426—24649104）	318
CsPrx09	8920	Cs1g22960	chr1（25630569—25632244）	311
CsPrx10	8906	Cs1g24640	chr1（26931325—26932865）	331
CsPrx11	8919	Cs1g25930	chr1（28122253—28123729）	313
CsPrx12	1386	Cs2g03110	chr2（1357786—1360813）	335
CsPrx13	8865	Cs2g05220	chr2（2774101—2776012）	356
CsPrx15	1376	Cs2g09310	chr2（6628218—6631077）	324
CsPrx16	8884	Cs2g11900	chr2（8903883—8905174）	363
CsPrx17	8862	Cs2g15180	chr2（11983109—11991415）	378
CsPrx18	8915	Cs2g15310	chr2（12078781—12080573）	320
CsPrx19	1371	Cs2g21820	chr2（18911509—18913930）	326

续表

名称	RedOxiBase编号	CAP编号	染色体位置	氨基酸数目
CsPrx20	8908	Cs2g25450	chr2（24680776—24682614）	327
CsPrx21	8878	Cs2g28810	chr2（28386123—28388011）	328
CsPrx23	8921	Cs3g02270	chr3（1890313—1891352）	323
CsPrx24	8901	Cs3g20770	chr3（23748361—23750119）	339
CsPrx25	8898	Cs3g21730	chr3（24555950—24559647）	344
CsPrx26	8876	Cs3g25300	chr3（26982052—26984393）	346
CsPrx27	8917	Cs3g26600	chr3（27841091—27842702）	318
CsPrx28	8889	Cs4g03740	chr4（2003484—2005803）	327
CsPrx29	8887	Cs5g04960	chr5（2947472—2948792）	314
CsPrx30	8870	Cs5g04960	chr5（2947472—2948792）	406
CsPrx31	8886	Cs5g23280	chr5（26011718—26014332）	345
CsPrx32	8881	Cs5g27410	chr5（29995644—29997202）	371
CsPrx33	8873	Cs5g27420	chr5（29999868—30001459）	330
CsPrx34	8900	Cs5g32270	chr5（33624988—33626835）	339
CsPrx35	8909	Cs5g34200	chr5（35069892—35071889）	327
CsPrx36	1370	Cs6g04560	chr6（5447041—5449145）	330
CsPrx37	1382	Cs6g09680	chr6（11455201—11457667）	316
CsPrx38	8871	Cs6g20170	chr6（19763010—19764403）	343
CsPrx39	8902	Cs7g06700	chr7（3902735—3907712）	334
CsPrx40	8869	Cs7g08070	chr7（5007331—5008365）	344
CsPrx41	8883	Cs7g12370	chr7（8287099—8288785）	338
CsPrx42	8868	Cs7g13530	chr7（9416944—9418925）	330
CsPrx43	8877	Cs7g19270	chr7（15239322—15241136）	348
CsPrx44	8910	Cs7g20700	chr7（17679641—17681335）	326
CsPrx45	8866	Cs9g02030	chr9（666613—667847）	324
CsPrx46	8911	Cs9g05130	chr9（2995165—2997538）	324
CsPrx47	8912	Cs9g05140	chr9（3002093—3004078）	324
CsPrx48	8914	Cs9g16590	chr9（16075315—16076685）	321
CsPrx49	8899	orange1.1t01747	chrun（27932180—27933446）	339
CsPrx50	8904	orange1.1t02033	chrun（32146097—32148638）	333

续表

名称	RedOxiBase 编号	CAP 编号	染色体位置	氨基酸数目
CsPrx51	8888	orange1.1t02038	chrun（32181455—32185789）	390
CsPrx52	8894	orange1.1t02040	chrun（32206807—32209717）	351
CsPrx53	1378	orange1.1t02041	chrun（32211083—32214193）	349
CsPrx54	8896	orange1.1t02043	chrun（32239166—32241922）	350
CsPrx55	8890	orange1.1t02044	chrun（32247294—32250519）	322
CsPrx56	1380	orange1.1t02045	chrun（32251697—32254588）	350
CsPrx57	1373	orange1.1t02046	chrun（32259351—32262331）	351
CsPrx58	8872	orange1.1t02059	chrun（32353877—32356241）	329
CsPrx59	8903	orange1.1t02225	chrun（33909775—33911145）	333
CsPrx60	8863	orange1.1t03236	chrun（49914368—49915960）	361
CsPrx61	14617	N/A	chrun（70344323—70345610）	350
CsPrx62	1372	N/A	N/A	350
CsPrx03	8864	Cs1g15180	chr1（18408969—18412032）	N/A①
CsPrx14	8867	Cs2g09200	chr2（6426151—643440）	N/A
CsPrx[P]22	10046	Cs3g02160	chr3（1729215—1730688）	N/A
CsPrx63	8879	N/A	N/A	N/A
CsPrx[P]64	8875	N/A	N/A	N/A
CsPrx[P]65	8922	N/A	N/A	N/A
CsPrx[P]66	8923	N/A	N/A	N/A
CsPrx[P]67	8924	N/A	N/A	N/A
CsPrx[P]68	8925	N/A	N/A	N/A
CsPrx[P]69	8926	N/A	N/A	N/A
CsPrx[P]70	8927	N/A	N/A	N/A
CsPrx[P]71	8928	N/A	N/A	N/A
CsPrx[P]72	10045	N/A	N/A	N/A

①数据不可用。

二、柑橘 CⅢ Prx 家族的系统发育

通过系统发育分析，来自三种生物的 CⅢ Prx 分为 22 个亚科（图 13-1），命名为进化枝 1 ～ 22（C1 ～ C22）。从系统发育树中，我们发现了物种特定的进化支，例如 C19（一个非拟

南芥进化支）和 C22（一个非柑橘进化支）。在共同进化支中，三种生物的 CⅢ Prx 的代表性并不相同。例如，C3 包含 17 个 PtPrx，但只有 5 个 CsPrx 和 5 个 AtPrx。这说明了一个假设，即在杨树（*P. trichocarpa*）分化后发生了 CⅢ Prx 基因的快速复制，使得杨树中的 CⅢ Prx 家族发生了爆发。

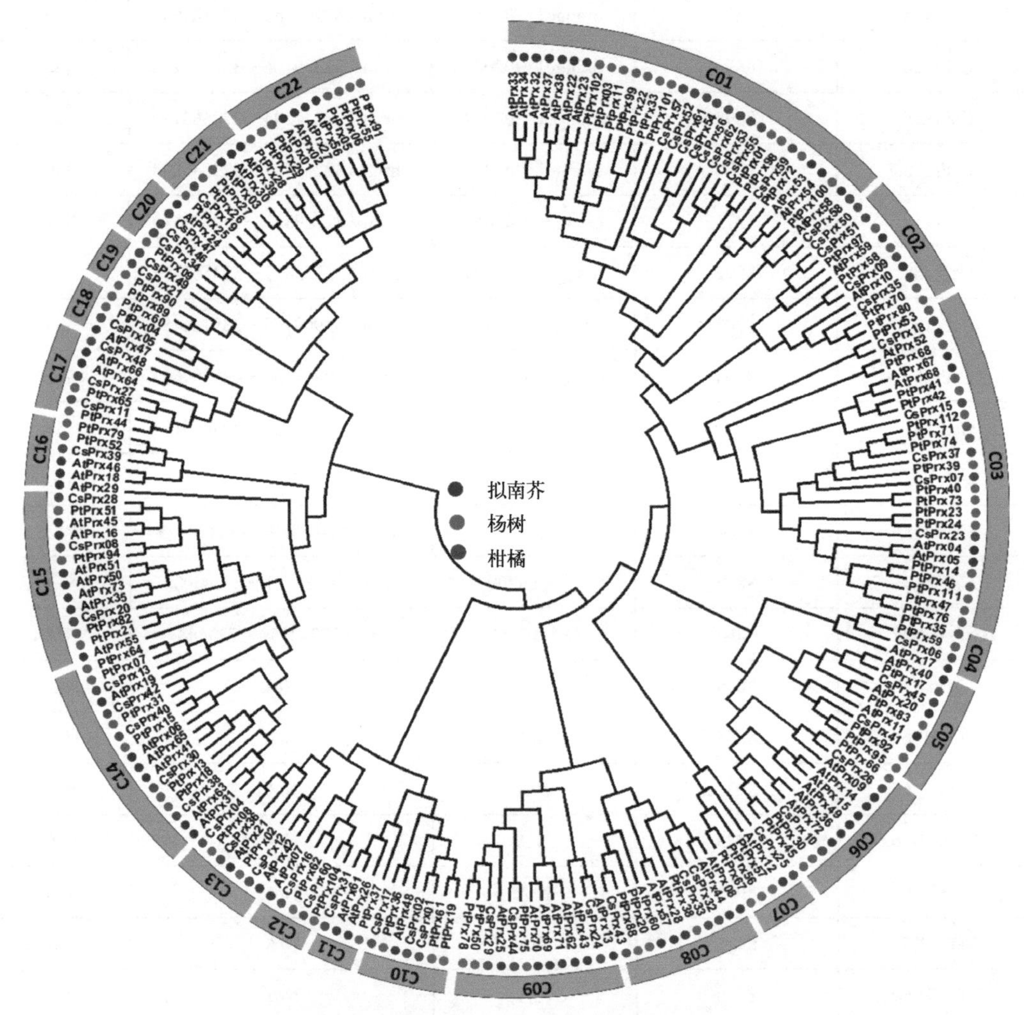

图 13-1 柑橘 CⅢ Prx 家族的系统发育

（扫封底或勒口处二维码看彩图）

三、柑橘 CⅢ Prx 家族的染色体定位

CsPrx 在甜橙（*C. sinensis*）基因组中的位置分布在除 8 号染色体之外的 9 条染色体中（图 13-2）。除染色体 Un（未组装支架）外，位于 1 号染色体的 CsPrx 数量最多（11 个），其次是 2 号染色体（10 个）和 5 号染色体（7 个）。相比之下，4 号染色体上只有一个 CsPrx。CsPrx 分布的密度也有所不同，1 号染色体的 CsPrx 基因密度最高（0.38/Mb），其次是 2 号染色体（0.32/Mb）。此外，CsPrx 基因的分布并不均匀，在染色体的某些区域发现了较高密度的 CsPrx，如 1 号染色体底部。这种不均匀分布使得 CsPrx 在一些染色体上成为“热点”。为了

进一步了解CsPrx基因是如何进化的，在甜橙中研究了基因重复事件。研究发现了18对重复排列，其中有3对片段重复（SD）、4对串联重复（TD）和11对全基因组重复（WGD）。这些结果有力地表明WGD对甜橙CⅢ Prx家族的扩大做出了主要贡献。在以往对梨CⅢ Prx的研究中，主要贡献者是串联重复和片段重复（Cao，*et al.*，2016）。

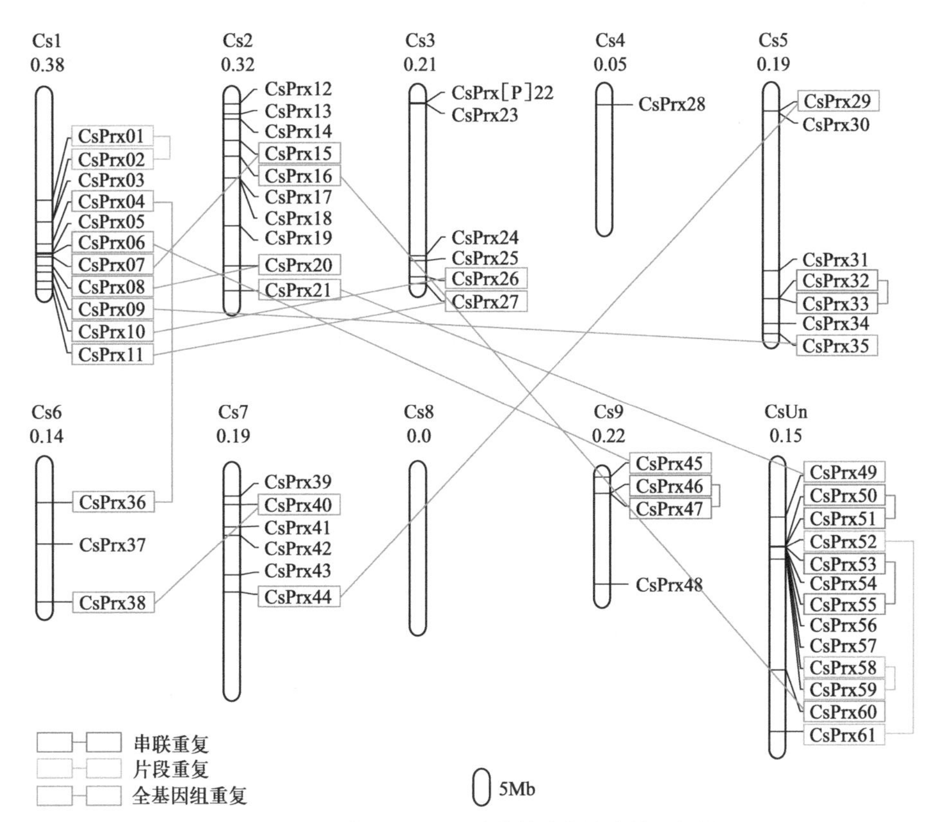

图13-2 柑橘CⅢ Prx家族的染色体定位和复制

（扫封底或勒口处二维码看彩图）

第三节 柑橘CⅢ Prx家族的生物信息学特征

CsPrx25是一个含有344个残基的CⅢ Prx（分子量：38.06kDa；等电点：8.55），存在于甜橙的3号染色体上［图13-3（a）］，它具有两个内含子（分别为1515bp和659bp）［图13-3（b）］。CsPrx25的N端包含一个由27个氨基酸组成的信号肽，这是蛋白质正确运输到质外体所必需的引导信号。在整个序列中，检测到八个半胱氨酸残基（C1～C8）［图13-3（c）］，它们总共形成四个二硫键，可以使该蛋白质保持热稳定性。这四个二硫键结构几乎在所有植物CⅢ Prx中都可以检测到。三维结构还表明，形成二硫键的半胱氨酸彼此靠近［图13-3（d）］。为了研究生物体之间CⅢ Prx的进化场景，评估了CⅢ Prx直系同源物的系统发育，并发现了 CsPrx25 和 AtPrx12 之间的密切关系［图 13-3（e）］。

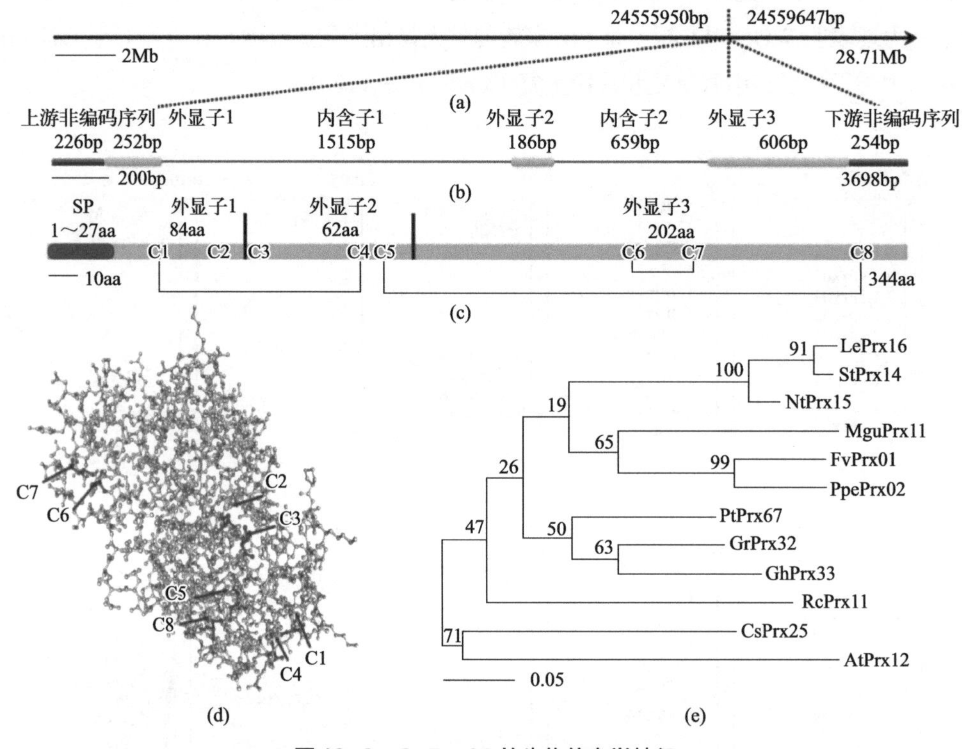

图 13-3 CsPrx25 的生物信息学特征

（a）CsPrx25 的染色体定位；（b）CsPrx25 的基因结构；（c）CsPrx25 的信号肽和半胱氨酸（C1 ～ C8）；

（d）CsPrx25 的三维结构，半胱氨酸残基用红色箭头和 C1 ～ C8 标记；

（e）CsPrx25 及其在几种生物体中的直系同源基因系统发育

（扫封底或勒口处二维码看彩图）

第四节 CsPrx25 的表达特征

一、CsPrx25 定位于质外体

构建瞬时表达载体以验证 CsPrx25 的亚细胞定位。相对于对照，在质壁分离之前和之后都观察到细胞质和细胞核荧光［图 13-4（a）］。在洋葱表皮细胞中，CsPrx25-GFP 显示主要在细胞表面表达［图 13-4（b）］，证实 CsPrx25 定位于质外体。

二、CsPrx25 受溃疡病的诱导表达模式

在四季橘中，CsPrx25 被 *Xcc* 上调，在 36h 时观察到最高表达。晚锦橙中 CsPrx25 对 *Xcc* 侵染几乎没有响应（图 13-5）。因此，CsPrx25 可能是一个 *Xcc* 的抗性基因。

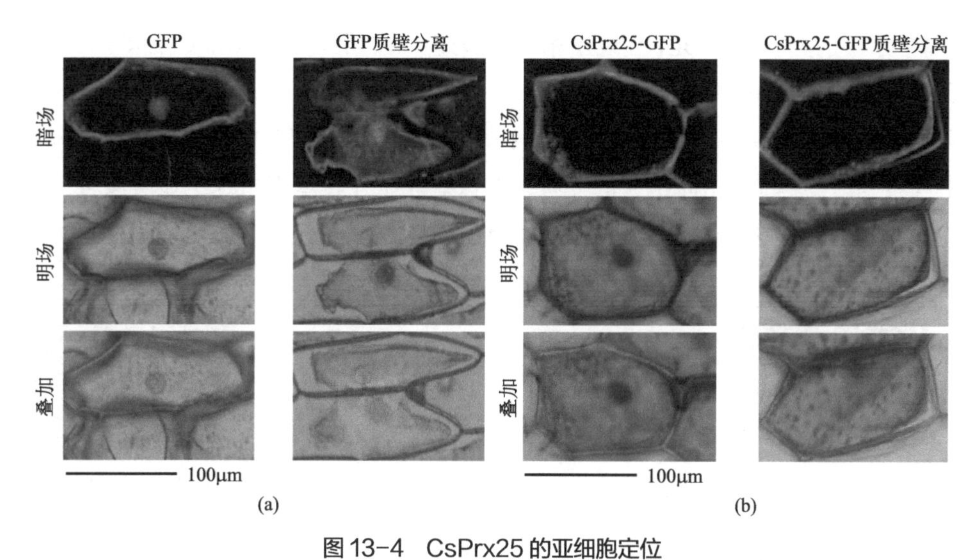

图 13-4 CsPrx25 的亚细胞定位

（a）GFP 的瞬时表达；（b）CsPrx25-GFP 融合蛋白的瞬时表达

（扫封底或勒口处二维码看彩图）

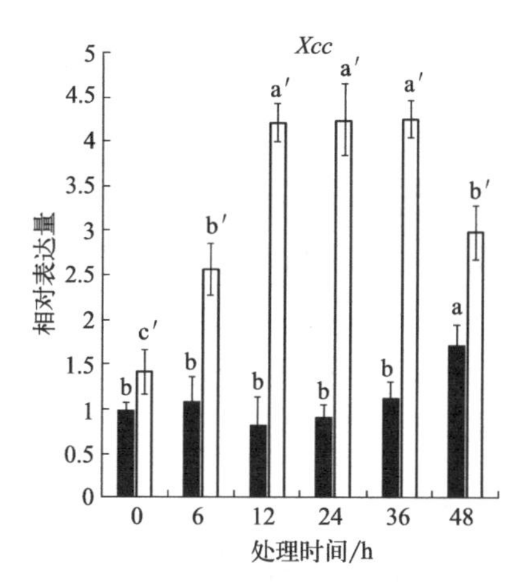

图 13-5 *Xcc* 对 CsPrx25 的诱导表达

晚锦橙；四季橘

第五节 CsPrx25 正调控柑橘溃疡病抗性

构建 CsPrx25 过表达载体并转化晚锦橙。通过 qRT-PCR、GUS 测定和 Southern 印迹证实了成功整合 CsPrx25 的四个 CsPrx25 过表达植株 1 ～ 4（OE1 ～ OE4）的产生［图 13-6（a）～（c）］。转基因植株都表达高水平的 CsPrx25（分别是 WT 的 550 倍、589 倍、401 倍和 395 倍）［图 13-6（d）］。与 WT 系相比，四个转基因系显示出正常的生长速率［图 13-6（e）］。与 WT 相比，过表达植株症状较轻［图 13-6（f）］。与 WT 相比，OE2 表现出较小的病斑（WT 水平的 45.8%），OE1 表现出相当的病斑（WT 水平的 47.0%），而 OE3 和 OE4 表现出更大的病斑（WT 水平的 65.8% 和 68.8%）［图 13-6（g）］。与野生型植物相比转基因植株的病情指数降低了 29.2%（OE3）至 50.7%（OE2）［图 13-6（h）］。注射法抗性评价，WT 植株中观察到溃疡病（包括脓疱）的症状，但这些症状在转基因植株中显著减轻［图 13-6（i）］。因此得出结论，CsPrx25 过表达增强了溃疡病抗性。

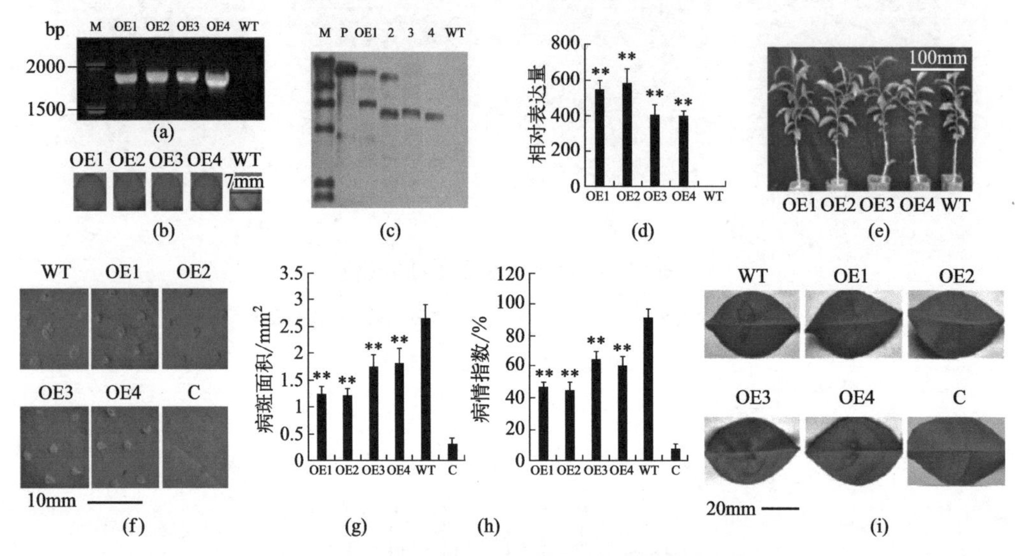

图 13-6 CsPrx25 过表达增强柑橘溃疡病抗性

（a）转基因植株的 PCR 鉴定；（b）转基因植株的 GUS 染色鉴定；（c）转基因植株的 Southern 印迹鉴定；（d）转基因植株的 CsPrx25 表达水平；（e）转基因植株表型；（f）转基因植株的溃疡病症状；（g）转基因植株病斑面积；（h）转基因植株病情指数；（i）转基因植株注射法接种症状

第六节 CsPrx25 正调控柑橘溃疡病抗性的机制

一、CsPrx25 调控酶促抗氧化系统

为了评估 CsPrx25 过表达介导的 *Xcc* 抗性后抗氧化系统的变化，将这些转基因植株的抗氧化系统（CⅢ Prx、SOD、CAT 和 GST）进行了检测。发现 CⅢ Prx 和 SOD 的活性都被 CsPrx25 的过表达明显上调［图 13-7（a）（b）］，转基因植株中 CAT 的活性被下调［图 13-7（c）］，CsPrx25 的过表达不影响 GST 的活性［图 13-7（d）］。

二、CsPrx25 调控活性氧平衡

为了确认 ROS 平衡是否参与 CsPrx25 介导的 *Xcc* 抗性，评估了转基因植株中 H_2O_2 和 $O_2^{\cdot -}$ 的水平。我们在过表达植株中检测到更高水平的 H_2O_2。有趣的是，*Xcc* 侵染没有显著改

变 WT 中的 H_2O_2 水平，但增加了过表达植株中的 H_2O_2 水平［图 13-8（a）］。这一发现表明，CsPrx25 过表达不仅增加了 H_2O_2 的水平，而且还逆转了 *Xcc* 侵染期间 H_2O_2 的诱导模式。$O_2^{\cdot-}$ 的水平也随着 CsPrx25 过表达而增加［图 13-8（b）］。丙二醛（MDA）是细胞膜受到脂质过氧化的最终产物，转基因和 WT 的光谱分析显示 MDA 水平升高，这些水平在响应 *Xcc* 侵染时适度降低［图 13-8（c）］，这表明转基因植株和 WT 中 *Xcc* 侵染后的损伤水平较低。因为 CsPrx25 过表达调节 H_2O_2 调节，所以直接的问题是转基因植株中的 HR 是否也发生了改变。为了研究 CsPrx25 诱导的 CBC 抗性增加与 HR 之间的关系，我们评估了 *Xcc* 侵染前后转基因植株的 HR 标记基因的表达模式，发现在 *Xcc* 侵染的转基因植株中 HR 标记基因 CsHSR203 表达显著上调，但在侵染 *Xcc* 的 WT 中仅适度增加，在没有 *Xcc* 侵染的情况下，在转基因植株和 WT 之间没有观察到 CsHSR203 表达的明显变化［图 13-8（d）］。因此得出结论，转基因植株对 *Xcc* 侵染后的 HR 更敏感，这增加了转基因植株对 CBC 的早期抗性。

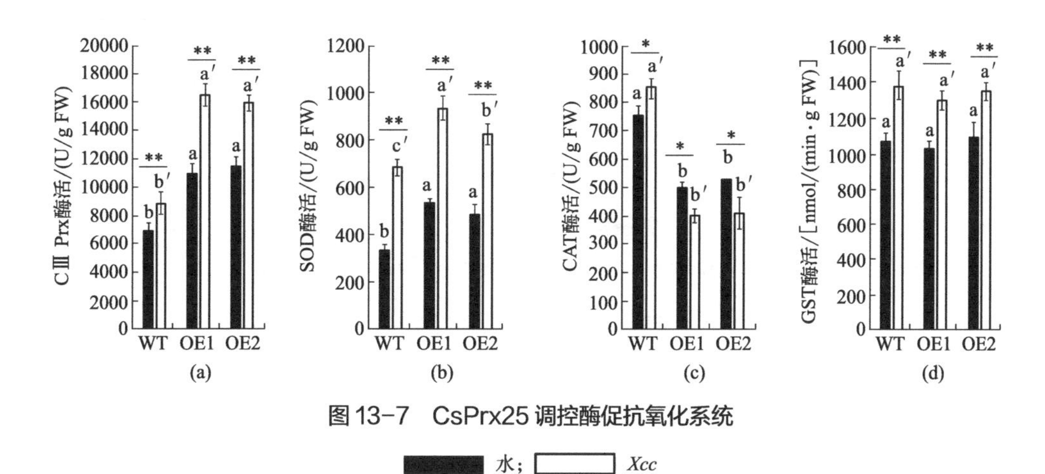

图 13-7　CsPrx25 调控酶促抗氧化系统

水；*Xcc*

（a）转基因植株的 CⅢ Prx 活性；（b）转基因植株的 SOD 活性；

（c）转基因植株的 CAT 活性；（d）转基因植株的 GST 活性

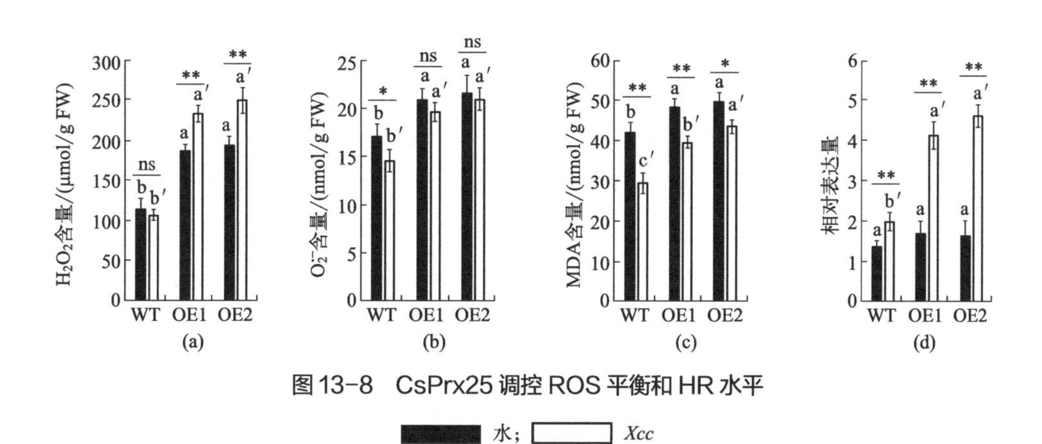

图 13-8　CsPrx25 调控 ROS 平衡和 HR 水平

水；*Xcc*

（a）转基因植株的 H_2O_2 含量；（b）转基因植株的 $O_2^{\cdot-}$ 含量；

（c）转基因植株的 MDA 含量；（d）转基因植株的 CsHSR203 的表达水平

三、CsPrx25 调控木质化

CsPrx25 过表达木质素生物合成基因，即羟基肉桂酰转移酶（CsHCT，CAPID：Cs1g14450）、肉桂醇脱氢酶（CsCAD，CAPID：Cs1g20590）和咖啡酰辅酶 A-*O*- 甲基转移酶（CsCCoAOMT，CAPID：Cs134g）的转录水平升高［图 13-9（a）～（c）］。这些发现表明 CsPrx25 在木质素生物合成中的功能。与 WT 相比，转基因植株显示出更高的木质化水平［图 13-9（d）］。因此，CsPrx25 在其生物合成过程中的木质素聚合中有着重要的作用，其通过增强的木质化提高柑橘对溃疡病的抗性。

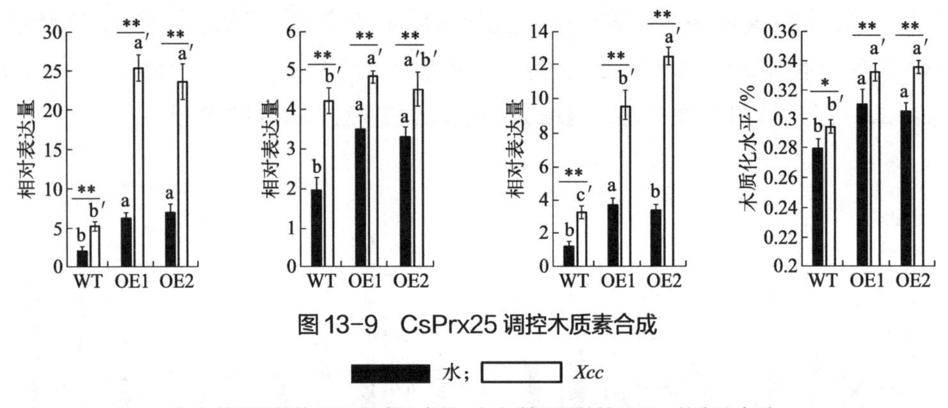

图 13-9　CsPrx25 调控木质素合成

（a）转基因植株 HCT 的表达水平；（b）转基因植株 CAD6 的表达水平；
（c）转基因植株 CCoAOMT 的表达水平；（d）转基因植株的木质化水平

第七节　本章小结

CⅢ Prx 属于植物特异性多基因家族，可促进植物的抗病性、木质化、细胞壁的灵活性和木栓化。在甜橙中，已鉴定出 72 个 CⅢ Prx。在 CBC 抗性和 CBC 易感品种中，CsPrx25 表现出不同的表达模式，这暗示其在 CBC 发生过程中的重要作用。我们使用过表达策略探索了其功能作用，发现 CsPrx25 强烈赋予转基因植株 CBC 抗性。活性氧爆发，尤其是 H_2O_2 和 $O_2^{\cdot-}$ 的产生，是植物细胞对病原体侵染的先天反应（Almagro，*et al.*，2009）。作为植物中 ROS 平衡的关键酶，CⅢ Prxs 具有多种功能，并被提议作为细胞外 H_2O_2 和 $O_2^{\cdot-}$ 水平的关键调节者。我们探索了 CsPrx25 的分子机制，发现 CsPrx25 过表达增强了 CⅢ Prx 活性并导致 H_2O_2 和 $O_2^{\cdot-}$ 含量以及 HR 水平升高。HR 导致受侵染组织的快速和局部坏死，从而防止侵染扩散（Pontier，*et al.*，1998）。

转基因植株中木质素的水平也高于 WT 植株，并且一些木质素生物合成基因在转基因植株中的表达更高。基于这些结果，我们提出了一个模型来解释四季橘和 CsPrx25 过表达晚锦橙如何获得 CBC 抗性（图 13-10）。在四季橘中，*Xcc* 侵染提高了 CsPrx25 的水平，这种作用

提高了 H_2O_2 水平和 HR 敏感性并诱导木质化，导致 CBC 抗性。CsPrx25 在 CBC 易感晚锦橙中的过表达建立了较高的 H_2O_2 和 HR 水平以响应 *Xcc* 侵染。在转基因植株中，CsPrx25 过表达还增强了木质素生物合成，加强了 *Xcc* 侵染的质外体屏障。通过这两种机制，CsPrx25 促进 CBC 抗性。

CsPrx25 对 ROS 水平的调节和改善 HR 敏感性的变化是转基因柑橘对 CBC 产生抗性的主要机制。尽管 CsPrx25 过表达大大提高了晚锦橙对 CBC 的抗性，但过表达 CsPrx25 的晚锦橙细胞仍不如四季橘的抗性强，这可能是由于四季橘还具有其他机制来维持更高水平的 CBC 抗性。无论如何，这项研究探索了 CⅢ Prxs 在 CBC 抗性中机制的新见解，为培育 CBC 抗性柑橘提供了候选基因。

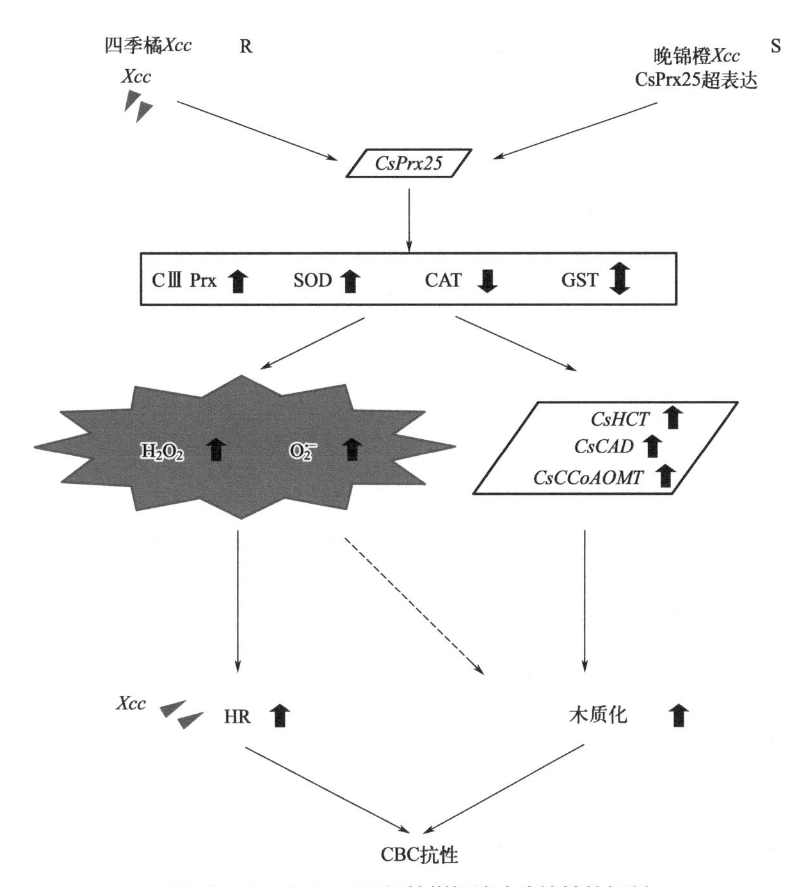

图 13-10 CsPrx25 调控柑橘溃疡病抗性的机制

第十四章

CsGSTU18 和 CsGSTF1 在柑橘溃疡病中的功能

谷胱甘肽巯基转移酶（glutathione-*S*-transferase，GST）是一种普遍存在的具有多功能的超家族蛋白，在植物初 / 次生代谢、逆境胁迫、胞间信号传递等方面具有重要作用。本章对柑橘 GST 基因家族进行了鉴定和生物信息学分析，并分析其受溃疡病菌侵染和激素的诱导表达模式。本章还研究了两个与柑橘溃疡病相关的 CsGSTU18 和 CsGSTF1 在柑橘抗、感溃疡病中的功能和机制。

第一节　谷胱甘肽 -*S*- 转移酶的研究背景

谷胱甘肽巯基转移酶又称谷胱甘肽 -*S*- 转移酶，普遍存在于动物、植物和微生物中，是一类由多个基因编码、具有多种功能的超家族酶。根据植物蛋白质的同源性和基因结构特征，GST 家族分为 F（Phi）、U（Tau）、T（Theta）、Z（Zeta）、L（Lambda）、DHAR、EF1Bγ 和 TCHQD 共 8 个亚家族（Jain，*et al.*，2010）。其中 F 族和 U 族是植物所特有的，与其他亚家族相比，其成员最多，含量也最为丰富。可溶性的 GST 主要分布于细胞质中，少数分布在叶绿体、微体中，也有少量存在于细胞核和质外体中。植物 GST 蛋白已先后在玉米、拟南芥、大豆、水稻、烟草等植物中相继被发现。

结构研究表明，GST 是一种球状二聚体蛋白，一般通过 25 ～ 27 kDa 的 2 条亚基以同源或异源的方式聚合而成，每个亚基又含有 2 个空间结构不同的基本结构域，即位于 N 端的谷胱甘肽（glutathione，GSH）结合位点（G 位点）和位于 C 端的连接 H 离子的作用位点（H 位点）（Edwards，*et al.*，2000）。GST 对底物的特异选择性主要取决于这两个功能结构域，G 位点决定 GST 的种类，H 位点主要影响 GST 与底物的亲和力，G、H 结构域的不同决定了 GST 结构和功能的不同。

目前的研究表明，GST 主要具有以下几个生物学功能。①解毒功能。GST 在植物体内能够催化诱导某些有害物质（内源或外来）与谷胱甘肽结合，从而降低或消除有害物质的毒性。②代谢物跨膜运输。葡萄的 VvGST3、VvGST4 具有转运原花青素和花青素的功能（Pérez-Díaz，*et al.*，2016）。③提高植物的抗胁迫能力。GST 利用 GSH 作为电子供体亲核攻击过氧化物，降低氧化损伤。转大豆 GmGSTL1 的拟南芥能够缓解盐胁迫症状（Chan，*et al.*，2014）；拟南芥的 AtGSTT2 可以激活植物的系统获得性抗性，增强对生物胁迫的抗性（Zeeshan，*et al.*，2018）。④参与植物的生长发育。GST 与植物的生长发育密切相关，细胞分裂素、生长素等激素调控 Tau 类 GST 表达，进而在植物的生长和发育过程中发挥至关重要的作用（Jepson，*et al.*，1994）。⑤参与细胞信号转导。GST 作为胁迫信号蛋白参与信号转导，对细胞进行调控（Loyall，*et al.*，2000）。目前尚无对柑橘中 GST 家族鉴定和分析以及 GST 在柑橘溃疡病中的功能的研究。

第二节 柑橘 GST 家族分析

一、柑橘 GST 家族的鉴定

从柑橘 GST 家族中共鉴定到 69 个成员。根据 GST 亚类和染色体定位进行命名并分析了柑橘 GST 的理化特征，具体可参见表 14-1。

表 14-1 柑橘 GST 家族

名称	CAP 编号	染色体	染色体定位	正负链	编码框长度	蛋白质			外显子数
						氨基酸数目	分子量 / kDa	等电点	
CsGTSU1	Cs1g08610.1	chr1	9371778—9372948	F	663	220	24.95	5.69	2
CsTCHQD1	Cs2g11070.1	chr2	8315696—8318889	R	1062	353	40.59	7.55	6
CsGSTZ1	Cs3g01150.1	chr3	190858—195629	F	642	213	23.87	7.57	10
CsGSTZ2	Cs3g01240.1	chr3	264727—268557	F	642	213	23.97	4.92	10
CsGSTU2	Cs3g17620.1	chr3	21314603—21316727	F	672	223	25.19	6.37	2
CsTCHQD2	Cs3g20220.1	chr3	23298767—23301681	R	807	268	31.95	9.51	2
CsTCHQD3	Cs3g26430.1	chr3	27734799—27738279	F	1239	412	46.32	9.88	7
CsGSTF1	Cs3g26760.1	chr3	27945446—27946977	F	669	222	24.88	6.92	3
CsGSTT1	Cs5g03810.1	chr5	2074324—2077078	R	747	248	27.66	9.12	7
CsGSTT2	Cs5g03820.1	chr5	2077726—2081055	R	762	253	28.45	9.61	7

续表

名称	CAP 编号	染色体	染色体定位	正负链	编码框长度	蛋白质			外显子数
						氨基酸数目	分子量 / kDa	等电点	
CsGSTU3	Cs5g03900.1	chr5	2153881—2156437	R	1302	433	49.62	6.21	4
CsGSTU4	Cs5g15160.1	chr5	13197108—13198979	R	663	220	25.60	6.53	2
CsGSTU5	Cs5g15170.1	chr5	13204721—13206570	R	654	217	24.96	6.79	2
CsGSTU6	Cs5g15190.1	chr5	13251596—13253670	R	663	220	25.56	7.83	2
CsDHAR1	Cs5g17830.1	chr5	17914758—17918863	R	1272	423	47.89	6.8	7
CsTCHQD4	Cs5g29140.1	chr5	31333763—31337965	R	1248	415	46.17	8.2	3
CsGSTF2	Cs5g32780.1	chr5	33983513—33984620	F	663	220	24.61	6.09	3
CsGSTF3	Cs5g32790.1	chr5	33988842—33991374	F	1743	580	62.78	4.39	5
CsGSTF4	Cs5g32800.1	chr5	34000073—34001476	F	645	214	23.83	6.63	3
CsGSTU7	Cs5g34430.1	chr5	35269030—35271655	R	1311	436	50.21	5.3	4
CsGSTL1	Cs6g03820.1	chr6	4307934—4310546	F	711	236	26.99	4.9	9
CsGSTL2	Cs6g03830.1	chr6	4311433—4314534	F	633	210	23.74	4.42	9
CsGSTL3	Cs6g03850.1	chr6	4323106—4326471	F	711	236	26.80	5.19	10
CsGSTU8	Cs6g07240.1	chr6	9104311—9105336	F	666	221	25.74	5.46	2
CsGSTU9	Cs6g07260.1	chr6	9118753—9119498	F	660	219	25.58	6.37	2
CsTCHQD5	Cs6g14550.1	chr6	15719912—15725044	R	1017	338	37.50	9.17	12
CsGSTF5	Cs6g15900.1	chr6	16880339—16881777	F	645	214	24.26	7.21	3
CsDHAR2	Cs6g17520.1	chr6	17990377—17994133	R	792	263	29.23	8.84	6
CsGSTU10	Cs7g04580.1	chr7	2323996—2325857	R	681	226	25.00	5.46	2
CsGSTU11	Cs7g04600.1	chr7	2331850—2333317	R	699	232	25.58	5.92	2
CsGSTU12	Cs7g14120.1	chr7	9896386—9897523	F	768	255	28.70	8.21	3
CsGSTU13	Cs7g14180.1	chr7	9969323—9970495	F	801	266	29.80	4.98	3
CsGSTU14	Cs7g14300.1	chr7	10083248—10083874	F	570	189	21.43	8.76	2
CsGSTU15	Cs7g15760.1	chr7	11298645—11299713	F	681	226	25.78	5.94	2
CsGSTU16	Cs7g15770.1	chr7	11302256—11303360	F	669	222	25.48	6.31	2
CsGSTU17	Cs7g15790.1	chr7	11308716—11310214	R	672	223	25.71	6.38	2
CsGSTF6	Cs7g17630.1	chr7	13491324—13492694	R	501	166	19.33	6.13	2
CsGSTF7	Cs7g18550.1	chr7	14330013—14332111	R	639	212	24.58	6.37	3
CsGSTF8	Cs7g18560.1	chr7	14341193—14342600	R	654	217	25.12	6.37	3
CsGSTL4	Cs7g27960.1	chr7	28633458—28636101	R	900	299	33.80	7.87	10

续表

名称	CAP 编号	染色体	染色体定位	正负链	编码框长度	蛋白质			外显子数
						氨基酸数目	分子量 / kDa	等电点	
CsDHAR3	Cs7g28340.1	chr7	28901810—28904822	F	645	214	23.85	6.63	6
CsGSTU18	Cs8g19380.1	chr8	21615861—21617129	F	675	224	25.33	6.81	2
CsGSTU19	Cs8g19390.1	chr8	21617472—21618995	F	453	150	17.42	4.91	2
CsGSTU20	Cs8g19400.1	chr8	21620847—21622433	R	672	223	25.85	5.09	2
CsGSTF9	Cs9g04550.1	chr9	2526514—2528047	R	639	212	23.75	6.41	3
CsGSTU21	Cs9g10400.1	chr9	7709703—7710829	R	708	235	27.58	5.52	2
CsGSTU22	Cs9g10410.1	chr9	7714093—7715403	R	687	228	26.68	5.11	2
CsGSTU23	Cs9g10420.1	chr9	7715803—7717943	R	561	186	21.56	5.72	2
CsGSTU24	Cs9g10430.1	chr9	7719408—7721409	R	687	228	26.25	5.46	2
CsGSTU25	Cs9g10440.1	chr9	7724818—7726548	R	687	228	25.90	5.4	2
CsGSTU26	Cs9g10450.1	chr9	7728636—7730105	F	687	228	26.50	4.94	2
CsTCHQD6	orange1.1t00097.1	chrUn	2100467—2105393	R	963	320	35.55	9.39	6
CsGSTZ3	orange1.1t00238.1	chrUn	4424223—4428334	R	705	234	26.44	4.56	9
CsGSTU27	orange1.1t03452.1	chrUn	52977410—52978470	F	402	133	15.20	5.63	1
CsGSTU28	orange1.1t03455.1	chrUn	53006169—53007474	F	672	223	25.54	7.27	2
CsGSTU29	orange1.1t03456.1	chrUn	53014733—53016624	F	465	154	18.02	5.08	2
CsGSTU30	orange1.1t03462.1	chrUn	53054903—53057483	F	666	221	25.59	7.75	2
CsGSTU31	orange1.1t03605.1	chrUn	55341328—55342881	R	663	220	25.66	5.73	2
CsGSTU32	orange1.1t03610.1	chrUn	55413120—55414259	R	417	138	15.84	6.34	1
CsGSTU33	orange1.1t03618.1	chrUn	55506030—55507938	F	672	223	25.94	6.52	2
CsGSTU34	orange1.1t03624.1	chrUn	55550023—55551770	F	396	131	15.09	5.7	1
CsGSTU35	orange1.1t05889.1	chrUn	55619835—55621705	F	735	244	28.19	6.92	2
CsGSTU36	orange1.1t03630.1	chrUn	55642830—55643541	F	603	200	23.48	10.02	1
CsGSTU37	orange1.1t05890.1	chrUn	55644198—55645601	F	618	205	23.76	4.76	2
CsGSTU38	orange1.1t03632.1	chrUn	55663612—55665286	F	666	221	25.16	6.52	2
CsDHAR4	orange1.1t03730.1	chrUn	57179130—57182480	F	1260	419	47.66	6.21	7
CsGSTU39	orange1.1t04722.1	chrUn	75121185—75121707	R	447	148	16.78	4.58	2
CsGSTU40	orange1.1t04724.1	chrUn	75141259—75142151	R	429	142	15.88	7.21	2
CsGSTU41	orange1.1t04916.1	chrUn	78744251—78745067	R	666	221	25.09	7	2

二、柑橘 GST 家族的系统发育

系统发育分析显示，柑橘 GST 家族可聚为 7 个亚家族，其成员中有 DHAR 亚家族 4 个、F 亚家族 9 个、L 亚家族 4 个、T 亚家族 2 个、U 亚家族 41 个、Z 亚家族 3 个、TCHQD 亚家族6个（图 14-1）。每个亚家族的大小与拟南芥中各亚家族的大小相似，即U 亚家族成员最多，F 亚家族次之。每个亚家族中均包含两个物种的 GST 成员，没有出现物种特异的亚家族。

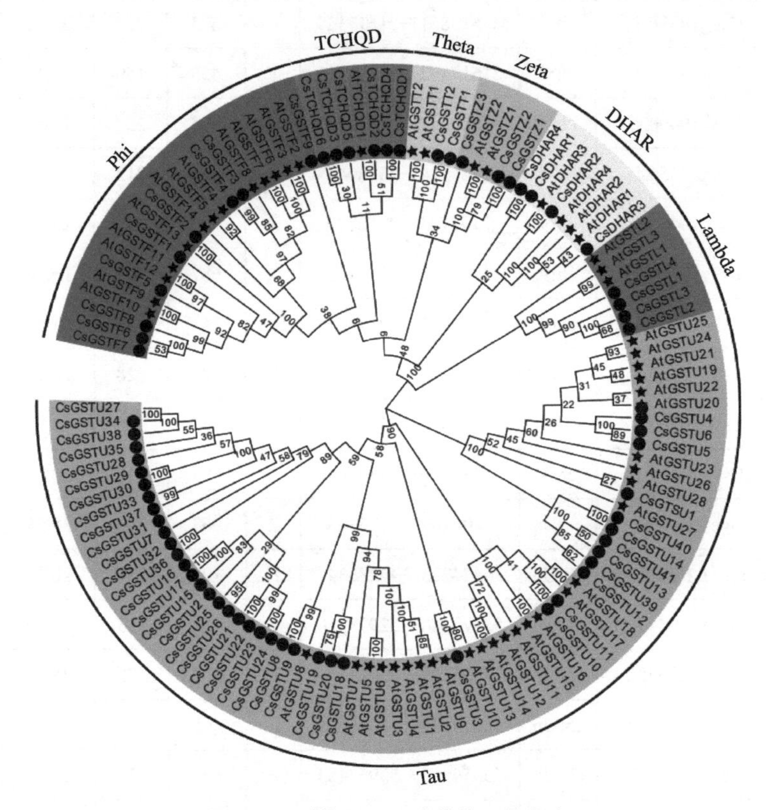

图 14-1 柑橘 GST 家族的系统发育

三、柑橘 GST 家族的染色体定位

柑橘 GST 家族成员分布在除了 4 号染色体之外的所有染色体上，但其分布不均，其中 18 个 GST 分布在未被组装的染色体区段（ChrUn）、13 个位于 7 号染色体、12 个位于 5 号染色体（图 14-2）。GST 的分布具有明显的由基因复制形成的“热点”现象，这也是 GST 家族扩张的主要原因。

四、柑橘 GST 家族的基因结构和保守基序

对柑橘 GST 家族的保守基序和基因结构进行分析，发现 69 个柑橘 GST 基因的内含子数量最多是 11 个、最少是 5 个，而且同一亚家族的各成员具有相同或者相近的基因结构，如 U 亚家族含有较少的内含子，而 Z 亚家族和 T 亚家族含有较多的内含子。在柑橘 GST 家族中共鉴定到 15 个保守基序，相同亚家族的 GST 具有相近的保守基序特征（图 14-3）。

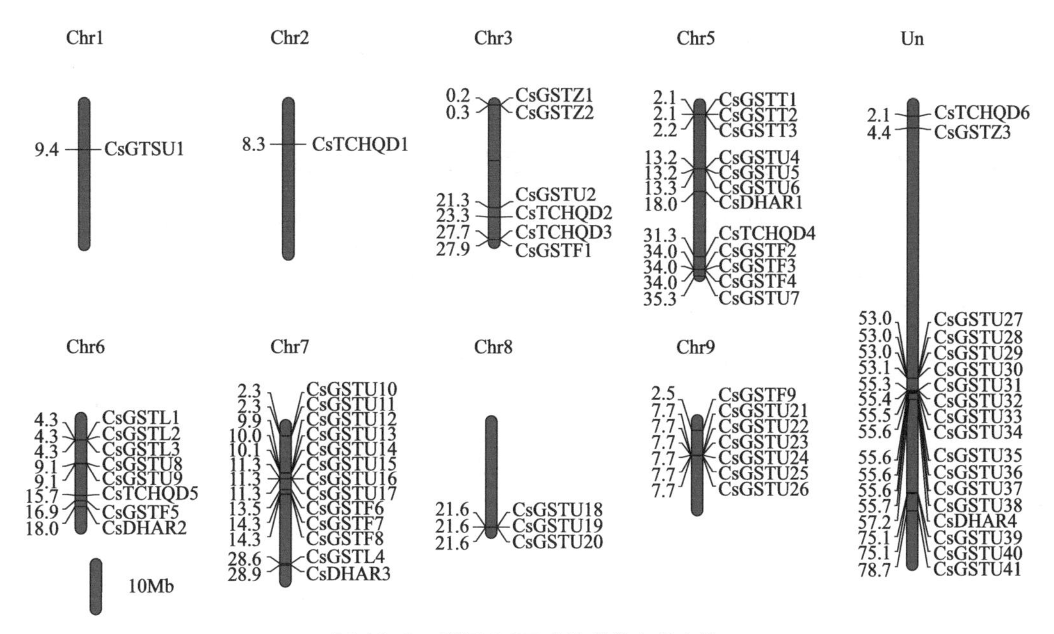

图 14-2 柑橘 GST 家族的染色体定位

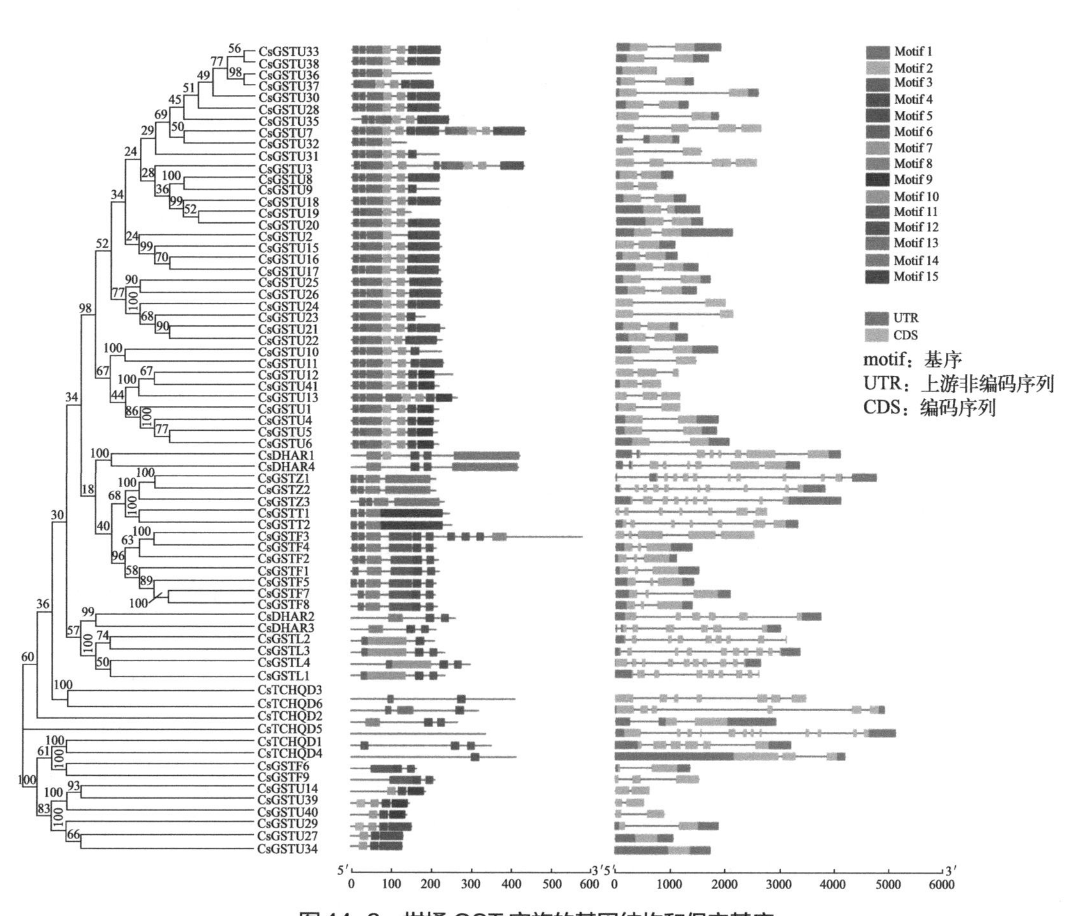

图 14-3 柑橘 GST 家族的基因结构和保守基序

（扫封底或勒口处二维码看彩图）

第三节 CsGSTU18 和 CsGSTF1 的表达特征

一、CsGSTU18 和 CsGSTF1 受柑橘溃疡病诱导表达模式

在溃疡病菌侵染后的晚锦橙和金柑的转录组中，我们发现 CsGSTU18 和 CsGSTF1 均表现出相反的诱导表达模式，即在诱导的 24h 内，CsGSTU18 和 CsGSTF1 在晚锦橙中被不同程度上调表达，且上调程度逐渐增加；与之相反，在金柑中，CsGSTU18 和 CsGSTF1 表达被逐渐抑制（图 14-4）。结合金柑和晚锦橙具有相反的溃疡病抗性特征，我们推测 CsGSTU18 和 CsGSTF1 可能与溃疡病的抗性建成相关，即 CsGSTU18 和 CsGSTF1 较高的表达水平可能导致溃疡病的易感性，反之，CsGSTU18 和 CsGSTF1 较低的表达水平可能导致溃疡病的抗性。

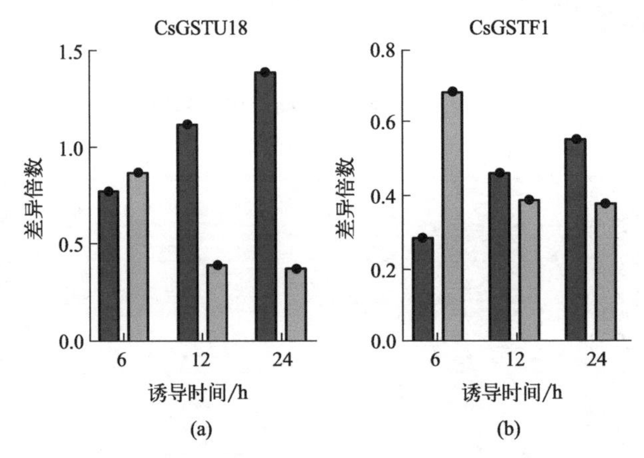

图 14-4 *Xcc* 对 CsGSTU18 和 CsGSTF1 的诱导表达模式

晚锦橙；金柑

二、CsGSTU18 和 CsGSTF1 受激素诱导表达模式

对 CsGSTU18 和 CsGSTF1 受激素诱导表达分析发现脱落酸（ABA）诱导的晚锦橙中，12h 起 CsGSTU18 的表达明显上调，而在金柑中，除 12h 时 CsGSTU18 的表达明显下调外，其他时间点均变化不明显；CsGSTF1 在晚锦橙中受 ABA 诱导的早期（6h）明显上调表达，而在金柑中变化幅度不大［图 14-5（a）］。水杨酸（SA）诱导的金柑中，CsGSTU18 在 24h 时表达明显上调，而晚锦橙的 CsGSTU18 受 SA 诱导不明显；CsGSTF1 在两物种中均受 SA 诱导不明显［图 14-5（b）］。茉莉酸（JA）诱导的金柑中，CsGSTU18 在 24h 时表达明显上调，晚锦橙的 CsGSTU18 受 JA 诱导不明显；CsGSTF1 在两物种中均受 JA 诱导下调［图 14-5（c）］。上述结果表明，CsGSTU18 和 CsGSTF1 在 ABA、SA 和 JA 等激素信号转导途径中扮演不同的角色。

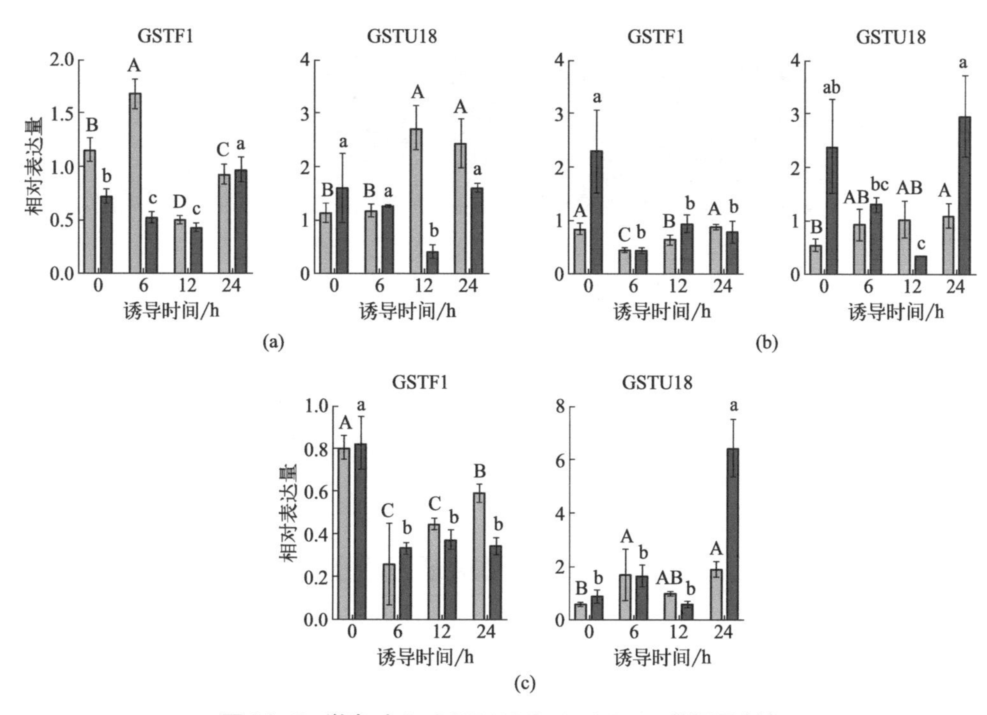

图 14-5　激素对 CsGSTU18 和 CsGSTF1 的诱导表达

晚锦橙；金柑

（a）脱落酸诱导；（b）水杨酸诱导；（c）茉莉酸诱导

三、CsGSTU18 和 CsGSTF1 的亚细胞定位

通过构建拟南芥原生质体瞬时转化验证了 CsGSTU18 和 CsGSTF1 的亚细胞定位。在激光共聚焦扫描显微镜下观察其荧光表达部位发现目标蛋白 CsGSTU18 和 CsGSTF1 定位在细胞质和线粒体，而在对照组 GFP 中各区域均能观察到荧光（图 14-6）。

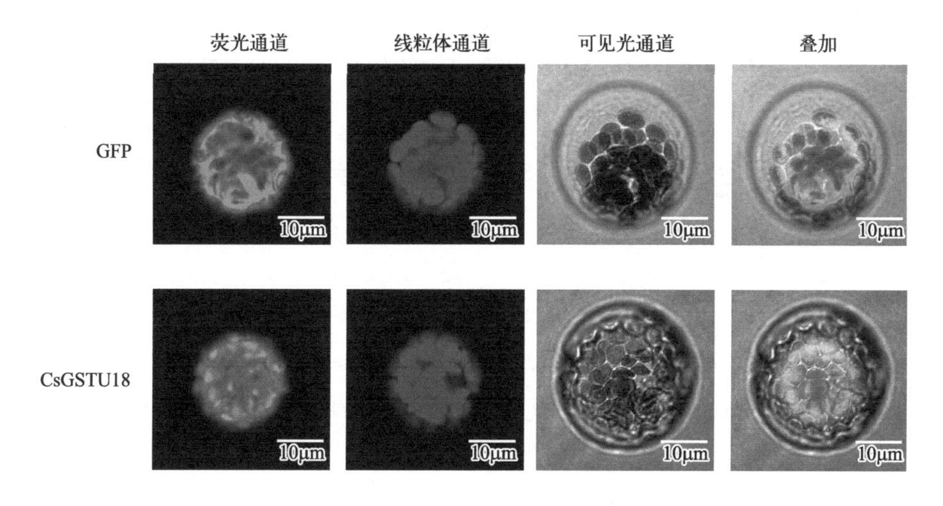

图 14-6

CsGSTF1

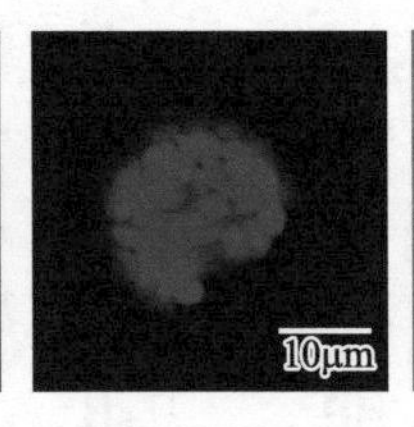

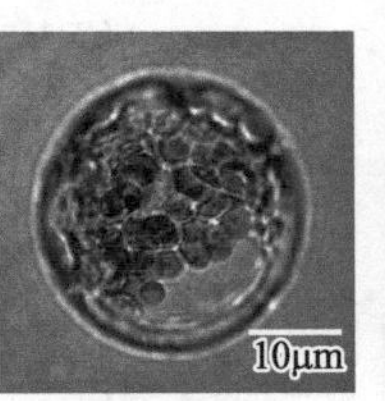

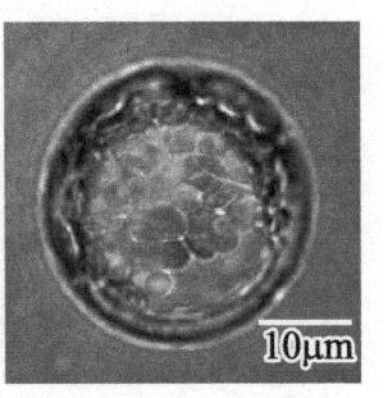

图 14-6 CsGSTU18 和 CsGSTF1 的亚细胞定位

（扫封底或勒口处二维码看彩图）

第四节 CsGSTU18 和 CsGSTF1 在柑橘溃疡病中的功能

一、CsGSTU18 和 CsGSTF1 瞬时转化降低 ROS 水平

通过柑橘内的瞬时表达分析了 CsGSTU18 和 CsGSTF1 的功能。分别在晚锦橙叶片中瞬时转化 pLGNe 空载体以及 CsGSTU18 和 CsGSTF1 的过表达载体。瞬时转化的叶片材料中 CsGSTU18 和 CsGSTF1 得到了显著过表达［图 14-7（a）］。对瞬时转化材料的 GST 酶活和 ROS 水平进行检测发现两个过表达材料中 GST 酶活均有显著增强［图 14-7（b）］，而且 $O_2^{\cdot-}$ 和 H_2O_2 的含量明显降低［图 14-7（c）（d）］。由此可知，CsGSTU18 和 CsGSTF1 与细胞的 ROS 平衡有关，其过表达可以降低 ROS 水平，也可能通过 ROS 信号通路调控植物的抗逆性。

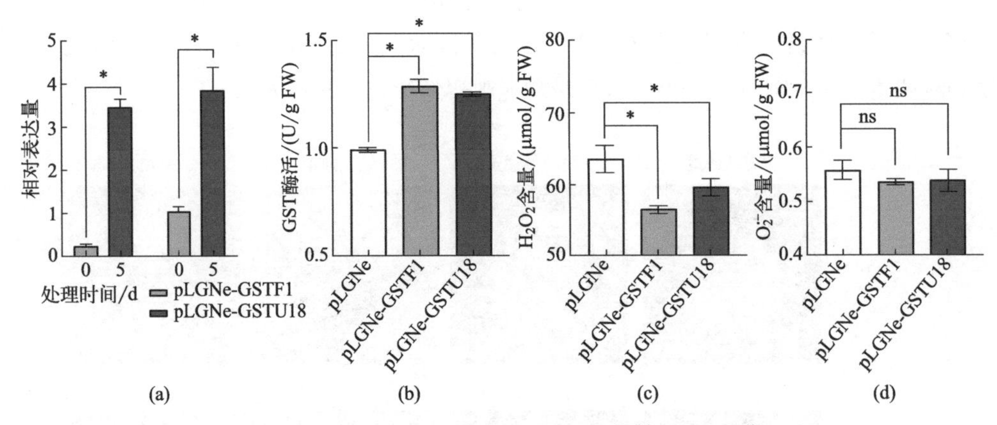

图 14-7 CsGSTU18 和 CsGSTF1 调控 ROS 平衡

（a）CsGSTU18 和 CsGSTF1 超表达后的相对表达量；（b）CsGSTU18 和 CsGSTF1 超表达后的 GST 酶活；（c）CsGSTU18 和 CsGSTF1 超表达后的 H_2O_2 含量；（d）CsGSTU18 和 CsGSTF1 超表达后的 $O_2^{\cdot-}$ 含量。

二、CsGSTU18 和 CsGSTF1 的沉默增强溃疡病抗性

对 CsGSTU18 和 CsGSTF1 进行了 VIGS 介导的基因沉默，获得了两批基因被明显抑制表

达的转基因植株［图 14-8（a）～（c）］。柑橘溃疡病抗性评价表明转基因植株在 *Xcc* 侵染后的症状明显减轻［图 14-8（d）］；病斑面积和病情指数均显著小于对照［图 14-8（e）（f）］。上述结果表明，CsGSTU18 和 CsGSTF1 的沉默增强了柑橘溃疡病易感性，推测其为溃疡病感病基因。

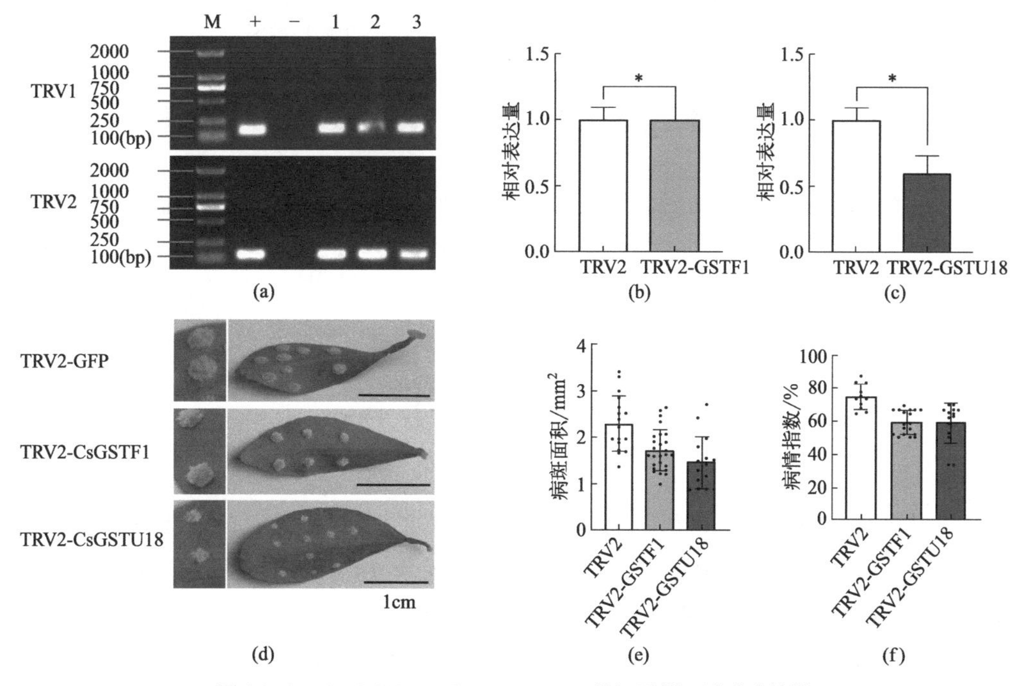

图 14-8 CsGSTU18 和 CsGSTF1 的沉默增强溃疡病抗性

（a）VIGS 植株 PCR 检测图：+—阳性对照；-—阴性对照；M—分子量标准；（b）VIGS 植株中 CsGSTF1 表达的 qRT-PCR 检测图；（c）VIGS 植株中 CsGSTU18 表达的 qRT-PCR 检测图；（d）VIGS 植株叶片接种溃疡病菌后的发病情况；（e）VIGS 植株叶片接种溃疡病菌后病斑大小统计图；（f）VIGS 植株叶片接种溃疡病菌后病情指数统计图

第五节 CsGSTU18 和 CsGSTF1 调控柑橘溃疡病抗性的机制

结合前述的 CsGSTU18 和 CsGSTF1 调控 ROS 平衡和溃疡病抗性的分析，推测 CsGSTU18 和 CsGSTF1 可能通过 ROS 平衡的调控以改变植株的溃疡病抗性。为验证该推论，笔者对 CsGSTU18 和 CsGSTF1 的 VIGS 植株中 ROS 组分进行了检测，结果显示两基因的沉默植株中 GST 活性均降低［图 14-9（a）］，同时 H_2O_2 的含量也有一定程度的增加［图 14-9（b）］。上述结果证明 CsGSTU18 和 CsGSTF1 通过 GST 介导的 ROS 平衡重建以调控柑橘溃疡病抗性。

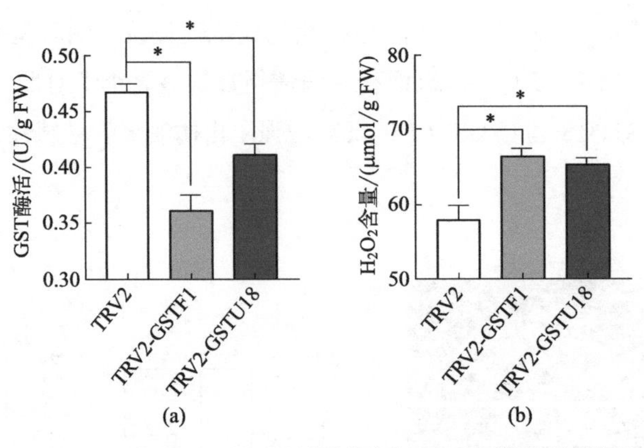

图 14-9 CsGSTU18 和 CsGSTF1 通过重建 ROS 平衡调控柑橘溃疡病抗性

（a）VIGS 植株 GST 酶活；（b）VIGS 植株 H_2O_2 含量

第六节 本章小结

GST 基因家族的 U 亚家族和 F 亚家族是植物特有的两个亚家族，与动物相比，高等植物 GST 除具有解毒作用外，还具有缓解逆境胁迫、抗氧化作用、转运黄酮类物质、调节植物生长和发育等特有的功能。有研究表明，当植物受到生物和非生物胁迫时，U 亚家族和 F 亚家族 GST 能被诱导产生（Nutricati，*et al.*，2006）。柑橘的 CsGSTU18 和 CsGSTF1 受到溃疡病菌侵染诱导发生差异表达，在抗病植株金柑中随诱导时间而下调，相反，在感病植株晚锦橙中上调，由此推测这两个基因可能与柑橘溃疡病的抗、感性相关。通过柑橘细胞中的瞬时过表达，发现这两个基因可以降低柑橘细胞中的过氧化氢含量。进一步，CsGSTU18 和 CsGSTF1 沉默可以明显增强溃疡病抗性。结合沉默植株的生理生化指标，发现 CsGSTU18 和 CsGSTF1 沉默植株中的过氧化氢增加，推测，CsGSTU18 和 CsGSTF1 是过氧化氢的清除酶，沉默以后过氧化氢的含量增加，而过氧化氢是植物抗病过程中的重要信号分子，其可以诱发植物的超敏反应，增强植物抗病性。

通过上述的 CsGSTU18 和 CsGSTF1 调控溃疡病抗性的机制，我们可建立易感溃疡病的晚锦橙和抗溃疡病的金柑抗性形成的模型，即溃疡病菌侵染晚锦橙时，CsGSTU18 和 CsGSTF1 均被明显上调表达，增加了 GST 的活性，降低 ROS 的水平，使得晚锦橙对溃疡病易感；而相反地，溃疡病菌侵染金柑时，CsGSTU18 和 CsGSTF1 均被明显下调表达，降低了 GST 的活性，提高了 ROS 的水平，使得金柑对溃疡病具有抗性。

第五篇

植物细胞壁代谢相关酶

细胞壁是植物细胞与其周围环境发生互作的主要界面，是植物抵御病原微生物入侵的第一道物理屏障。细胞壁的代谢由一系列酶进行调节，比如木葡聚糖内转葡萄糖基 / 水解酶（xyloglucan endotransglucosylase/hydrolase，XTH）、果胶乙酰酯酶（pectinacetylesterase，PAE）以及多聚半乳糖醛酸酶及其抑制蛋白（polygalacturonase inhibitor protein，PGIP）等。这些酶调节了细胞壁的降解与再生，进而改变了细胞壁的强度，影响细胞对病原微生物的抗、感性。本篇，笔者从柑橘 XTH 家族、PAE 家族和 PGIP 家族中鉴定了与溃疡病相关的成员，并对其功能和机理进行了深入研究，获得了多个抗、感病基因（CsXTH04、CsPAE2 和 CsPGIP），以期用于柑橘抗溃疡病分子育种。

第十五章 CsXTH04 在柑橘溃疡病中的功能

木葡聚糖内转葡萄糖基 / 水解酶（XTH）属于糖苷水解酶家族 16（GH16）（Eklöf and Brumer，2010），可调控一系列生理过程，包括次生维管组织的形成、植物组织的伸长和外源胁迫的响应。本章将对柑橘 XTH 家族进行鉴定，并且对柑橘溃疡病相关的 CsXTH04 基因进行反向遗传学功能验证。

第一节　木葡聚糖内转葡萄糖基 / 水解酶的研究背景

细胞壁是由纤维素、果胶多糖、酶和许多结构蛋白组成的动态结构。在生物和非生物胁迫下，细胞壁发生着生理和分子力学变化，伴随着细胞形态、代谢和非蛋白成分的变化。木葡聚糖通过氢键将相邻的纤维素微纤维交联，从而增强植物细胞壁的强度。一系列酶可以调节细胞壁的代谢，包括内切葡聚糖酶和木葡聚糖内转葡萄糖基酶 / 水解酶（XTHs）等。这些酶通过初级或二级细胞壁松动机制调节细胞壁的形状，在细胞壁构成、降解和延伸的过程中伴随着木葡聚糖链的裂解和重新形成。最近，XTH 被证明可以调节植物对外源胁迫的响应，例如铝毒会下调根中的 AtXTH31（Yang，*et al.*，2011）。

第二节　柑橘 XTH 家族分析

一、柑橘 XTH 家族的鉴定

通过详尽的注释，笔者从柑橘基因组挖掘到 34 个 XTH 成员，其中包括 33 个完整基因和一个假基因（*CsXTH14*）（表 15-1），根据染色体顺序将成员命名为 *CsXTH01* ～ *CsXTH34*。

通过与 EST 数据库比对，共发现 17 个 XTH 基因的 103 个 EST 序列。

表 15-1 柑橘 XTH 家族

基因名称	CAP 编号	染色体定位	EST 数量	内含子数量	氨基酸数目	分子量 /kDa	等电点
CsXTH01	Cs4g03180	Cs01：24073183—24074476 +	10	3	289	33.18	6.31
CsXTH02	Cs1g21130	Cs02：4551552—4552810−	5	3	293	34.12	5.02
CsXTH03	Cs2g07590	Cs02：11822401—11823543 +	10	3	292	34.06	8.64
CsXTH04	Cs2g14920	Cs02：14683444—14685405 +	11	3	334	38.12	6.56
CsXTH05	Cs2g17920	Cs02：19614100—19616010 +	21	3	291	32.95	5.69
CsXTH06	Cs2g22200	Cs03：12689865—12692080 +	1	3	356	40.36	8.86
CsXTH07	Cs4g03050	Cs04：1564646—1565870 −	3	2	285	31.85	5.85
CsXTH08	Cs4g03060	Cs04：1567748—1568823 −	3	2	286	32.01	6.21
CsXTH09	Cs4g03080	Cs04：1582225—1583396 −	0	2	302	34.21	6.32
CsXTH10	Cs4g03110	Cs04：1592546—1593612 +	0	2	266	30.14	8.61
CsXTH11	Cs4g03120	Cs04：1595185—1596639 +	0	3	280	32.07	9.17
CsXTH12	Cs4g03130	Cs04：1599619—1600737 −	1	2	285	31.74	5.85
CsXTH13	Cs4g03140	Cs04：1602516—1603589 −	1	2	286	32.07	6.21
*CsXTH14**	Cs4g03145	Cs04：1603378—1605201 +	0	2	122	N/A	N/A
CsXTH15	Cs4g03150	Cs04：1607036—1608207 −	0	2	302	34.22	6.32
CsXTH16	Cs3g08950	Cs04：1620024—1621096 +	0	2	291	33.18	8.64
CsXTH17	Cs4g03190	Cs04：1622154—1623610 +	0	2	267	30.66	8.27
CsXTH18	Cs4g03200	Cs04：1626153—1627263 +	10	2	283	32.15	7.6
CsXTH19	Cs4g03210	Cs04：1630852—1631877 +	1	2	280	31.66	8.77
CsXTH20	Cs4g03220	Cs04：1635451—1637865 +	2	3	265	30.08	9.18
CsXTH21	Cs4g03230	Cs04：1655583—1656783 +	0	2	295	33.65	4.91
CsXTH22	Cs4g03240	Cs04：1659586—1661426 +	0	3	288	33.38	8.62
CsXTH23	Cs4g16330	Cs04：15956333—15957867 −	0	3	291	33.30	9.01
CsXTH24	Cs5g27840	Cs05：30304069—30306657 −	0	3	288	33.41	7.71
CsXTH25	Cs6g02160	Cs06：1715203—1716021 −	0	0	272	31.26	4.75
CsXTH26	Cs6g16990	Cs06：17595562—17596413 −	0	0	283	31.81	7.08

续表

基因名称	CAP 编号	染色体定位	EST 数量	内含子数量	氨基酸数目	分子量 /kDa	等电点
CsXTH27	Cs7g08460	Cs07：5311346—5312496 −	3	2	314	34.80	8.47
CsXTH28	Cs8g03550	Cs08：1713946—1715132 −	0	3	304	35.05	8.78
CsXTH29	Cs8g12020	Cs08：13532542—13534098 +	3	2	293	34.24	9.03
CsXTH30	Cs8g15720	Cs08：18866226—18867848 −	2	3	296	33.39	6.49
CsXTH31	orange1.1t00547	CsUn：6505748—6506605 −	0	0	285	32.50	5.65
CsXTH32	orange1.1t00876	CsUn：12458388—12460216 +	0	3	293	33.99	9.13
CsXTH33	orange1.1t02385	CsUn：35972640—35973816 +	16	2	288	33.08	9.11
CsXTH34	orange1.1t02575	CsUn：39382705—39383552 +	0	3	282	33.16	7.76

注：* 表示假基因；+/− 表示染色体上基因的方向。

二、柑橘 XTH 家族的系统发育

利用 CsXTH 和 AtXTH 的氨基酸全长序列进行系统发育分析，CsXTH 可以根据 AtXTHs 使用的分支标识符分为Ⅰ/Ⅱ、ⅢA 和ⅢB 组（图 15-1）。

三、柑橘 XTH 家族的染色体定位与基因复制

我们对 CsXTH 的染色体分布与复制进行了分析［图 15-2（a）］。所有的 CsXTH 基因分布在除 9 号染色体外的所有染色体上。其中 4 号染色体是含有 XTH 最多的染色体（17 个）。相比之下，在染色体 1、3、5 和 7 上只有一个 XTH 基因。4 号染色体 XTH 基因密度最高（0.85/Mb）。此外，CsXTH 基因分布不均匀，在特定的染色体区域发现了较高的 XTH 密度，主要是在 4 号染色体。为了进一步了解 CsXTH 基因是如何进化的，我们在甜橙中研究了基因的复制。共检测到 10 对重复，包括 1 对片段重复序列（SDs）、6 对串联重复序列（TDs）和 3 对全基因组重复序列（WGDs）。这些结果表明，TD 和 WGD 是柑橘 XTH 家族膨胀的主要原因。根据 CsXTH 的系统发育树和已鉴定的重复序列，在 4 号染色体上发现了一个区域（1564646—1623610），在这个片段中有 11 个 *CsXTH*（*CsXTH07* ～ *CsXTH17*），包含 5 对重复基因（*CsXTH07-CsXTH12*、*CsXTH08-CsXTH13*、*CsXTH09-CsXTH15*、*CsXTH10-CsXTH16* 和 *CsXTH11-CsXTH17*）［图 15-2（b）］。复制的基因除 *CsXTH11-CsXTH17* 外，在染色体上方向相同，基因大小相似，内含子数量相同。这个区域的重复基因产生了两个重复的片段［图 15-2（c）］。综上现象，我们构建了 10 个 CsXTH 基因的进化假说，即一个原始基因复制了 4 次，形成了 CsXTH07 到 CsXTH11 的片段，CsXTH07 到 CsXTH11 的一个片段进行一次 TD，并插入到 4 号染色体上附近的位点，形成含 CsXTH12 到 CsXTH17 的片段［图 15-2（d）］。

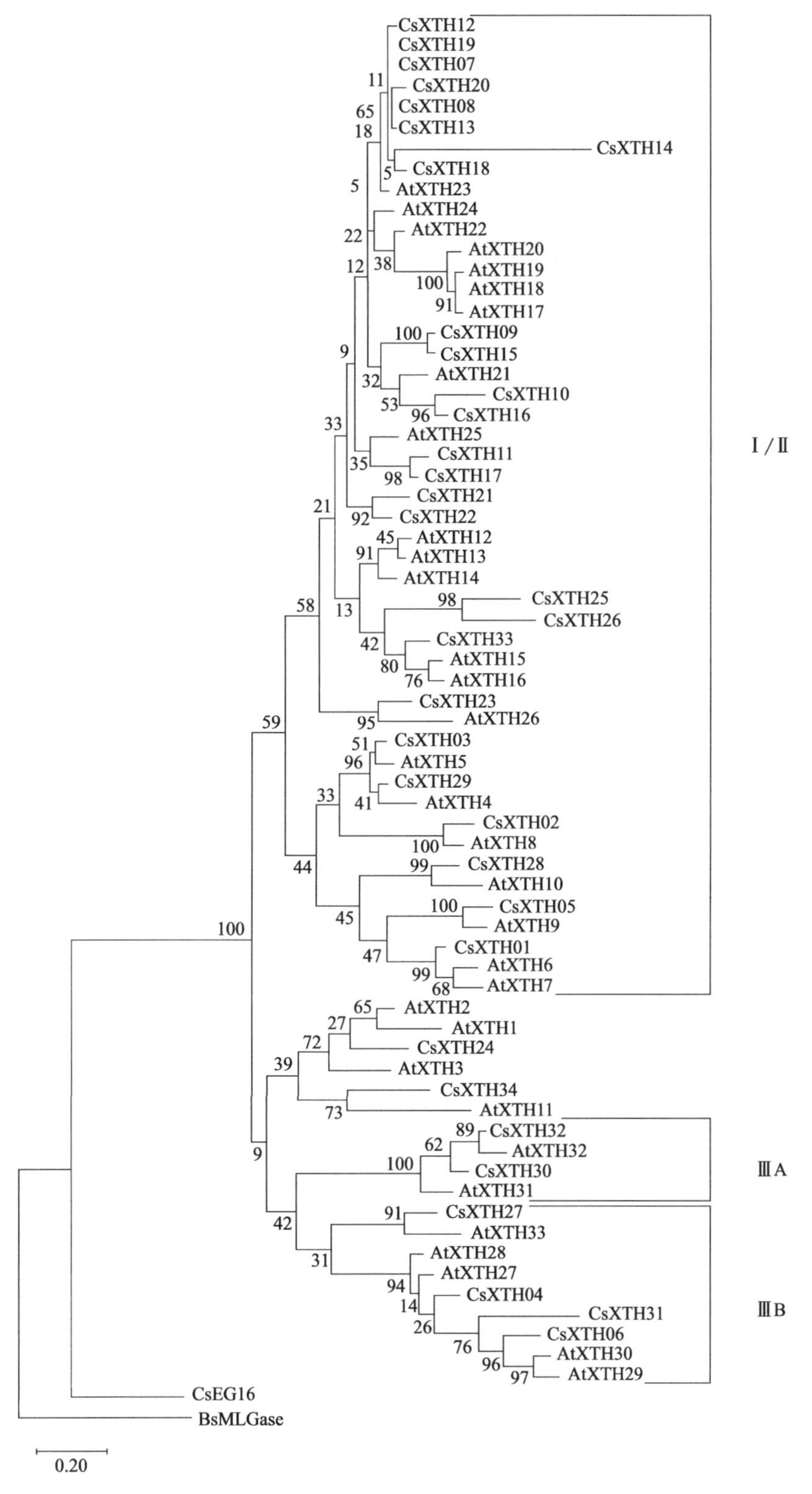

图 15-1 柑橘 XTH 家族的系统发育

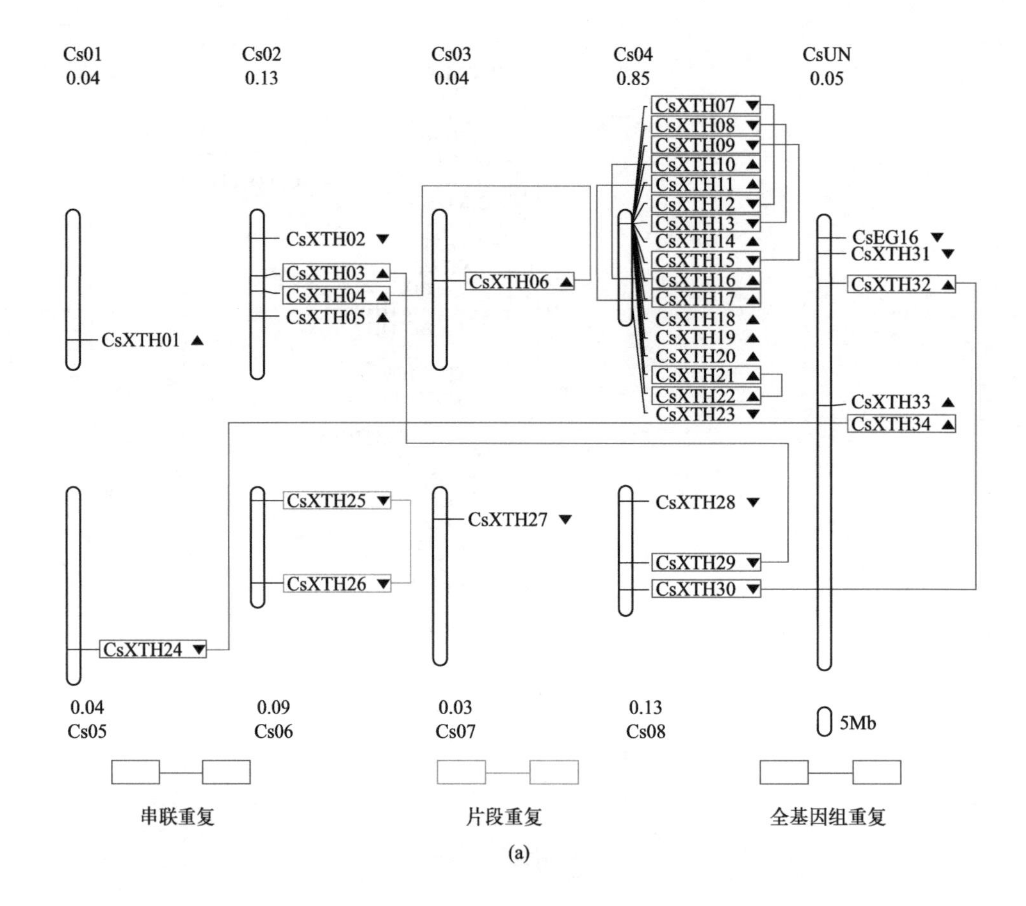

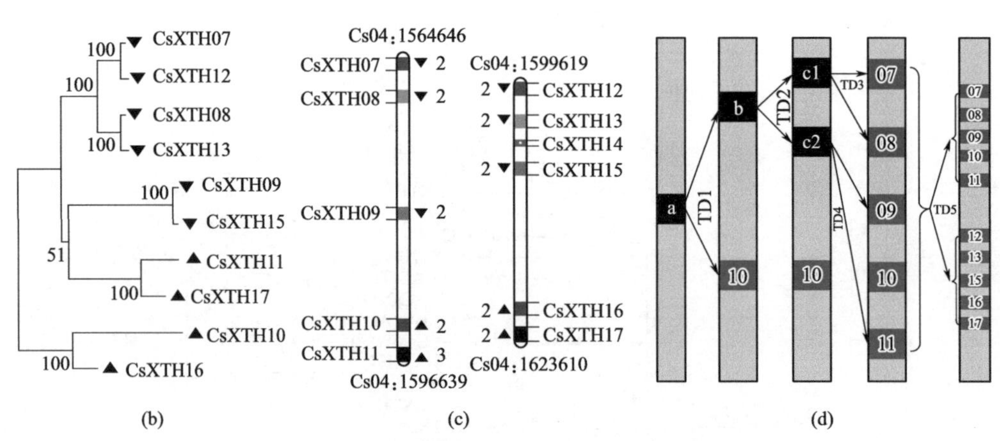

图 15-2 柑橘 XTH 家族的染色体定位和基因复制

(a) CsXTH 和 CsEG16 基因的染色体定位和基因复制，CsXTH 基因的密度写在每个图谱的上面，基因的方向用邻近的三角形表示；(b) 4 号染色体上复制基因的系统发育树；(c) 4 号染色体上两个重复片段的比较，同源基因以相同的颜色显示在两个重复的片段上；(d) 两个重复片段的进化模型；a、b、c 代表进化过程中的祖先基因，07 ～ 17 分别代表 CsXTH07 ～ CsXTH17

(扫封底或勒口处二维码看彩图)

第三节 柑橘 XTH 家族鉴定的表达特征

为了进一步探究 CsXTH 的功能，我们研究了这些 XTH 与 CsEG16 在生物胁迫诱导过程中的表达（图 15-3）。在 *Xcc* 侵染期间，CsXTH03、CsXTH04、CsXTH12、CsXTH13、CsXTH16、CsXTH20、CsXTH21、CsXTH22 和 CsXTH28 在晚锦橙中受 *Xcc* 诱导表达上调，并且 CsXTH04 和 CsXTH21 在四季橘中表达下调。因此，这两个基因可能是柑橘溃疡病易感基因。

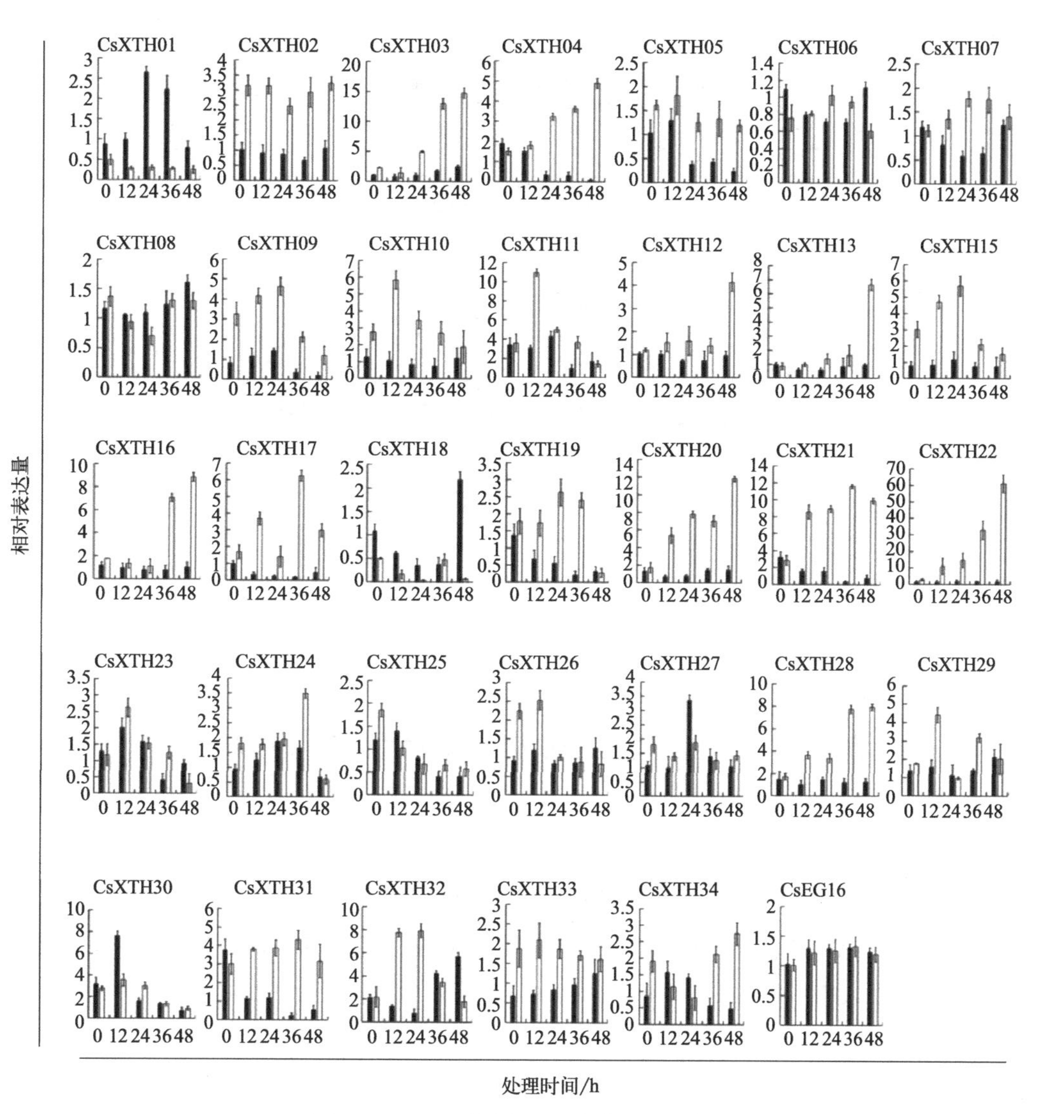

图 15-3 *Xcc* 对柑橘 XTH 家族的诱导表达

四季橘；晚锦橙

第四节 CsXTH04 的表达特征

CsXTH04 在 N 端含有一个 23 个氨基酸的信号肽，表明它可能是一个分泌蛋白。为了验证这些预测，我们构建载体并通过瞬时表达验证了 CsXTH04 的亚细胞定位。对照细胞的细胞质和细胞核均呈现绿色荧光［图 15-4（a）］，但 CsXTH04 仅在质膜和细胞壁上表现出最强的 GFP 荧光［图 15-4（b）］。因此，软件预测分析和瞬时表达分析，都表明 CsXTH04 是一个胞外蛋白。

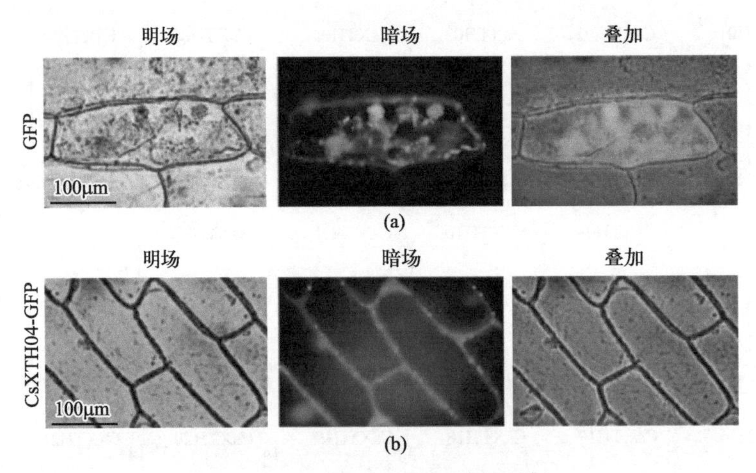

图 15-4 CsXTH04 的亚细胞定位

（a）GFP 的瞬时表达；（b）CsXTH04-GFP 的瞬时表达

（扫封底或勒口处二维码看彩图）

第五节 CsXTH04 负调控柑橘溃疡病抗性

一、CsXTH04 过表达增强柑橘溃疡病易感性

构建 CsXTH04 过表达质粒并转化晚锦橙。通过基因组 PCR 和 GUS 进行检测，获得 3 株转基因植株（OE1 ～ OE3）［图 15-5（a）（b）］。三个过表达植株中 CsXTH04 均有较高水平的表达（分别是 WT 的 300 倍、100 倍和 55 倍）［图 15-5（c）］。转基因植株与野生型植株相比，表现出正常的生长速率［图 15-5（d）］。过表达植株叶片上的病斑比野生型植株大［图 15-5（e）］，OE1 的病斑面积最大，为 WT 的 2.36 倍，其次是 OE2 和 OE3［图 15-5（f）］。病情指数在转基因植株中比 WT 提高了 36.7% ～ 87.8%［图 15-5（g）］。因此，我们认为 CsXTH04 基因的过表达使转基因柑橘更易感。

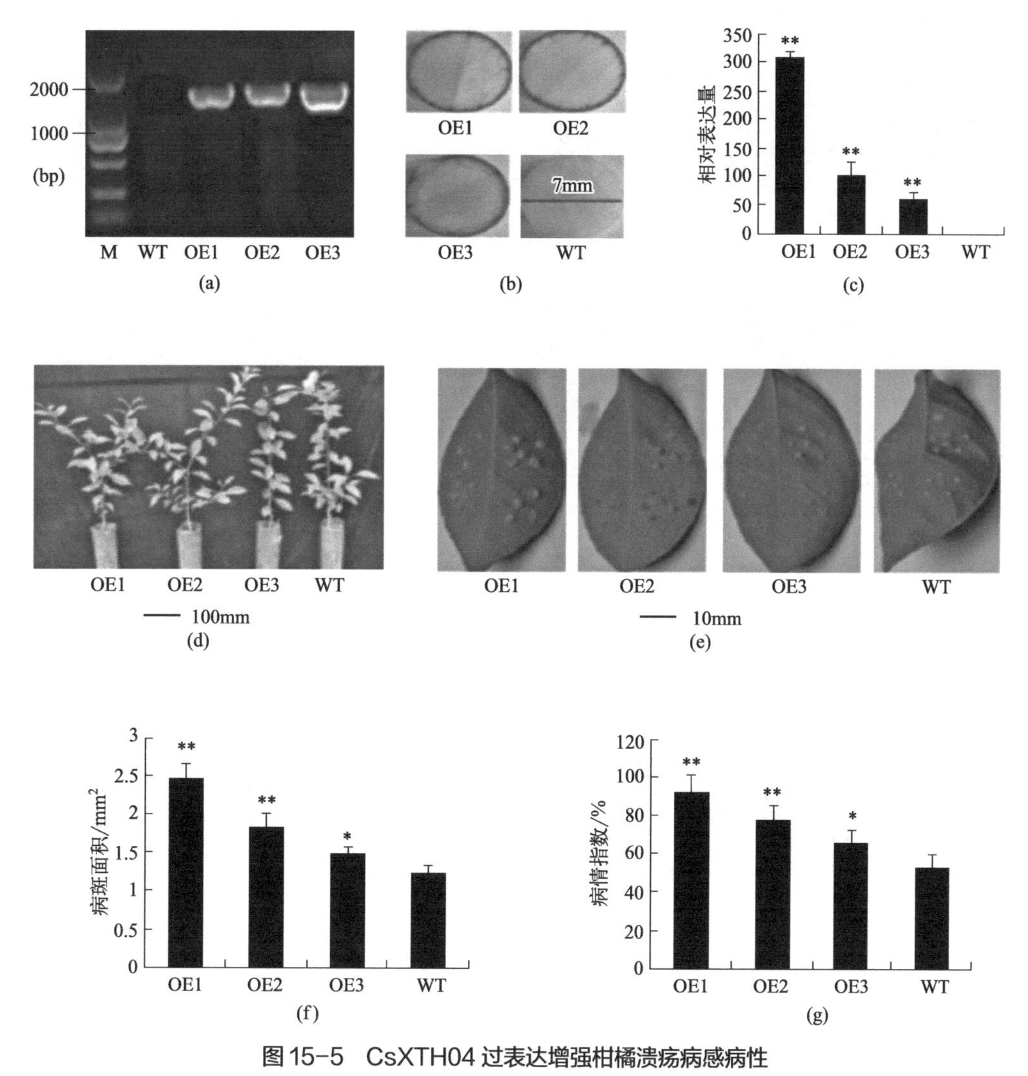

图 15-5 CsXTH04 过表达增强柑橘溃疡病感病性

（a）转基因植株的 PCR 鉴定；（b）转基因植株的 GUS 染色鉴定；（c）转基因植株的 CsXTH04 表达水平；（d）转基因植株的表型；（e）转基因植株的溃疡病症状；（f）转基因植株的病斑面积；（g）转基因植株的病情指数

二、CsXTH04 干扰增强柑橘溃疡病抗性

为了进一步阐明 CsXTH04 的作用，我们构建 RNAi 载体，遗传转化晚锦橙并获得了 3 株 CsXTH04 干扰植株［图 15-6（a）（b）］。这三个植株（R1、R2 和 R3）与 WT 相比表现出相对较低的 CsXTH04 的表达水平，分别为对照的 41%、40% 和 23%［图 15-6（c）］。与 WT 相比，三种沉默的植物都表现出正常的生长状态［图 15-6（d）］。R1 到 R3 转基因植株的病斑比 WT 植株小［图 15-6（e）］。与 WT 相比，三个干扰植株（R1、R2 和 R3）的病斑面积更小（分别为 58%、57% 和 42%）［图 15-6（f）］，且病情指数明显低于 WT［图 15-6（g）］，R1 低了 29%，R3 低了 65%。因此，CsXTH04 干扰增强了 CBC 抗性。

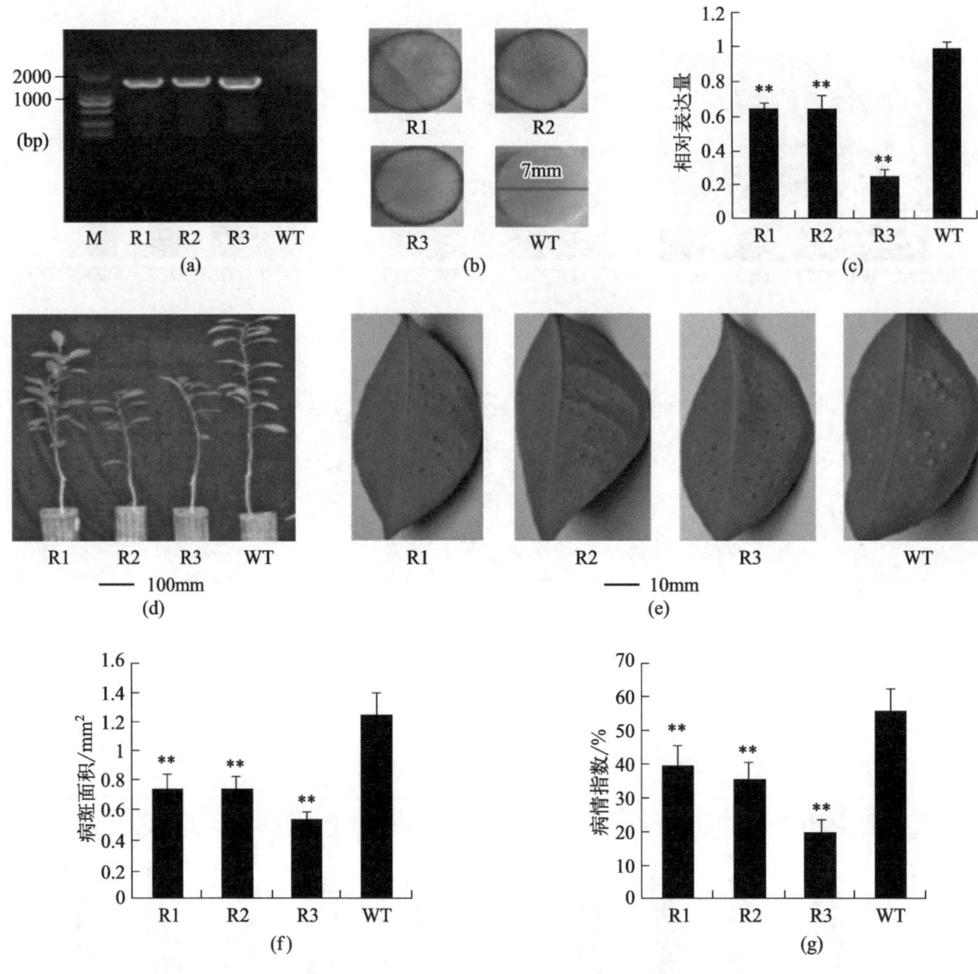

图 15-6 CsXTH04 干扰表达增强柑橘溃疡病抗性

（a）转基因植株的 PCR 鉴定；（b）转基因植株的 GUS 染色鉴定；（c）转基因植株的 CsXTH04 表达水平；（d）转基因植株的表型；（e）转基因植株的溃疡病症状；（f）转基因植株的病斑面积；（g）转基因植株的病情指数

第六节 本章小结

木葡聚糖是一种半纤维素多糖，是双子叶和一些单子叶植物初生细胞壁的主要成分。XTH 在植物发育和胁迫反应过程中能够切割和重新连接木葡聚糖从而调控细胞壁的组成。甜橙的 XTH 基因数量多于拟南芥和水稻，但少于番茄和苜蓿，可能是植物特异性得失的结果（Song，*et al.*，2015）。在甜橙的 4 号染色体上，存在 10 个重复基因的 CsXTH 热点。

植物细胞壁在环境胁迫的调控中起着重要的作用。植物 XTHs 是重要的细胞壁修饰酶，参与细胞壁的延伸和降解，在正常和应激环境下维持细胞壁的完整性和强度。与非生物胁迫相比，XTHs 与植物病害特别是 CBC 的关系尚不明确。为了研究可能对 CBC 应答的 XTH 基因，我们进行了 qRT-PCR 检测 CsXTH 的诱导表达。我们发现 CsXTH04 参与了 *Xcc* 侵染响应。采用过表达和沉默策略对 CsXTH04 进行了深入研究。我们发现 CsXTH04 的过表达使转基因柑橘对 CBC 更易感，而沉默 CsXTH04 则使转基因柑橘对 CBC 具有抗性。然而，还有许多问题尚未解决，需要进一步研究，包括 CsXTH04 在 CBC 侵染中的功能机制以及细菌如何诱导 CsXTH04 的表达。目前必须对 CsXTH04 进行进一步的生理和分子生物学研究，以阐明其在植物应对 CBC 胁迫中的功能机制。

第十六章
CsPAE2 在柑橘溃疡病中的功能

植物果胶乙酰酯酶（pectin acetylesterases，PAE）是 CE13 碳水化合物酯酶家族的成员，果胶乙酰酯酶可能在植物对生物胁迫的响应中发挥重要的调节作用。本章旨在对柑橘果胶乙酰酯酶进行综合分析，包括果胶乙酰酯酶基因家族的进化、结构和功能等研究，对与柑橘溃疡病相关的 CsPAE2 进行功能验证，探究其在柑橘溃疡病中的功能。

第一节　果胶乙酰酯酶的研究背景

植物的细胞壁是防止病原菌侵染的主要保护屏障。这些细胞壁由高度交联的多糖聚合物组成，以果胶、纤维素和半纤维素形成的基质作为屏障，只能通过机械力或分泌特定消化酶来穿透屏障。除了其屏障功能外，细胞壁对植物细胞检测和应对生物胁迫也至关重要。植物细胞的质膜中存在多种不同的受体，可以检测病原菌侵染，从而诱导产生适当的免疫反应（Wolf，*et al.*，2017）。很多诱导剂化合物由果胶衍生而来，果胶由鼠李半乳糖醛酸聚糖或同型半乳糖醛酸聚糖组成，是非禾本科植物细胞壁中最普遍的多糖。果胶占细胞壁的三分之一，并可通过 C2 和 / 或 C3 半乳糖醛酸残基进行乙酰化修饰。果胶片段上存在的特定乙酰化和甲基化模式最终决定了它们在免疫反应中发挥多大程度的作用，果胶乙酰酯酶可以通过裂解果胶乙酰酯键来调节这些模式（Philippe，*et al.*，2017）。果胶脱酯化会导致醋酸盐和 / 或甲醇的释放，使这些化合物很容易重新融入植物内部的代谢途径中。这也可能导致带负电荷的羧基的积累，并可能导致 pH 值下降，从而影响各种质外体蛋白和离子通道的活性。多项独立的报告发现，果胶结构是植物对病原体产生有效免疫反应能力的关键决定因素，因此，进一步研究相关调控途径以确定新的抗病策略具有重要价值。然而，目前对植物细胞壁介导的代谢和转录水平的免疫反应的研究较少，这些研究主要集中在果胶去甲基化背景下。

近年来，植物基因组数据集的改进促使了更广泛的果胶乙酰酯酶注释和对不同植物种类的研究。但迄今为止，对果胶乙酰酯酶的生理功能以及植物中果胶乙酰酯酶基因家族的进化、功能和结构的研究还很少。这些研究结果表明，与拟南芥相比，低等植物具有较少的果胶相关基因家族成员，并且在最早的陆生植物中只有一个果胶乙酰酯酶祖先（Philippe，*et al.*，2017）。此外，目前对于果胶乙酰酯酶在不同植物中的功能和表达的研究还不够充分，这些蛋白质在植物发育中的功能尚不明确。PtPAE2 在烟草中过表达对花发育有显著的不利影响，导致花粉形成减少，从而产生不育（Gou，*et al.*，2012）。果胶乙酰酯酶在植物对生物胁迫的响应中发挥重要的调节作用，AtPAE2 和 AtPAE4 在应对生物胁迫时上调，表明它们可能是植物防御反应的关键调控因子（Philippe，*et al.*，2017）。针对病原侵染，细胞壁发生形态和生理变化，受到膨胀素（expansins）、果胶乙酰酯酶（PAE）、XTH 的调节以产生半乳糖醛酸寡糖，这是同型半乳糖醛酸结构域的片段（Cosgrove，*et al.*，1997）。细胞壁释放的半乳糖醛酸寡糖可作为信号转导中间体，调节活性氧平衡，激活植物免疫反应。这些半乳糖醛酸寡糖是损伤相关分子模式，它们的积累可诱导拟南芥和烟草的微生物抗性。然而，果胶乙酰酯化在植物免疫尤其是柑橘溃疡病中的功能还有待进一步研究。

第二节 柑橘 PAE 家族分析

一、柑橘 PAE 家族的鉴定

通过详尽的数据挖掘和注释工作，我们确定了 6 个 CsPAE 基因并命名为 CsPAE1 ～ 6（表 16-1）。为了验证这些假定的柑橘果胶乙酰酯酶，我们从 EST 数据集中提取了表达序列标签，证实了在这 6 个柑橘果胶乙酰酯酶中共鉴定出 21 个 EST，其中 CsPAE1 的 EST 数量最多（12 个）。根据参考基因组中的 PAE，克隆了晚锦橙的 PAE，并进行了测序。我们最终发现只有 CsPAE4 与 CAP 内参基因存在 2 个碱基的差异。CsPAE 基因编码为 386（CsPAE2）～ 441（CsPAE6）氨基酸残基，分子量为 42.54 ～ 49.25kDa。CsPAE2 和 CsPAE4 含有较多的酸性氨基酸，使蛋白质呈酸性（等电点＜ 7），CsPAE1、CsPAE3、CsPAE5、CsPAE6 呈碱性（等电点＞ 7）。

表 16-1 CsPAE 家族

基因名称	CAP 编号	氨基酸数目	分子量 /kDa	等电点	EST 数量	注释方法
CsPAE1	Cs3g10410.1	399	43.82	8.68	12	CAP，P，EST
CsPAE2	Cs3g10420.1	386	42.54	5.86	1	CAP，P，EST
CsPAE3	Cs6g01740.1	423	47.32	9.01	3	CAP，EST
CsPAE4	Cs6g06280.1	424	47.57	6.41	1	CAP，P，EST
CsPAE5	Cs9g17480.1	397	44.83	8.39	2	CAP，P，EST
CsPAE6	orange1.1t01789.1	441	49.25	8.24	2	CAP，P，EST

注：P 即 Phytozome，预测。

二、柑橘 PAE 家族的系统发育

为了研究生物间 PAE 的系统发育关系，我们将全部的 CsPAE 与 AtPAE 进行比对并构建系统发育树（图 16-1）。根据 AtPAE 的分枝情况，CsPAE 可以分为三个不同的进化枝，即进化枝 1 ～ 3。具体而言，CsPAE3 和 CsPAE6 位于进化枝 1，CsPAE4 和 CsPAE5 位于进化枝 2，CsPAE1 和 CsPAE2 位于进化枝 3。根据系统发育树，CsPAE5–AtPAE9、CsPAE4–AtPAE4/5 和 CsPAE6–AtPAE3/6 基因之间的亲缘关系密切。在拟南芥中检测到 4 对同源的 PAE（AtPAE3 和 AtPAE6、AtPAE10 和 AtPAE12、AtPAE4 和 AtPAE5、AtPAE7 和 AtPAE11），而在柑橘中仅检测到 1 对同源的 PAEs（CsPAE1 和 CsPAE2）。

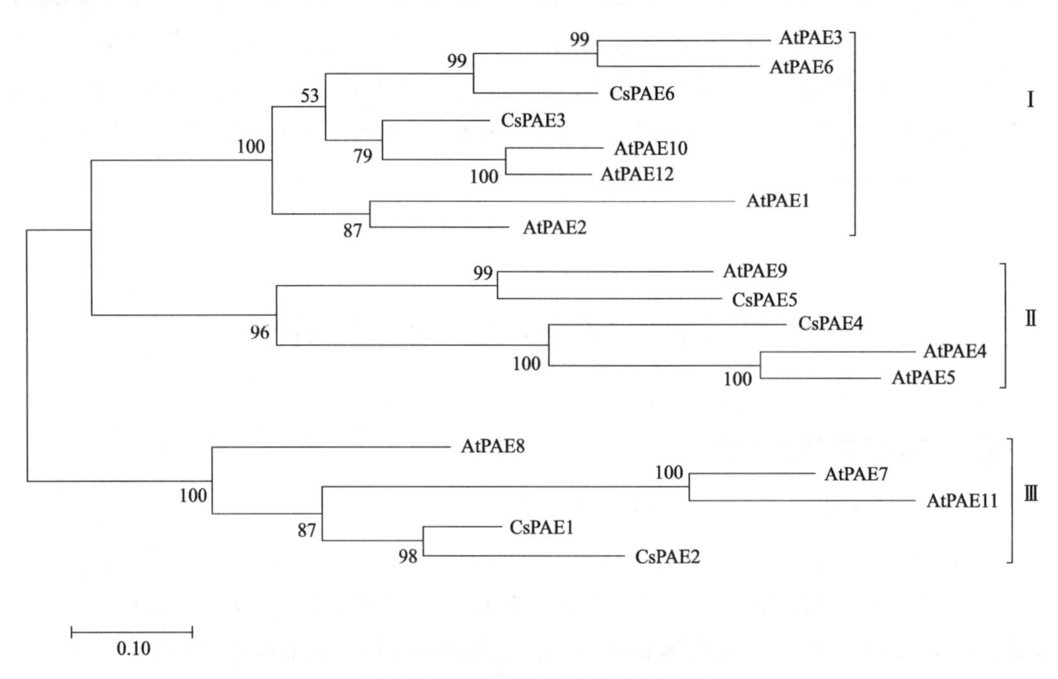

图 16-1 柑橘 PAE 家族的系统发育

三、柑橘 PAE 家族的保守结构域和二级结构

6 个 CsPAE 都含有一个 N 端信号肽和一个 PAE 结构域，以及 9 个 α- 螺旋和 14 个 β- 折叠。在 CsPAE 的 PAE 结构域检测到 11 个保守基序，包括催化活性位点 S、D 和 H 残基，与强催化位点保守性一致。事实上，保守的 GCSxG、NxayDxxQ 和 HCQ 基序同时存在于 CsPAE 和 AtPAE 中。此外，这些 PAE 包含 4 个半胱氨酸残基，促进二硫键的形成，增强酶的热稳定性（图 16-2）。

四、柑橘 PAE 家族的染色体定位和基因结构

6 个 CsPAE 基因分别位于 3 条染色体（CHR3、6 和 9）和未组装的序列（CHR Un）上（图 16-3）。CsPAE 的外显子 - 内含子结构与 AtPAE 相似，存在 10 ～ 12 个内含子。结合染色体定位和系统发育，我们得出结论，CsPAE1 和 CsPAE2 在进化过程中经历了串联复

制事件，导致了新基因的产生和基因新功能化。这两个基因进化成包含不同 CDS（相似度：82%）、相反的酸 / 碱性以及显著不同的内含子序列（图 16-3）。“新生”的 CsPAE2 可能在柑橘中具有新的功能。

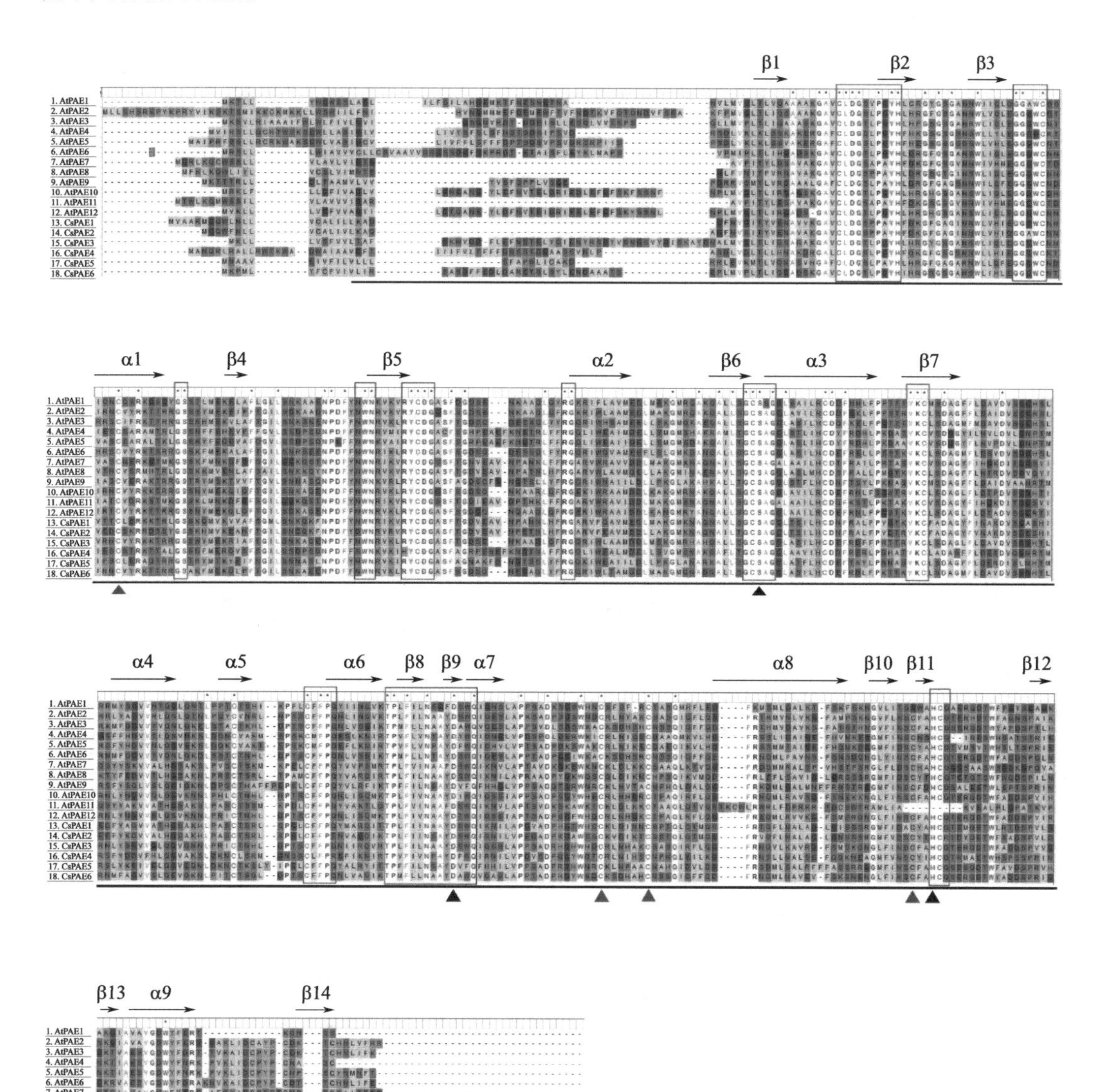

图 16-2 柑橘 PAE 家族的保守结构域和二级结构

红色矩形被用来突出保守的 PAE 基序；二级结构元件由蛋白质序列顶部的黑色箭头显示，α 和 β 分别对应于 α- 螺旋和 β- 折叠；S、D 和 H 活性催化位点用黑色三角形标记；能够形成二硫键的半胱氨酸残基用蓝色三角形标记；一致序列在相应的残基上用星号标记

（扫封底或勒口处二维码看彩图）

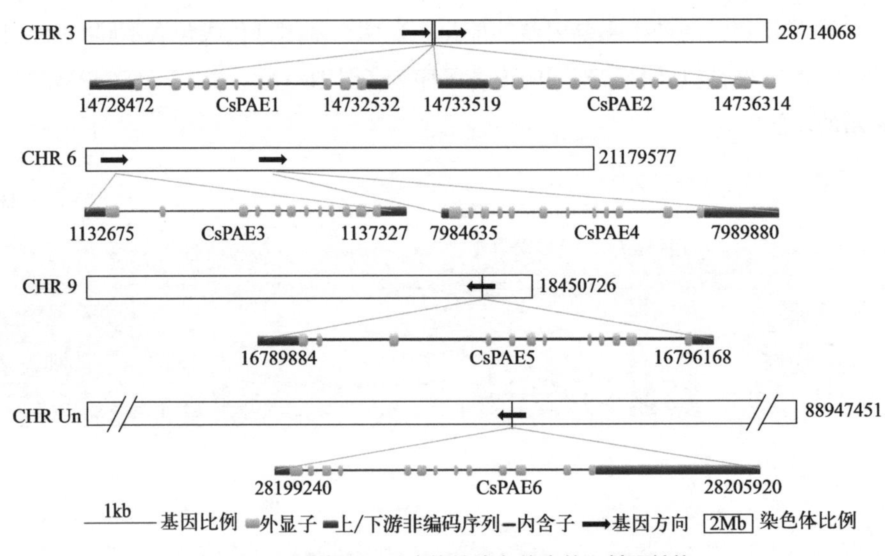

图 16-3 柑橘 PAE 家族的染色体定位和基因结构

（扫封底或勒口处二维码看彩图）

第三节 CsPAE2 受柑橘溃疡病诱导表达模式

受 *Xcc* 诱导后，CsPAE2、CsPAE3 和 CsPAE5 在晚锦橙中表达上调。在这些基因中，我们发现 CsPAE2 在四季橘中表达下调，而 CsPAE3 和 CsPAE5 在四季橘应对 *Xcc* 侵染时仍然表达上调（图 16-4）。这表明 CsPAE2 可能是一种潜在应对 *Xcc* 侵染的感病相关基因。在晚锦橙或四季橘中，*Xcc* 侵染对其他 3 个 CsPAE 的表达均无显著影响。

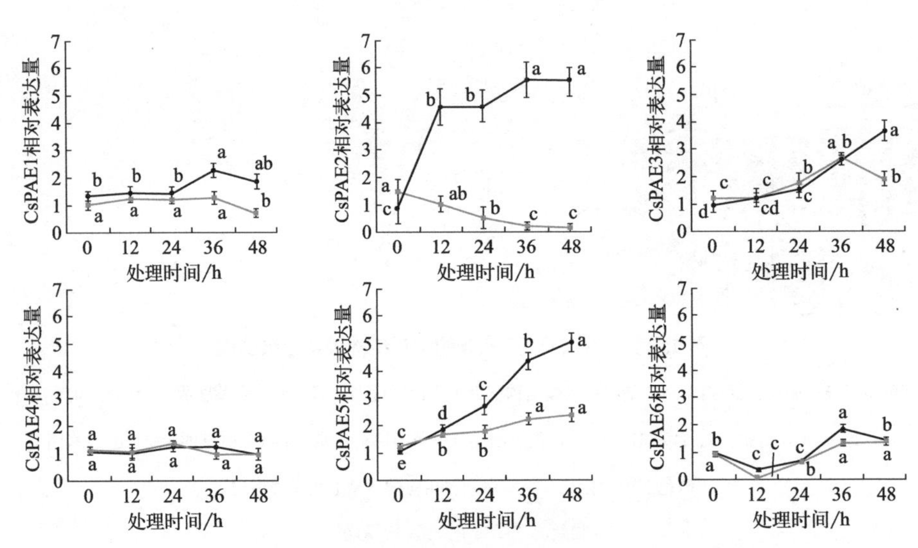

图 16-4 *Xcc* 对柑橘 PAE 家族的诱导表达

—— 四季橘；—— 晚锦橙

第四节 CsPAE2 负调控柑橘溃疡病抗性

一、CsPAE2 过表达增强溃疡病易感性

为了探索 CsPAE2 在柑橘溃疡病中的功能，我们构建了 CsPAE2 过表达载体并遗传转化柑橘。我们通过 PCR 和 GUS 检验证实了 CsPAE2 在三个过表达植株（标记为 OE1、OE2 和 OE3）中成功整合［图 16-5（a）（b）］。这些转基因植株的生长速度与野生型植物（WT）相当，但与野生型植物相比，它们表现出更多的分叉［图 16-5（c）］。这三个转基因植株中 CsPAE2 表达水平显著升高（分别是 WT 的 29 倍、36 倍和 26 倍）［图 16-5（d）］。过表达植株相对于 WT 表现出更大的病变和更明显的症状［图 16-5（e）］。其中 OE2 最严重，其次为 OE1 和 OE3。OE2 的病斑约为 WT 植株的 127%［图 16-5（f）］。此外，与野生型相比，转基因植株的病情指数增加了 16%（OE3）至 19%（OE2）［图 16-5（g）］。从这些结果可以得出 CsPAE2 过表达增加了转基因柑橘植株对 CBC 的易感性。

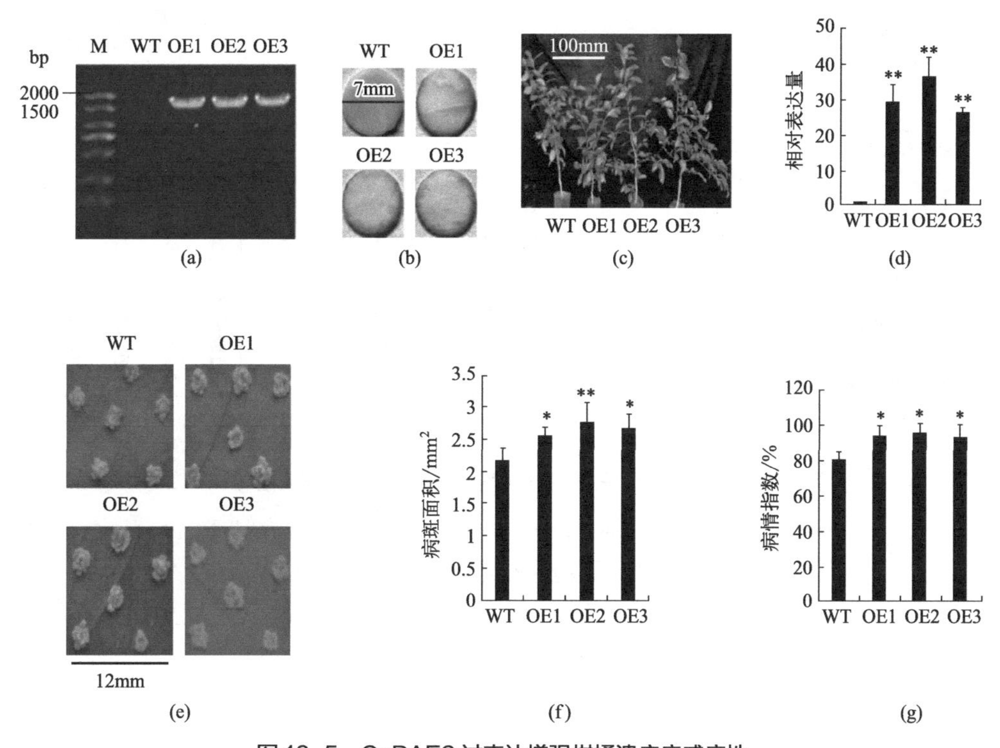

图 16-5 CsPAE2 过表达增强柑橘溃疡病感病性

（a）转基因植株的 PCR 鉴定；（b）转基因植株的 GUS 染色鉴定；（c）转基因植株的表型；（d）转基因植株的 CsPAE2 表达水平；（e）转基因植株的溃疡病症状；（f）转基因植株的病斑面积；（g）转基因植株的病情指数

二、CsPAE2 沉默增强柑橘溃疡病抗性

我们构建了 RNAi 载体并转化晚锦橙。通过 PCR（R1，R2，R3）和 GUS 染色鉴定获得 3 株转基因植株［图 16-6（a）（b）］。相对于 WT，这些转基因植株表现出更高的生长速率［图 16-6（c）］。CsPAE2 在转基因植株中的表达量显著降低，分别为 WT 的 40%、18% 和 22%［图 16-6（d）］。在侵染 *Xcc* 后，这三个突变体表现出比 WT 植株明显更小的病斑［图 16-6（e）］。因此，可以得出结论，沉默 *CsPAE2* 基因可以显著提高柑橘对 CBC 的抗性。与此一致的是，在这三个沉默植株中病斑面积明显较小（分别为 WT 的 75%、63% 和 71%）［图 16-6（f）］。此外，这三个转基因植株相对于 WT 的病情指数显著降低，下降了 26%（R1）～ 35%（R2）［图 16-6（g）］。因此，CsPAE2 的沉默足以赋予 CBC 抗性，表明 CsPAE2 是一个 CBC 感病基因。

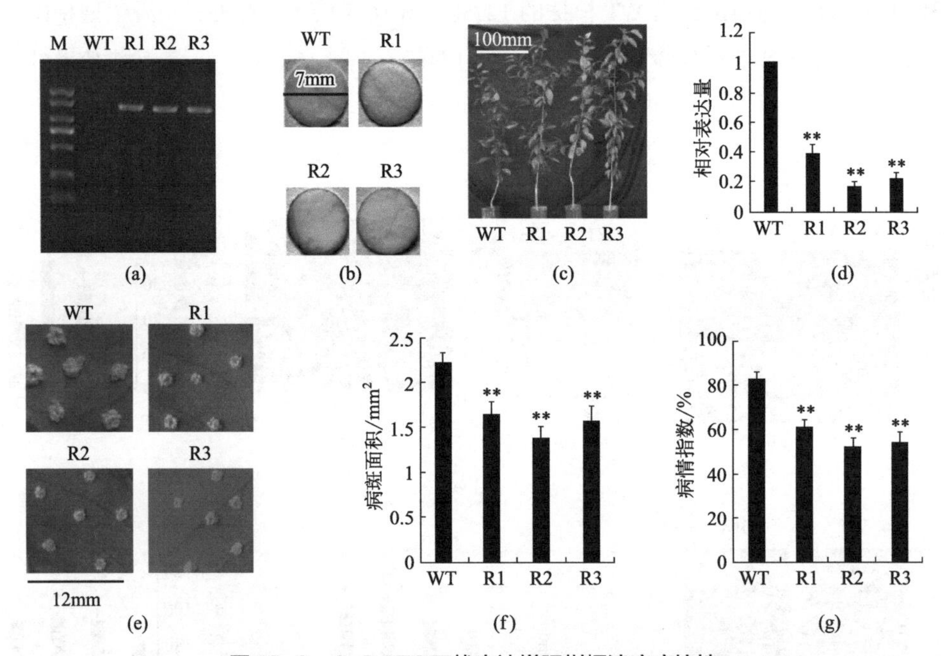

图16-6 CsPAE2 干扰表达增强柑橘溃疡病抗性

（a）转基因植株的 PCR 鉴定；（b）转基因植株的 GUS 染色鉴定；（c）转基因植株的表型；（d）转基因植株的 CsPAE2 表达水平；（e）转基因植株的溃疡病症状；（f）转基因植株的病斑面积；（g）转基因植株的病情指数

第五节 本章小结

PAE 在高等植物中组成一个多基因家族，而在低等植物中只有一个拷贝。这可能是因为低等植物可能表现出较低水平的乙酰化，因此需要降低 PAE 酶活性，而在高等植物中，果胶

去乙酰化是一个更复杂的过程，需要大量的 PAE 参与。我们在柑橘基因组检测到 6 个 PAE，是拟南芥中检测到的 PAE 数量的一半。两个物种基因家族大小的差异与重复事件的数量有关。事实上，在拟南芥中检测到 5 个复制事件，而在柑橘中检测到只有 1 个复制事件。然后，我们利用这些蛋白质的序列构建了一个系统发育树，将这些 CsPAE 分为三个支系，每个支系包含两个 CsPAE。与拟南芥中鉴定的 PAE 非常相似，我们发现 CsPAE 具有大量的内含子，含有内含子的基因比非内含子的基因更能有效地转录。这些基因还可以通过产生内含子 micro RNAs 来调控 PAE 在特定组织或其他调控环境中的表达谱，从而起到基因表达的负调控作用（Morello，*et al.*，2008）。

多项研究表明，PAEs 可以调节植物的逆境反应。在拟南芥中，果胶乙酰转移酶基因 PMR5 和 PMR6 突变体对灰霉病菌易感，而 PMR 对白粉病侵染不敏感（Chiniquy，*et al.*，2019）。CsPAE 表达模式可以为其在植物中的不同作用提供功能上的见解。我们发现 CsPAE2、CsPAE3 和 CsPAE5 的表达水平都与 *Xcc* 相关。在这些基因中，CsPAE2 在四季橘和晚锦橙表现出相反的表达模式，在接种 *Xcc* 后，前者表达下调，后者表达上调。通过过表达和 RNAi，我们进一步确定 CsPAE2 是一个潜在的 CBC 感病基因。在表型变化方面，过表达植株表现出与 WT 植株相当的生长速率，RNAi 植株表现出比 WT 植株更快的生长速率。此外，过表达植物和 RNAi 植株都比 WT 具有更多的分枝。这一结果暗示 CsPAE2 可能参与了柑橘的生长调控。本章探讨了 CsPAE 基因在 CBC 中的功能。然而，与这个主题有关的许多问题仍有待回答。例如，*Xcc* 介导 CsPAE2 表达的机制仍有待确定，CsPAE2 在 CBC 侵染过程中的功能也有待确定。

第十七章 CsPGIP 在柑橘溃疡病中的功能

多聚半乳糖醛酸酶抑制蛋白（polygalacturonase inhibitor protein，PGIP）基因是一个常用的抗病基因，大量的研究证明 PGIP 可提高植物对植物病害的抗性。前期转录组研究发现，溃疡病高感品种晚锦橙和高抗品种四季橘在侵染溃疡病菌前后 CsPGIP 表达差异显著，推测 CsPGIP 可能与柑橘溃疡病的抗性相关。本研究通过生物信息学分析、亚细胞定位、表达分析和转基因功能验证等研究 CsPGIP 与柑橘溃疡病抗、感性的关系，探讨 CsPGIP 在柑橘溃疡病中的功能。

第一节 多聚半乳糖醛酸酶抑制蛋白的研究背景

多聚半乳糖醛酸酶抑制蛋白（PGIP）基因是一个常用的抗病基因，陈波等通过挖掘、分析柑橘中的 PGIP（登录号：BAA31841.1）编码蛋白质序列，证明 PGIP 是一个编码 327 个氨基酸并包含两个富含亮氨酸重复序列（leucine-rich repeat，LRR）LRR_2、LRR_1 的基因（陈波等，2018）。LRR 结构域在植物生长发育和抗病反应等方面发挥着重要作用，与识别病原体的特异性有一定关系，且决定与配体结合的专一性，PGIP 通过抑制病原菌多聚半乳糖醛酸酶（polygalacturonase，PGs）的活性防止病原菌侵染植物组织。越来越多的研究发现，PGIP 在抗细菌病方面也发挥重要的作用。组成型表达梨 PcPGIP 后发现 PcPGIP 对细菌叶缘焦枯菌（*Xylella fastidiosa*）有明显的抗性（Agüero，*et al.*，2005）；在烟草和结球甘蓝中转入芜菁的 PGIP2 后，发现该基因增强了对细菌性病害软腐病菌（*Pectobacterium carotovorum*）的抗性（Hwang，*et al.*，2010）；前期转录组研究发现，溃疡病高感品种晚锦橙和高抗品种四季橘在侵染溃疡病菌前后 CsPGIP 表达差异显著，推测 CsPGIP 可能与柑橘溃疡病的抗性相关。

第二节 柑橘 PGIP 的生物信息学特征

晚锦橙和四季橘的 CsPGIP 均含有 328 个氨基酸，与已报道柑橘 PGIP（BAA31841.1）的同源性为 99.39%，3 个基因编码的 PGIP 均含有 PGIP 关键结构域 LRR_1 和 LRR_2，属于同源基因（图 17-1）。通过 CsPGIP 与其他 8 个物种（拟南芥、高粱、水稻、亚麻属、苜蓿、杨树、谷子和葡萄）共 38 条 PGIP 序列的系统发育分析，结果显示不同物种间 PGIP 序列具有很强的保守性，相同物种具有较高的相似度；单子叶和双子叶植物单独聚在一起，分成两个大组；柑橘 CsPGIP 与葡萄 PGIP（GSVIVT01033370001）遗传距离最近，相似度达到 62.97%（图 17-2）。

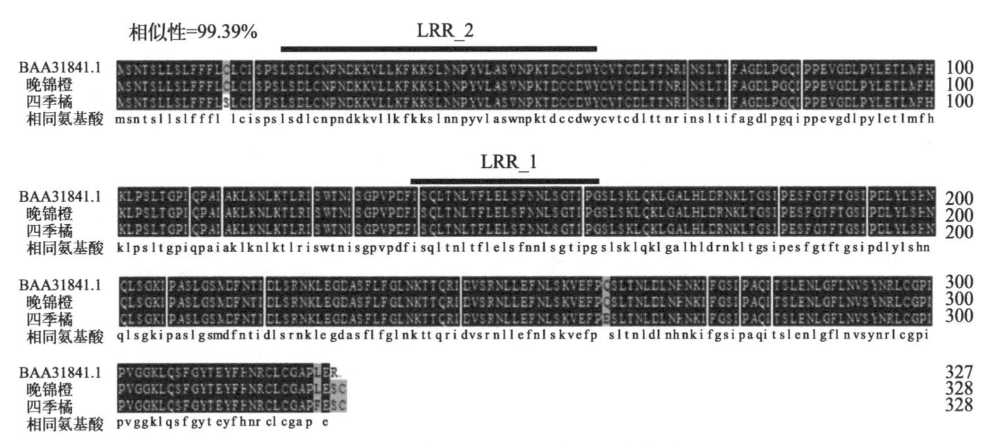

图 17-1 柑橘 CsPGIP 的保守结构域

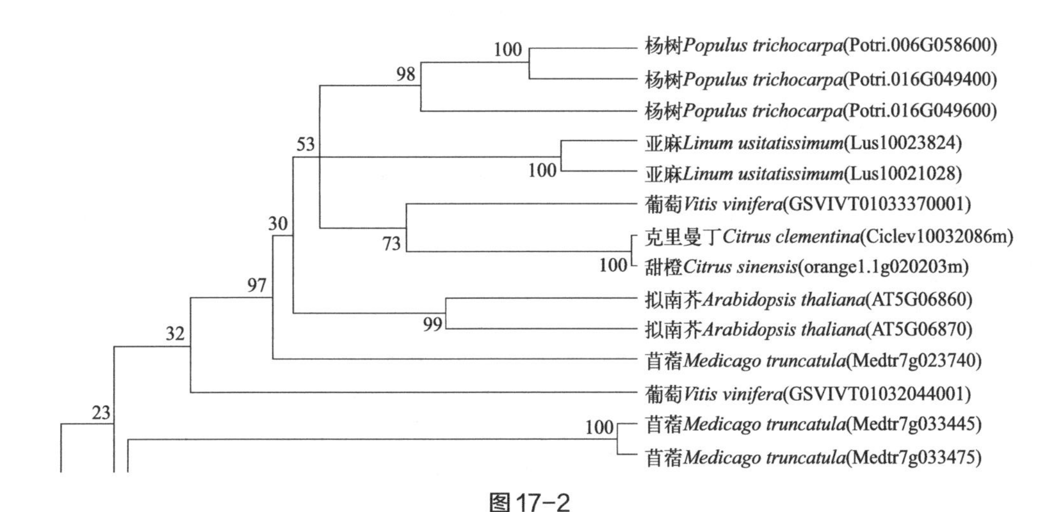

图 17-2

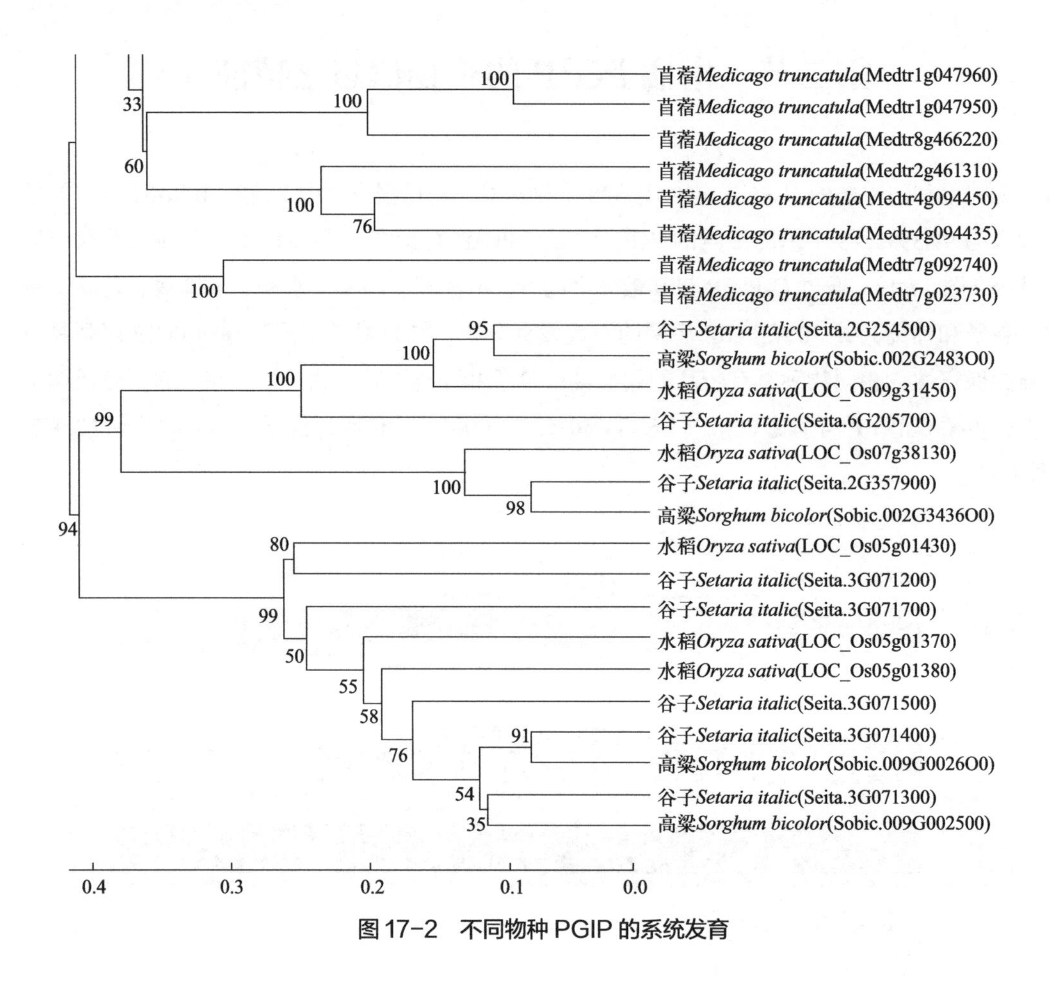

图 17-2 不同物种 PGIP 的系统发育

第三节 CsPGIP 的表达特征

一、CsPGIP 的亚细胞定位

对 CsPGIP 进行亚细胞定位预测，定位于细胞膜上的预测分值（2.272）显著高于其他部位（≤ 1.494），结果表明 CsPGIP 可能定位在细胞膜上。信号肽预测结果显示其 N 端有含 23 个氨基酸的信号肽：MSNTSLLSLFFFLCLCISPSLSD，表明 CsPGIP 为分泌蛋白。为验证亚细胞定位和信号肽的预测，以柑橘 CsPGIP 与 GFP 构建融合表达载体，通过洋葱表皮瞬时表达进行亚细胞定位，显微观察显示融合蛋白定位在细胞膜和细胞壁结合部［图 17-3（a）］，进一步进行质壁分离后观察显示融合蛋白在细胞膜和细胞壁中都有积累［图 17-3（b）］，而对照组定位在整个细胞中［图 17-3（c）（d）］。CsPGIP 定位在细胞膜和细胞壁中的观察结果与预测一致。

二、CsPGIP 受柑橘溃疡病的诱导表达模式

柑橘 CsPGIP 在 5 个时间点（0h、12h、24h、36h 和 48h）受 *Xcc* 诱导表达水平存在不同程度的差异（图 17-4），其中高感品种晚锦橙在接种溃疡病菌 12h 后 CsPGIP 的表达出现显著

下调并维持在较低的水平；而高抗品种四季橘在接种溃疡病菌后 CsPGIP 表达出现不同程度上调，在 12h 时表达量最高，为 0 时的 2.91 倍，12h 后仍维持在较高水平。结果表明 CsPGIP 表达与溃疡病菌的侵染具有密切关系，经溃疡病菌诱导而显著上调可能是四季橘抗溃疡病的原因之一。

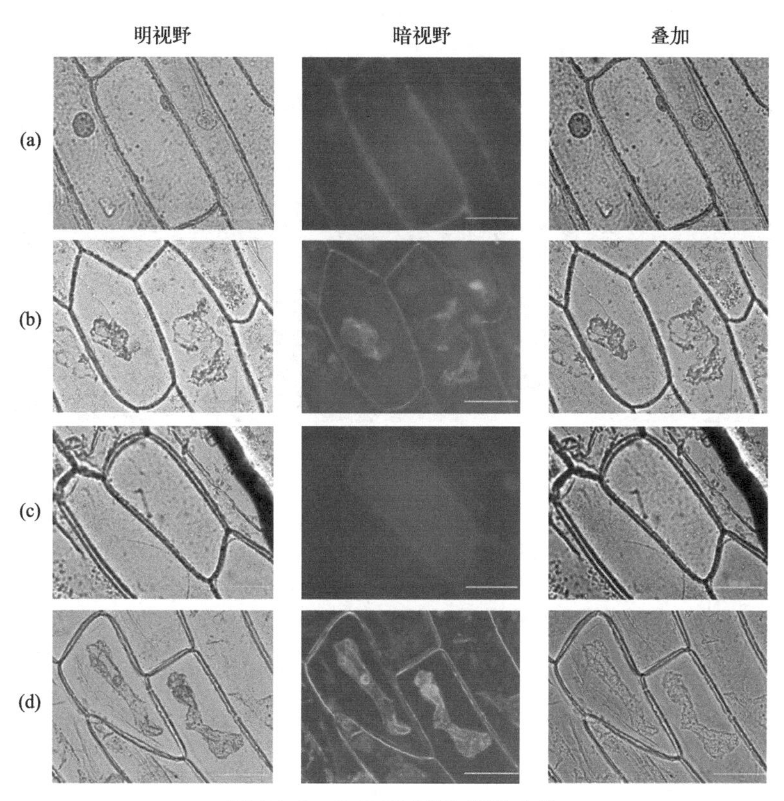

图 17-3 CsPGIP 的亚细胞定位

（a）CsPGIP-GFP 融合蛋白瞬时表达；（b）CsPGIP-GFP 融合蛋白质壁分离；（c）GFP 瞬时表达；（d）GFP 质壁分离

（扫封底或勒口处二维码看彩图）

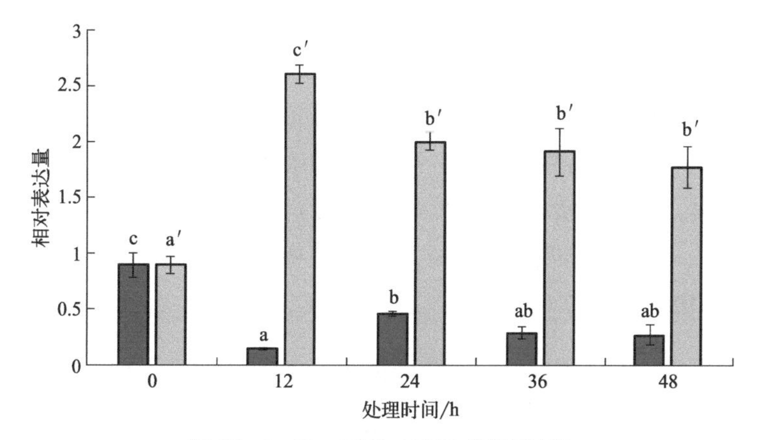

图 17-4 *Xcc* 对 CsPGIP 的诱导表达

晚锦橙；四季橘

第四节 CsPGIP 正调控柑橘溃疡病抗性

一、CsPGIP 过表达转基因植株的鉴定

经 GUS 染色初筛结合 PCR 鉴定，共获得 9 个转基因植株 OE1、OE3、OE4、OE5、OE6、OE9、OE10、OE12 和 OE14 [图 17-5（a）]。相对于野生型对照，以上 9 个植株 CsPGIP 表达量均出现不同程度的上调，其中 OE10 上调表达最高 [图 17-5（b）]。

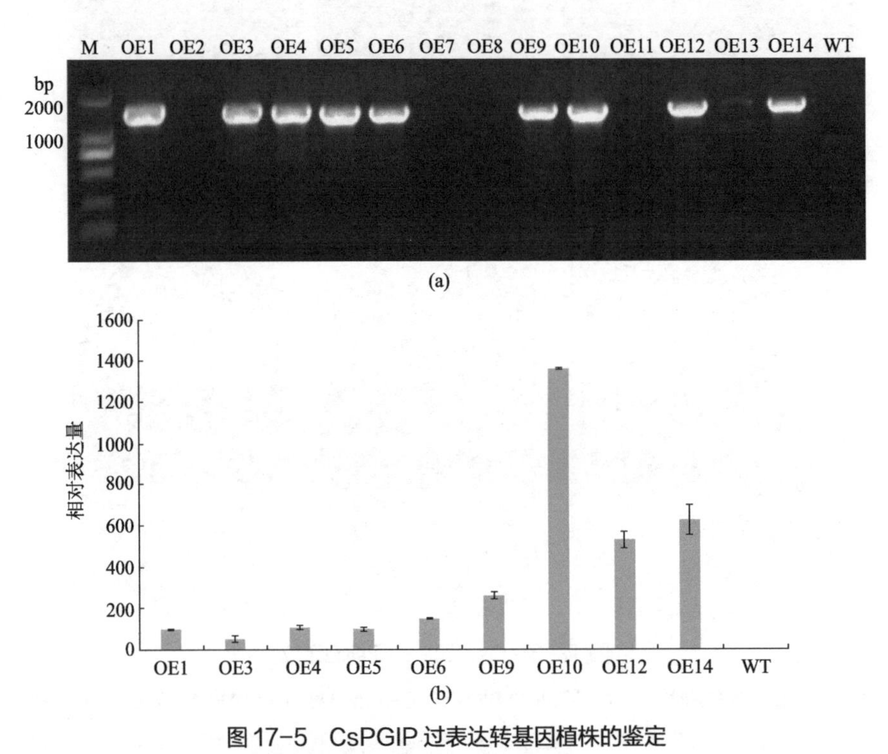

图 17-5 CsPGIP 过表达转基因植株的鉴定

（a）转基因植株的 PCR 鉴定；（b）转基因植株的 CsPGIP 表达水平

二、CsPGIP 过表达转基因植株的表型

观察分析 9 株转基因植株的表型，3 个树龄一年的植株 OE1、OE3 和 OE4 中 OE3 与野生型对照差异明显，植株较矮小 [图 17-6（a）（d）]。6 个树龄 6 个月的植株 OE5、OE6、OE9、OE10、OE12 和 OE14 与野生型比较，OE14 植株出现了异常，植株矮小 [图 17-6（b）（e）]，叶片卷曲、增厚 [图 17-6（c）]。

三、CsPGIP 过表达转基因植株的抗性评价

本研究对 8 个转基因植株（OE1、OE3、OE4、OE5、OE6、OE9、OE10 和 OE12）进行了抗病性评价。采用针刺法离体接种溃疡病菌，以接种水的叶片作为对照。10 天后，接

种水的叶片均未发病，而接种溃疡病菌的叶片均不同程度发病，病斑大小存在一定的差异［图 17-7（a）］；经过统计分析，转基因植株病斑面积显著小于野生型对照，仅为野生型对照病斑面积的 24.11% ～ 83.88%［图 17-7（b）］；转基因植株病情指数仅为野生型对照的 23.12% ～ 86.52%［图 17-7（c）］。从转基因植株接种溃疡病菌抗性评价结果可知，植株 OE1、OE4、OE5、OE6、OE9、OE10 和 OE12 能显著减小叶片溃疡病病情指数，其中 OE1 植株对柑橘溃疡病抗性得到极显著提高。

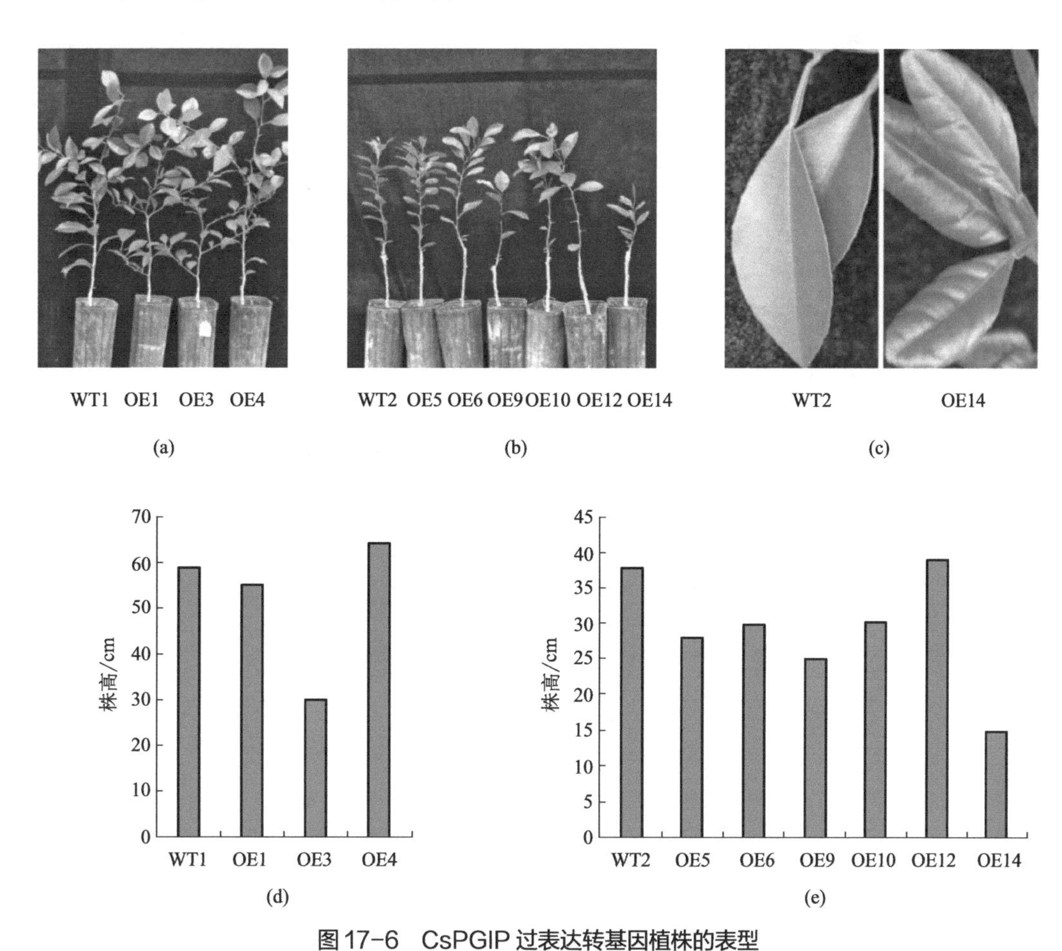

图 17-6 CsPGIP 过表达转基因植株的表型

（a）树龄 1 年的转基因植株表型；（b）树龄 6 个月的转基因植株表型；（c）转基因植株的叶片表型；（d）树龄 1 年的转基因植株的株高；（e）树龄 6 个月的转基因植株的株高

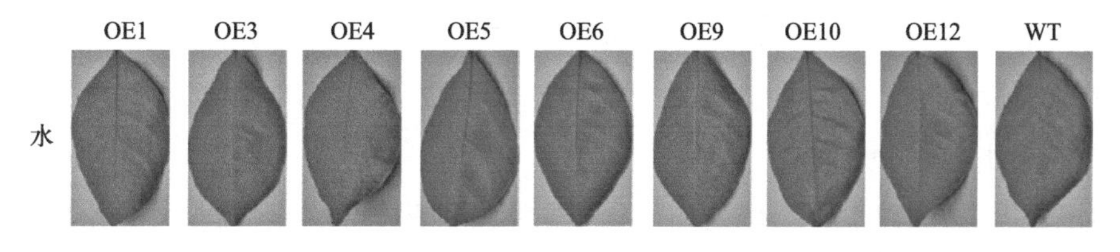

图 17-7

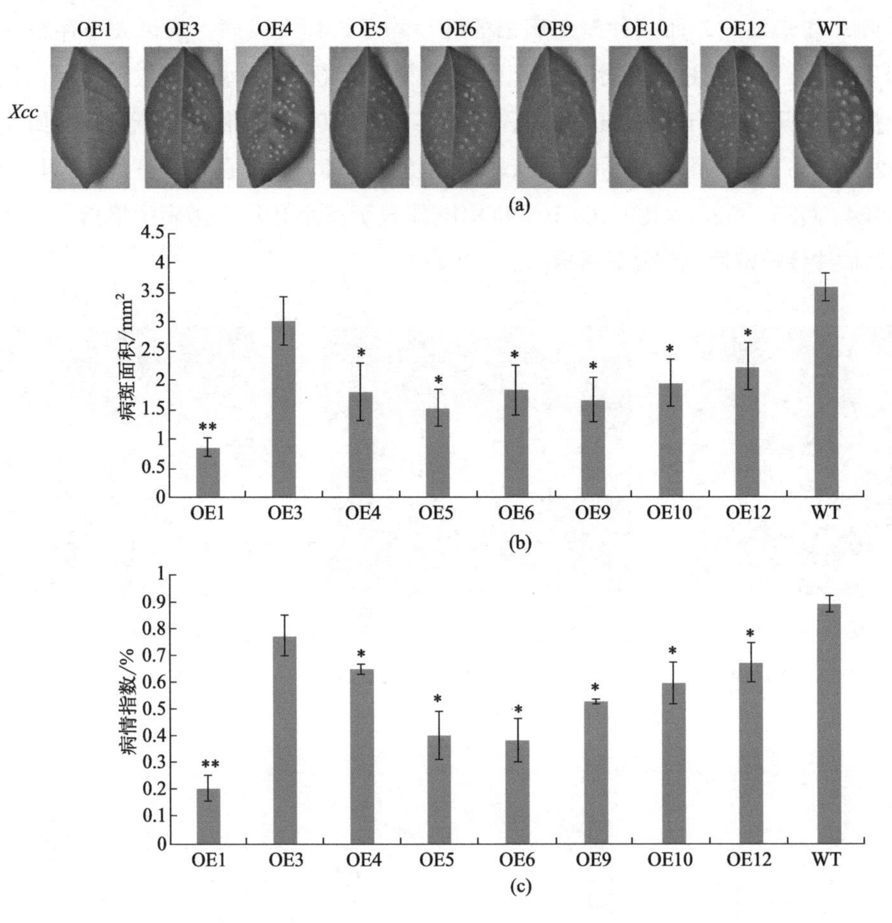

图17-7 CsPGIP过表达增强柑橘溃疡病抗性

（a）转基因植株的溃疡病症状；（b）转基因植株的病斑面积；（c）转基因植株的病情指数

第五节 本章小结

植物细胞壁是抵御病菌入侵的第一道防线，病原菌必须通过植物细胞壁在植物体内建立生物营养侵染的定殖位点后进行扩大侵染（Powell，*et al.*，2000）。PGIP是植物细胞壁产生的LRR类防御蛋白，能特异性地抑制病原菌分泌的PGs，从而抑制病原菌对植株的侵染。有研究表明，PGIP在多种物种中对提高病害的抗性有显著作用，过表达PGIP2增强了结球甘蓝对细菌性软腐病的抗性（Hwang，*et al.*，2010）。本研究结果表明，晚锦橙中的CsPGIP过表达可增强柑橘对溃疡病菌的抗性。

晚锦橙和四季橘中的CsPGIP蛋白仅存在3个氨基酸的差异，但它们具有相同的LRR类防御蛋白特有的结构域LRR_1和LRR_2，因而这两种蛋白本身对病原菌的抵抗能力可能差异不大。导致CsPGIP在不同溃疡病抗性的柑橘品种中差异表达的原因可能是调控机制的差异。在不同的抗、感溃疡病的柑橘品种中，CsPGIP 虽然相同，但其转录后可能存在转录后修饰现象，转录呈现多态性，这种转录后的修饰也会导致在不同抗性的柑橘品种中 CsPGIP 表达的差异。因而进一步克隆晚锦橙和四季橘中 CsPGIP 的启动子，分析启动子序列差异；同时对不同溃疡病抗性的柑橘品种中 CsPGIP 转录的结构多态性进行研究，有望阐明 CsPGIP 在不同溃疡病抗性的柑橘品种中差异表达的原因。

本研究对 9 个转基因植株进行表型分析发现仅有两个转基因植株出现了植株矮小的现象，其中一个植株（OE14）的叶片卷曲增厚。本研究中转基因植株表型变化可能是 CsPGIP 随机整合到柑橘基因组中时引起某些基因或调控序列失活造成的。由于仅有两个植株出现了表型变化且其中一株过于矮小无法进行表型相关研究，后期将对溃疡病抗性评价、插入位点、基因表达和细胞组织结构进行综合研究，来探究 CsPGIP 对植物生长发育的影响。目前 CsPGIP 对柑橘溃疡病抗性机理尚未清楚，因而筛选出的抗溃疡病的转基因柑橘可以作为材料进一步研究 CsPGIP 的作用机制。综上所述，CsPGIP 是柑橘响应溃疡病菌侵染的重要基因，可抑制或减轻柑橘溃疡病的发病程度，在柑橘抗溃疡病机理研究方面具有较大的应用价值，也可作为柑橘抗溃疡病分子育种的一个候选基因。

附　　录

>CsAP2-09 编码序列

ATGTTGGATCTCAATCTCGATATTGCTTCCTGCGAATCGTCTTCAATCTGTGAAGACA
AGAACAAGAAGAAGATTAATTATAGCAGTAATAATAATATCAAGATCACGGCGATGCAAA
TGGAAGATTCGGGAACGTCGAACTCGTCCGTCATCAACAACGAAGAAGCTGCTGATAAC
GCTTCCAACAACCACGTCAGCTTCCCGTTCGTTTTCGGTATATTTAAGAAAGAAAACGAG
GATGACGATAATAATAATAATAATTACCAGCCGGCGGCGTCAGCAGCAGCAGCAGCAACA
ATTCTTGATGATAAGGCTGTTCCAATCACGCGTCAGCTCTTTCCGGTGACTGGAGCGGGG
TCCACTACGAGTGCGACTACGGGTCAGTGGTTGAATTTATCTTGTGCCACCGCCGCCGCT
GCTGCTGATGATGTTGACGATGAGTCAGCTGCTGGCGGGCAAGAGCTGAAACCCGTGCA
GCAGAAGCCTCAGCAAGTGAGAAAAAGCAGGCGAGGGCCGAGGTCTAGAAGCTCTCAG
TACCGCGGTGTCACGTTTTATCGAAGAACCAGCAGATGGGAATCACATATCTGGGATTGC
GGGAAGCAAGTGTATTTGGGTGGATTTGACACTGCCCATTCTGCAGCAAGGGCATACGAT
CGGGCTGCAATTAAGTTCAGAGGAGTTGATGCTGATCTTAACTTCGGTGTAACTGATTATG
AAGAAGATATGAAGCAGATGAAGCATCTATCCAAAGAAGAATTTGTGCTGATTCTTCGTC
GGCAAAGCAATGGATTTGCAAGAGGAAGCTCGAAATACAGAGGTGTCACATTGCACAAA
TGTGGTAGATGGGAAGCTAGAATGGGACAGCTCCTTGGAAAGAAGGCCTATGACAAAGC
TGCAATCAAGCAAAATGGAAGAGAAGCATTAACCAATTTTGAGCCAAGTGCTTATCAAC
GAGAGACGCTTTTAGATTCTAACAATGGAGGTAGCAGCAACAACCTCAATCTTGATTTGA
GCATTGGAATTTCCCAGCCTTCAAGTACTATTTATTGTGAGGCTTGCCAAATGCCCAACAA
AGAGAGACGAGTGCTTGATAGCACTGTTTATGCTTCAATGGGTGTGCAATTACAACCCCA
TCATCCCCATCATGGCCTAACAATGCCTCCCCAAAGCCATGAGGAAATGGCTAAGGAGAA
GAGGGTTCAAGGTGTTTCTTCACCCGGATTCACAAACTGGGCATGGCAAATGCACAATAA
CGGTAGTGTTGCAGCAATGCCAGTGAATTTGTTATCAAGTGCAGCATCATCAGGATTCTCT
TCTTCTCCCACTACTGCTCCTGCAGCTAATACCATTCAAGTTCAGCAGCAGATTAATAATA
ACCCTGCAGCCCGCAACATGTTTCTCGCAACACAAAACACATCTGCCGCCATCGACAATT
CTCATCATTTGCGCAATTACAGAAGCTAA

>CsAP2-09 蛋白序列

MLDLNLDIASCESSSICADKNKKKINYSSNNNIKITAMQMEDSGTSNSSVINNEEAADN
ASNNHVSFPFVFGIFKKENEDDDNNNNNYQPAASAAAAAAILDDKAVPITRQLFPVTGAG
STTSATTGQWLNLSCATAAAAADDVDDESAAGGQGLKPVQQKPQQVRKSRRGPRSRSSQY

RGVTFYRRTSRWESHIWDCGKQVYLGGFDTAHSAARAYDRAAIKFRGVDADLNFGVTDY
EEDMKQMKHLSKEEFVLILRRQSNGFARGSSKYRGVTLHKCGRWEARMGQLLGKKAYDK
AAIKQNGREAVTNFEPSAYQRETLLDSKNGGSSNNLNLDLSIGISQPSSTIYCEACQMPNKER
RVLDSTVYASMGVQLQPHHPHHGLTMPPQSHEEMAKEKRVQGVSSPGFTNWAWQMHNNG
SVAAMPVNLLSSAASSGFSSSPTTAPAANTIQVQQQINNNPAARNMFLATQNTSAAIDNSHHL
RNYRS

>CsBZIP40 编码序列

ATGGCGAGTCACAGAATTGGAGCCGCTGGTGGGTTATCTCACGATTCTGCAGGTCCT
TCAAATCTCCATCACCACCATGTCCCTTATGCAACATCTCTTCATCAAGGCTTCATTAACC
AAGAAGGACCTGCTTTTGATTTTGGAGAGCTACAAGAAGCAATTGTACTGCAAGGAGTC
AAGTTTAGAAATGATGAAGCTACTAAAGCACCTTTATTTACAGCAGCAGCAGGAGGGAG
CCAGCTGCTACTCTGGAGATGTTTCCTTCTTGGCCAATGAGATTCCAGCAAACCCCAAGA
GGAAGTTCAAAGTCAGGAGGGGAGAGTATTAGTACAGACTCAGGATCAGCACTCAACAC
AATATCATCAGGCAAAGCTGAGGCCTCACAGTCACAGCTTGAGCAGCCAGAATCACCCA
TCAGTAATATCAATCATATAAAGCCGTCTGCTTCTAATCAACAACAATCAGTAGAAATGGC
AAATGATGCTTCAAGAACAAGACCGTCATCATCTCAGCAGAATCAAAATCATCAATCTGC
AGCAGCATTAACAGATGCAAAACCATCACAAGAAAAGAGAAAGGGTCCTGGTTCAACAT
CAGACAGACAACTTGATGCTAAGACATTGAGACGTTTGGCTCAAAACAGAGAAGCTGCC
AGAAAGAGTCGTTTAAGAAAAAAGGCCTATGTCCAGCAGCTGGAAACTAGTAGGATAAA
GCTGAATCAGTTGGAGCAAGAGCTTCAAAGAGCCCGCTCTCAGGGACTGTTCTTGGGAG
GCTGTGGAGTTGCAGCAGGAAACATTAGTTCTGGAGCTGCAATATTTGACATGGAGTATG
CAAGATGGTTAGAGGACGATCAACGGCACATATCTGAGCTCCGAAGTGGGCTGAATCAA
CATTATTCGGACGGTGATCTCAGGATTATCGTAGATGCATACATTTCACATTACGATGAAAT
TTTCCGGCTAAAGGGTGTGGCTGCAAAATCCGATGTGTTTCATCTTATCACCGGAATGTG
GACCACCTCCGCGGAGCGTTGCTTCCTCTGGATGGGCGGTTTTAGGCCATCCGAGCTCAT
CAAGATGTTAATATCGCAATTAGACCCGTTAACAGAACAACAAGTGATGGGTATTTACAG
CCTCCAGCAGTCAACACAGCAAGCTGAAGAAGCACTCTCCCAAGGCCTGGAGCAGCTC
CAACAGTCCCTGATCGAAACCATTGCCGGTGGCCCTGTCGTTGATGGTATGCAACAAATG
GTCGTCGCATTGGGCAAGCTTGAGAATCTAGAAGGCTTCGTTCGCCAGGCTGATAATTTA
AGACAACAAACCCTTCACCAACTCCGGCGGATATTGACAGTGCGACAAGCGGCACGGTG
TTTTTTGGTGATTGGAGAGTATTACGGGCGATTAAGAGCTCTTAGTTCCCTTTGGGCATCT
CGTCCTCGAGAGACTATGATAAGTGAAGATAATTCCTGCCAAACGACGACGGATCTGCAA
ATGGTTCAACATTCACAAAATCATTTCTCGAACTTTTGA

>CsBZIP40 蛋白序列

MASHRIGAAGGLSHDSAGPSNLHHHHVPYATSLHQGFINQEGPAFDFGELQEAIVLQGV
KFRNDEATKAPLFTAAAGGRPAATLEMetFPSWPMetRFQQTPRGSSKSGGESISTDSGSALNTI

SSGKAEASQSQLEQPESPISNINHIKPSASNQQQSVEMetANDASRTRPSSSQQNQNHQSAAAL TDAKPSQEKRKGPGSTSDRQLDAKTLRRLAQNREAARKSRLRKKAYVQQLETSRIKLNQLE QELQRARSQGLFLGGCGVAAGNISSGAAIFDMetEYARWLEDDQRHISELRSGLNQHYSDGD LRIIVDAYISHYDEIFRLKGVAAKSDVFHLITGMetWTTSAERCFLWMetGGFRPSELIKMetLIS QLDPLTEQQVMetGIYSLQQSTQQAEEALSQGLEQLQQSLIETIAGGPVVDGMetQQMetVVAL GKLENLEGFVRQADNLRQQTLHQLRRILTVRQAARCFLVIGEYYGRLRALSSLWASRPRETM etISEDNSCQTTTDLQMetVQHSQNHFSNF

> CsWRKY43 编码序列

ATGGACCGACGAGTCCACAGATTGGTGTTGCCAGAAGATGGATATGAGTGGAAAAA ATATGGCCAAAAATTCATCAAAAACATCAGAAAATTTAGGAGCTATTTCAAGTGCCAAGA GAGCAGTTGCATGGCCAAGAAACGAGCCGAGTGGTGCACCTCGGACCCAACCAACGTC CGAATTGTGTATGATGGGGTTCACAGTCACACCCACCATGGATCTTCCCCATCCTCAGCA GATCAACCTAGAAGAGGTTCCTCCAATACTTCATCAAATGGCAATCAGTATAATTTGTTAA CACAAGTGTTTGGAGATCAATCATCAAACGCACCACCAGCTAGCAGACGCAATTAG

>CsWRKY43 蛋白序列

MDRRVHRLVLPEDGYEWKKYGQKFIKNIRKFRSYFKCQESSCMAKKRAEWCTSDPTN VRIVYDGVHSHTHHGSSPSSADQPRRGSSNTSSNGNQYNLLTQVFGDQSSNAPPASRRN

>CsWRKY50 编码序列

ATGTCTAATATAAATCTTATACCACAGGACTCACCTGAGAGTGATTCTGCTGAAA AGACTAATTTCGAGCTCTCTGAGTACTTGACCTTTGATGAGTGGTTCGAGGATGATC AAGCATCTAAACTTTTTGGGTATGTCCAGAATCCGGTGTATCGAGCAAATGAAGTTG TTGAACCAGGAGGAACTAGCACCCACTTCGAAGGACCTAGTAACAGTGACAATGAC AGTGGGAGGGAGAAGAAGCCGGTAAAAGAAAGAGTTGCGTTCAAGACAAAATCTG ACGTCGAGATACTGGATGATGGGTTCAAGTGGAGAAAATATGGCAAGAAGATGGTG AAAAATAGCCCAAATCCAAGGAATTATTATAAATGTTCAGTTGATGGATGCCCCGTGA AGAAAAGAGTTGAAAGAGACAGAGATGATCCAAGTTATGTAATAACAACCTATGAA GGTTTCCATACTCACCAAAGCAATCCTTAG

>CsWRKY50 蛋白序列

MSNINLIPQDSPESDSAEKTNFELSEYLTFDEWFEDDQASKLFGYVQNPVYRANEVVEP GGTSTHFEGPSNSDNDSGREKKPVKERVAFKTKSDVEILDDGFKWRKYGKKMVKNSPNPR NYYKCSVDGCPVKKRVERDRDDPSYVITTYEGFHTHQSNP

>CsWRKY61 编码序列

ATGGAGGAGAAAAGAGCTATGGACGATGTTTTGAGAATTTCTGGACGCACAGGTGC TGCCGCCGACGAAGAGAAGGGAGTTGATTCTGTTGGTGATGATCATAAAGAAGAGGTTG TTGCTGAGCATCCGGTACTAACTAATGCAAAAGGATCCTCTTTGGGACCTGAGTCAAAAC CATCTTCTTCAAGCCGAAAAGAACAGGATGATCAGCTTGAAACTGCCAGAGCCGAAATG

GGTGAGGTGAGACAAGAAAATGAAAGACTGAAGATGTACCTAAATCGCATTATGAAGGA
TTACCAGACCCTTCAAACGCAATTTGTGAACATTGTTCACCAAGAAGCAAAGAAATCAA
CAGAGACATCTAATGATCATGACCGTGACAAGGAAGAAGTTGAGCTTGTATCTCTTAGCC
TCGGAAGATTTCCAAGTGATTCAAAAAAGGATGAAAAGAACAAGACCTCTTCTCTGGTT
AAAGAGGAGGAACAATTTCAAGAAGGCTTGTCTCTTGCACTAGACTGCAAATTTGAAGC
GTCTAATAAATCAGACGCAAACGAATCACTGACTAATCCGAGCCCCGCACAGAGTCTTGA
AGAACCAAAGGAGGAGGCTGGGGAGACATGGCCACCCAGTAAAGGTCTTAATAAGACA
ATGAGAAATGGAGATGATGAAATGTTGCAACAAAGTCATGTCAAGAAAGCTAGGGTTTC
TGTGAGGGCTAGATGTGATACTCCAACGATGAATGATGGTTGCCAATGGAGGAAATATGG
ACAAAAGATTGCCAAAGGAAACCCCTGCCCCCGAGCCTACTATCGCTGTACTGTTGCACC
TTCATGCCCTGTACGAAAACAGGTCCAAAGATGTGCTGAGGACATGTCCGTCTTAATCAC
AACCTATGAAGGAACCCACAACCACCCACTTCCTGTCTCGGCCACAGCAATGGCTTCCA
CCACTTCTGCGGCTGCTTCAATGCTATTGTCCGGCTCAACATCGTCATCATCATCAAGCTC
TCGCCCTGGTTCCACCGCCGCAATCACAGCACCCAATAATCTCCTTATGCATGGACTCAA
CTTTTACCTATCTGATAAGTCAAAGCAAATCTATGCACCCAACTCCTCTTCATCACTATCA
ACTTCACCTTTACACCCAACAATTACCCTTGATCTCACAACAACTACAGCACCCTCTTCTT
CTTCGTCTCCGTTCAGTAGGTTTACTTCAAATTATCCCCCAGCCCCAAGATACTCTTCCAC
AAATCTCAACTTCAGTTCCACAGAATCAAGTTCATTGATGTCGTGGAGTAATAATGGGCTA
CTTAGCTATGGCAGTTGCACTCAACCCTACATCAAAAACAATCAAATTGGATCTTTAAACA
TGGGAAGCAGGCAGCCAGCAGATAATATCTTTCAATCCTACATGCAAAAGAATAACCCTA
ACCCTAATCTTCCTCCTCAACAGTCTTTACCTGCGGAGACAATAGCAGCCGCTACCAAAG
CAATAACAGCGGACCCAAGTTTCCAATCTGCTTTAGCTGTTGCTCTTAAATCAATCATTGG
AAATGGCAATGGTAGTGGTGTAAATAATAATCAGGTCAACGGAGATAATTTAGGGCAGAA
ACTCAAGTGGGATGAGCAATTTCTAGAAACAGTGAAGGGCGGTGGTTGCGCAACAAGCT
ACTTGAACAAATCATCTTCAGCAAGTTCTCATCACCAGCCAGGAAGTTTGATTTTTCTGC
CGCCTAACTCTTTGCCATTTTCAACTTCTAAGAGTGCTTCTGCATCTCCTGCTGACGATAG
AGAGCACACTGACTGA

>CsWRKY61 蛋白序列

MEEKRAMDDVLRISGRTGAAADEEKGVDSVGDDHKEEVVAEHPVLTNAKGSSLGPES
KPSSSSRKEQDDQLETARAEMGEVRQENERLKMYLNRIMKDYQTLQTQFVNIVHQEAKKS
TETSNDHDRDKEEVELVSLSLGRFPSDSKKDEKNKTSSLVKEEEQFQEGLSLALDCKFEASN
KSDANESLTNPSPAQSLEEPKEEAGETWPPSKGLNKTMRNGDDEMLQQSHVKKARVSVRA
RCDTPTMNDGCQWRKYGQKIAKGNPCPRAYYRCTVAPSCPVRKQVQRCAEDMSVLITTY
EGTHNHPLPVSATAMASTTSAAASMLLSGSTSSSSSSRPGSTAAITAPNNLLMHGLNFYLSD
KSKQIYAPNSSSSLSTSPLHPTITLDLTTTTAPSSSSSPFSRFTSNYPPAPRYSSTNLNFSSTESSS
LMSWSNNGLLSYGSCTQPYIKNNQIGSLNMGSRQPADNIFQSYMQKNNPNPNLPPQQSLPAE

TIAAATKAITADPSFQSALAVALKSIIGNGNGSGVNNNQVNGDNLGQKLKWDEQFLETVKG
GGCATSYLNKSSSASSHHQPGSLIFLPPNSLPFSTSKSASASPADDREHTD

>CsWRKY72 编码序列

ATGGAGGTTTTATTGAAAATGCCTTGTGTTGTTAAGGAAGAAAAGAGTGCTGAATCT
ATCAACCATGAACATATTTGCAGCCAAGAAGCTAGAAAGGTGGGAATTGGAGGACAAAT
ATATGAGGTCAGTGGTCTGAAATCATCTTCACCCAGCAGGCATGAGAAATTAGCAGCCGA
CGGGAAAGAGGAGGATGAGCTTGAATCTGCCAAAGCTGAGATGGGTGAAGTGAGAGAA
GAAAACGAAAGATTAAAGAAGATGCTAGAGCAAATCGAAAAGGATTACAAGTCTCTCCA
ATTGCGCTTCTTTGATATCTTGCAAAAAGCTGACCCCGCCAAGAAATCTACAAATTCAAC
TCAATACTGTTCCCACGATGGTCAAATCATGGAGTCTGAACTTGTGTCACTTTGTCTTGGA
AGAAGCAGCAGCCCGGGAGAGGCTAAAAAGGAAGAAAGAACAAGCAATAATGCAAGC
AAAAGTAGCAGGAAAAATGGTGATGATGAAGAGTTGAAGGCCAGTCTAAATCTTGCGCT
GGACCCAAAAATTCAACCGTCTCTGGAGCTTGGTGTGTCGAATCTAAGCCCCGAGAATA
GTTCAGAAGAGACAAAGGAAGAGGAAGCAGGAGAGGCATGGCCACCAAGTAAGGTTTT
GAAGACCATGAGAGGTAATGGAGATGATGAAGTTTCACCACACAGCAATGTGAAGAGAG
CTAGGGTTTCTGTGAGAGCAAGATGTGATGCCCCTACGTTGAACGATGGATGTCAATGGA
GGAAATATGGGCAAAAAATCGCAAAAGGAAACCCATGTCCACGAGCTTATTATCGTTGTA
CGGTTGCACCAGGATGTCCTGTAAGAAAACAGGTACAAAGGTGTGCCGAAGACATGTCT
ATATTAATCACAACCTATGAAGGAACACACAGCCACCCACTTCCAGTTTCAGCCACTGCC
ATGGCTTCCACTACCTCAGCTGCTGCTTCCATGCTATTATCTGGCTCTTCGACATCTCAGCC
AGGCCTCAGCTCCACAGCCCCAACTACTACTGCTGCCACAGCACCCAATGGATTAAACTT
CAATATTTATGATACTTCAAGAACAAAGCCATTCTACTCCTCAAATAGTACCTCAGCTTTG
TTCCCAACAATTACCCTGGATCTTACCAATCCATCCAGTTCCTTTTCTCACTTCAACAGGT
TCTCTTCAAGTTTTGCTTCAAACCCAAGATTCCCTTCAACAAATCTCAACTTTTCTTGTTC
CTCAGAATCCACTTTGTTACCCACACTTTGGGGCAATGGGTTCCAAGCTTATGGTCCTTAC
AATCAAACTCCAAATGGGTCCTTGTCAAATCTTGGAAAAAATTCCCAAGAACAGTTTTAT
CAATCTTTCATGGATAAAAATCAGAACCAACAAGCTGCAGCTGCTTCTGCTTCTCAACAA
GCTTTGACAGAAACCCTAACCAAAGCTATGACATCGGACCCTAACTTTCGGTCAGTTATA
GCTGCCGCGATTTCAACAATGGTTGGAGGCAATGCAACAAATAATGGGGATCAAGAAAA
TTTTGGTCAGAATCTGATGCAGAATAATACTCCTCCTAACAATTCAATACTGAGCCAAAAT
GGGAAAGCTTGCGCATCAGGCTACTTCAATGGACTCTCAACTTTGAATTCTCAGACGGGA
AGCAGTAGTTTGCTTCAATCTTCATTGCCATTTCCTATCTTCAAGAGCAGCCCTACCCCGA
CGAATGATAATAATAACAAGGATCAAAGCAGTTGA

>CsWRKY72 蛋白序列

MEVLLKMPCVVKEEKSAESINHEHICSQEARKVGIGGQIYEVSGLKSSSPSRHEKLAAD
GKEEDELESAKAEMGEVREENERLKKMLEQIEKDYKSLQLRFFDILQKADPAKKSTNSTQY

CSHDGQIMESELVSLCLGRSSSPGEAKKEERTSNNASKSSRKNGDDEELKASLNLALDPKIQP
SLELGVSNLSPENSSEETKEEEAGEAWPPSKVLKTMRGNGDDEVSPHSNVKRARVSVRARC
DAPTLNDGCQWRKYGQKIAKGNPCPRAYYRCTVAPGCPVRKQVQRCAEDMSILITTYEGTH
SHPLPVSATAMASTTSAAASMLLSGSSTSQPGLSSTAPTTTAATAPNGLNFNIYDTSRTKPFYS
SNSTSALFPTITLDLTNPSSSFSHFNRFSSSFASNPRFPSTNLNFSCSSESTLLPTLWGNGFQAYG
PYNQTPNGSLSNLGKNSQEQFYQSFMDKNQNQQAAAASASQQALTETLTKAMTSDPNFRS
VIAAAISTMVGGNATNNGDQENFGQNLMQNNTPPNNSILSQNGKACASGYFNGLSTLNSQT
GSSSLLQSSLPFPIFKSSPTPTNDNNNKDQSS

>CitMYB20 编码序列

ATGGGGAGGGCTCCCTGCTGTGAGAAGATGGGATTGAAGAAGGGGCCATGGACTCC
TGAAGAAGATAGAATTTTAATCGCCCACATCAAAAAACACGGCCATCCCAATTGGCGTGC
GTTACCAAAGCAAGCCGGTTTGTTGAGATGTGGAAAGAGTTGCAGACTCCGATGGATAA
ATTACTTGAGGCCTGATATTAAGAGGGGAAACTTCAGCAAAGAAGAAGAGGAAACTATC
ATCAACTTGCATGACATGTTGGGGAATAGGTGGTCAGCTATCGCAGCAAGGTTACCAGGA
AGGACAGATAATGAGATTAAAAACGTGTGGCACACGCACTTGAAGAAGAAAGCAGCAG
CAGTACTGAAGCAAAACCAGAAGGCCAATACTAATACTAATAATAATAATAATTCGGATGA
TCACAAACAAAACTCTAAAGCAACAACAGCTCATGATCATCAGTCTGCAGAATCTGCAAT
GTCTCCCCAGGCATCATCTTCCAGTGATGAGCTCTCCTCGGTCACTACTGGAGAAACAAA
TAATAATAATAATAGTGATCGGTACTGCATGGATAAGTATGTGAAAGGTGATCATGAGCAA
AATGTTGACTCGTTTGAAAGTTTTCCTGTGATTGATGAAAGCTTCTGGACAGACACCAGC
TTATCTGAAAATTCAAGCAATTTGACATCAGATTTCGGAGGCGGCCTTAATGAATTTGCGA
TCGGTCATCATGATTACGGTGGCGGCATGGACTTCTGGTACAACATTCTTGTCACGTCCGG
GGCAGACTCATTAACATTACCATTTTAG

>CitMYB20 蛋白序列

MGRAPCCEKMGLKKGPWTPEEDRILIAHIKKHGHPNWRALPKQAGLLRCGKSCRLRW
INYLRPDIKRGNFSKEEEETIINLHDMLGNRWSAIAARLPGRTDNEIKNVWHTHLKKKAAAV
LKQNQKANTNTNNNNNSDDHKQNSKATTAHDHQSAESAMSPQASSSSDELSSVTTGETNN
NNNSDRYCMDKYVKGDHEQNVDSFESFPVIDESFWTDTSLSENSSNLTSDFGGGLNEFAIGH
HDYGGGMDFWYNILVTSGADSLTLPF

>CiNPR4 编码序列

ATGGTTGAGAAGGCTCTCGTGGAAGATGTAATCCCAATTCTCGTGGCTGCCTTGCAT
TGCCAACTGAACCAACTCCGTTCTGTCTGCATCCAGAGAATTGCAAAGTCAAATCTTGAC
AATGTTTGTCTCGAGAAAGAGCTTCCTGATGAAGTTTCAAGTGAAATCAAATCACTCCGT
GTCAAATCTAACCAGGAGTCTGAAGCTAACACAAAAGAAGTGGATCCTTTGCGTGAAAA
AACAGTCAGAAGAATCCACAAGGCTCTGGACACTGATGATTTTGAACTGTTGACGCTTCT
TCTGGATGTATCTAATGTCACTCTGGATGATGCTTACGCTCTGCACTATGCTGCTGCCTACT

GCAACCCTAAGGTTTTAAGGAAGTGCTCAATATGGACTTGGCTGGTCTCAATCTTAAGG
ATGCAAGAGGACGTACGGTGCTTCATGTGGCTGCAAGGCGTAATGAGCCAGAAGTGATG
GTGACTCTGCTGAGCAAGGGAGCATGCGCATCAGAAACTACATCAGATTGGCAAACAGC
TGTAGCAATCTGTCGGAGAGTGACAAGGCGAAAGGATTGTATTGAAGCTACAAAGCAGG
GGCAGGAAACTAACAAAGACCAGTTATGCATTGACGTCCTTGAGAGAGAGATGAGAAGG
CACTCCATGTCTGAGAACTTGGCAATGTCATCAGAGGTGATGGATGATGATTTCCAAAGG
AAGCTGAACTACCTGGAAAAAAAAGTGGCATTTGTACGGTTGTTTCCTTCAGAAGCTAG
AGTAGCTATGGAAATAGCAGGTGCAGATACCGCGACTGGCCTTTCAGCATTAGGTCAGAA
AGGACGCCAATTGAGACTGCTAACTTTGCTTAAAACAGTCGAGACGGGTGACCGCTACT
TCCCTCATTGCTCACAAGTGGTTGATGACTTTTTGGGTGTTTATGACTTTTTGGGTGTTAA
TGACTTTTTGGATGCGTCCCTCCTAGAAAAGAGTACTCTTGAAGAGCAGAAACTTAAAAT
AGACATGCAGAAGGCACTCTGCATGGACGTGGCTTATCACCGTCGTTTAGGGCTGCCATC
ATCCTGGCCGGCATTTTACCAGTACATGGCTGGGAGCAATCAGTCGGCATTTTACAAGTA
CGTGGCTGAGAGCAATCGTTCAGGAATGTCGACATCCTCGGCAGCGAGCAATTAA

>CiNPR4 蛋白序列

MVEKALVEDVIPILVAALHCQLNQLRSVCIQRIAKSNLDNVCLEKELPDEVSSEIKSLRV
KSNQESEANTKEVDPLREKTVRRIHKALDTDDFELLTLLLDVSNVTLDDAYALHYAAAYCN
PKVFKEVLNMDLAGLNLKDARGRTVLHVAARRNEPEVMVTLLSKGACASETTSDWQTAVA
ICRRVTRRKDCIEATKQGQETNKDQLCIDVLEREMRRHSMSENLAMSSEVMDDDFQRKLNY
LEKKVAFVRLFPSEARVAMEIAGADTATGLSALGQKGRQLRLLTLLKTVETGDRYFPHCSQV
VDDFLGVYDFLGVNDFLDASLLEKSTLEEQKLKIDMQKALCMDVAYHRRLGLPSSWPAFYQ
YMAGSNQSAFYKYVAESNRSGMSTSSAASN

>CsWAKL08 编码序列

ATGGCTGTTCATCAACATTATCTGGTGTTGTTGCAGATTATTGTTTTGCTTCTCGGACC
GATCGAAGCATCAGAAAAATTTCTCTGTCCATCTGAATGTGGAAATGTCAGCATCATCTAC
CCCTTCGGAATCGGAAAAGGGTGCTACTTTGACAAGGGTTATGAAGTAATCTGTGATAAC
TCTTCTGGCTCTCCCAAAGCTTTTCTTCCTAGTATAAAGACGGAACTATTGGACTCTTACT
CCGATACTACTATTAGAGTCAACATTCCTGTAATATTTTTACACAATAGAATTGCGACGAG
GAATCACATGGCTAGAGAAGTCAATCTATCAGGTAGCGCTTTTACCTTTCCCTGGAGGCT
CAATAAATTTACAGCCATAGGTTGTGACAATTATGCAATTGACCTGGGGAATGATTCAACT
ATTTCTGGTGGGTGCTTGTCTGTTTGCACTTGTGATCCTACTCAGAAATCCGGTTGCTACG
ATTTCTTATGCTCCATTCCTCCAATTAGTAAGGTTTTGAATGCAAATTTATCTTACTTTTATT
CTCAAAGTATCCTCCAGAACTGCCGGTCTGTTTCTTTGGTTCAAGGGGATTGGCTCGACT
CAAGTTACCTGTCAAATCCTCAAGTTTGAAAGAAAGAGATCAAGTTCCTGCGATGTTGG
AGTGGGGAGAAAAAATAGGCACTTGTATTGAAGAATACAGCTCAAATCCGACTTCTTGTA
ATTTGAATCAAGAATGTTTAATGCAACTAAGTTCAGGCTACGTATGTCTTTGTGATTCATTA

GTAGACGGACGATATTGCCCAGGTCGCTTGATTTGTAATACCTCAAACGGCTACAATTGCT
CTGGATGTCCCCAAGGCTATTACTCAGATCGTTACGGTAGTTGCCAGCCAATTTTGGAGAT
TTTCTTCCACAAATCTCGGGTCAAATATATTGTTATAGGTTGCAGTGGTGGCTTGTACTAT
TGTTCCTACTCATTGGAATATGGTGGCTGTACAAGTTTGTAAAAAGGAAGAGGCAAATCA
AGCTCAAGCAAAAATTCTTTAAAAGAAATGGTGGTTTAATTTTGCAACAAGAGTTGTCTT
TAAGTGAAGGAAATATTGAGAAAACAAAACTGTTTACTTCATATGATTTGGAAAAGGCCA
CTGATAACTATAATACCAATCGAATCCTTGGCCAAGGAGGCCAAGGCACTGTGTACAAAG
GAATGTTGACAAATGGTAGAATTGTGGCTGTTAAAAAATCCAAATTAGTGGATGAAAGTA
ATGTTGAGCAATTTATAAATGAGGTGGTAATTTTATCTCAACTTAACCATAGAAATGTTGTT
AAGTTATTGGGATGCTGCTTAGAAACAGAAGTTCCTCTTTTAGTCTATGAATTTATTCCGA
ATGGAACTCTCTATCAGTACGTACATGATCCAATAGAGGAGTTCCCACTCACATGGAAAT
GCGTTTACGCATCGCTGTTGAAGTTTCGGGTGCTCTATCCTATTTGCATTCGGCTGCTTCTA
TCCCAATTTATCATCGAGACATTAAGTCTGCAAACATCCTTTTGGATGATAAATTTCGAGC
CAAAGTTTCAGATTTTGGGGCTTCTAGATCTATTACGGTTGATCAAACTCACTTGACCACT
CAAGTACAAGGAACTTTTGGATATCTAGATCCAGAGTATTTTCGGTCAAGTCAATTTACAG
AGAAAAGTGACGTTTACAGTTTTGGAGTAGTTCTTGTTGAGCTTTTAACTGGACAGAAGC
CTATTCGTTCTACTGACGGTGAAGAAGATAAAAGTTTAGCAGGATATTTTCTCCAAGCAAT
GAAAGAGAACCGTTTGTTTGAAGTATTTGATGCGCAATTTCTTAAGGAAGCTAAGGAAGA
AGAAATTGTTACTGTTGCTGTGCTTGCGAAAAAATGCTTGAACTTGAATGGGAAGAAGA
GACCTACAATGAAAGAAGTAGCATTGGAATTAGGGGGGATTAGAGCATCAACCGGAGCT
TCCGTTTTGCAGCATAGCCGTGAAGAGATTGATTTTGTGGGTGGTAACGATACTAGACATT
CTGAAACTAGTTCATCTCCGACTTGGTCAATTTCAAATAGTGTTGCTTTTTCTGTAGATGT
AGATCCTTTAATTTCAAACCAGTGA

>CsWAKL08 蛋白序列

MAVHQHYLVLLQIIVLLLGPIEASEKFLCPSECGNVSIIYPFGIGKGCYFDKGYEVICDNS
SGSPKAFLPSIKTELLDSYSDTTIRVNIPVIFLHNRIATRNHMAREVNLSGSAFTFPWRLNKFT
AIGCDNYAIDLGNDSTISGGCLSVCTCDPTQKSGCYDFLCSIPPISKVLNANLSYFYSQSILQN
CRSVSLVQGDWLDSSYLSNPQVLKERDQVPAMLEWGEKIGTCIEEYSSNPTSCNLNQECLM
QLSSGYVCLCDSLVDGRYCPGRLICNTSNGYNCSGCPQGYYSDRYGSCQPILEIFFHKSRVKY
IVIGCSGGLVLLFLLIGIWWLYKFVKRKRQIKLKQKFFKRNGGLILQQELSLSEGNIEKTKLFT
SYDLEKATDNYNTNRILGQGGQGTVYKGMLTNGRIVAVKKSKLVDESNVEQFINEVVILSQL
NHRNVVKLLGCCLETEVPLLVYEFIPNGTLYQYVHDPIEEFPLTWEMRLRIAVEVSGALSYLH
SAASIPIYHRDIKSANILLDDKFRAKVSDFGASRSITVDQTHLTTQVQGTFGYLDPEYFRSSQF
TEKSDVYSFGVVLVELLTGQKPIRSTDGEEDKSLAGYFLQAMKENRLFEVFDAQFLKEAKEE
EIVTVAVLAKKCLNLNGKKRPTMKEVALELGGIRASTGASVLQHSREEIDFVGGNDTRHSET
SSSPTWSISNSVAFSVDVDPLISNQ

>CsLYK6 编码序列

ATGGAGCCACCATATTCATTGTGTACCTACCTTTCAATCTGGTTGATGATTCTGTGTAA
TTTTCTTCATGATTTGCAGCAATCAAACTGCCAACAAACTTACCTTGGTAATGTTAGTCTA
GAATGCAACAACACCCCTGCCATATCAAAAGGCTATCTCTGTAATGGTCCTCAAAAGTTAT
GCCAGTCCTTCATAACCTTCCGATCTCAACCACCTTACGACACACCCGTCAGTATTGCGTA
TCTTTTAGGTTCAGAAGCCTCCAGCATAACCTTGATCAATAAAATTTCATCTACTGATGAG
AAATTGCCTACTGACAAATTAGTAATAGTTCCTATTTCGTGTTCCTGTGCTGCCAGTATATA
CCAACACAGCACTCCTTACACCATCAAGGCCAACGACACGTATTTAAGTTAGCACGCTA
TACTTACCAGGGCTTGACAACTTGCCAGGCTCTCCTCGGACAGAACTACTTCGACGCACC
AAATATTACTATTGGTGCGCAGGTGATGATCCCGCTGAGATGTGCTTGTCCGACCGCAAA
GCAGATAGACAATGGAGTGAGCTATTTGTTGGCTTATATGGCAACAAAGGGTGATACTATT
TCATCAATTGGACATAAATTTGGAGTTGATCAACAGAGCATTTTGGAGGCAAACATGCTG
TCAAAAGCTGACTCAATTTTCCCTTTTGCACCTCTTTTGATTCCACTCAAAAACGGAAGT
TGCTCTGCAAATCCTGAGAATTTCTTTTGCCATTGTAAGAATGGTTTCCTTGTAGATGGCA
AGCTAGAGGGTCTCCATTGCAAACCTGATGGCAAAAAGTTTCCGGTCAAATTGGTTGCTC
TCTTAGGTTTGGGGATTGGTTTGGGATTTTTGAGTGTGGTGGTTGTGGGGTGCTATTTGTA
CAGATTTTTTAAGGATAAAAGAAATAGAATGCTTAAAGAGAAGCTGTTCAAGCAAAATGG
AGGCTACTTGCTGCAACAACAACTATCATCCTGTGGAAGTAGCGAAAGAGCTAAAGTATT
TACAGCAGACGAGCTTCAAAGAGCAACAGACAATTACAACCAGAGCCGGTTTCTTGGCC
AAGGAGGATTTGGCACTGTCTACAAAGGGATGTTACCTGATGGTAGCATAGTTGCTGTCA
AAAGGTCAAAAGAGATTGATAAAACTCAAATTCATCAATTCATTAATGAAGTTGTCATTCT
CTCTCAGATCAATCATCGACATATTGTCAAGCTTCTGGGTTGTTGTTTAGAGACTGAAGTA
CCGGTACTAGTATACGAGTACATCTCCAGTGGAACACTTTCCCACCACATTCATGATCACC
AGCAACAGCAAGAACAGAAACAAAAACAAGAATTGTCTTCACTTTCATGGGAGAATCG
AGTTAGGGTTGCGTGTGAAGTTGCAGGAGCAGTAGCATATATGCATTCCTCAGCCTCTATC
CCTATCTTTCATCGCGACATCAAATCTTCCAACATACTCTTGGATGATAAATTTAGCGCAA
AAGTTTCTGATTTTGGTATTTCAAGGTCTATACCGAACGATAAGACTCATTTAACAACAAC
AATTCAAGGAACCTTCGGATACTTGGATCCAGAGTATTTTCAATCAAGTCAATTCACAGAT
AAAAGCGATGTGTATAGCTTTGGGGTTGTTCTATTAGAGCTTCTAACCGGTAAGAAACCA
ATCTGTTTTGCTAGAGTAGAAGAAGAAAGAAATTTAGTTGCATGCTTCATTTCATTAGCAA
AGGAGAACCAACTGCTTGAGATTTTAGATGCTAGAGTAGCTAAAGAAGCAAGAGAAGAA
GATATTGGAGCTATGGCAGAGCTTGCAATGAGATGTTTGAGATTGAATAGCAAAAAAAGA
CCGACGATGAAACAAGTTTCAATGGAGCTTGAAGGGTTGAGAAGATCACAGAGATGCTT
AGAAATGTGCCAAGTGAATCAGTTGTTGGCAGATGAGATTTCATTAGCAGACAACTTAGT
AATTTCCATGCAAATGGATTCAAAATCATTTTATTCATCAGCTTGA

>CsLYK6 蛋白序列

MEPPYSLCTYLSIWLMILCNFLHDLQQSNCQQTYLGNVSLECNNTPAISKGYLCNGPQK
LCQSFITFRSQPPYDTPVSIAYLLGSEASSITLINKISSTDEKLPTDKLVIVPISCSCAASIYQHST
PYTIKANDTYFKLARYTYQGLTTCQALLGQNYFDAPNITIGAQVMIPLRCACPTAKQIDNGV
SYLLAYMATKGDTISSIGHKFGVDQQSILEANMLSKADSIFPFAPLLIPLKNGSCSANPENFFC
HWTNGFLVDGKLEGLHWTPDGKKFPVKLVALLGLGIGLGFLSVVVVGCYLYRFFKDKRNR
MLKEKLFKQNGGYLLQQQLSSCGSSERAKVFTADELQRATDNYNQSRFLGQGGFGTVYKG
MLPDGSIVAVKRSKEIDKTQIHQFINEVVILSQINHRHIVKLLGCCLETEVPVLVYEYISSGTLS
HHIHDHQQQQEQKQKQELSSLSWENRVRVACEVAGAVAYMHSSASIPIFHRDIKSSNILLDDK
FSAKVSDFGISRSIPNDKTHLTTTIQGTFGYLDPEYFQSSQFTDKSDVYSFGVVLLELLTGKKP
ICFARVEEERNLVACFISLAKENQLLEILDARVAKEAREEDIGAMAELAMRCLRLNSKKRPTM
KQVSMELEGLRRSQRCLEMCQVNQLLADEISLADNLVISMQMDSKSFYSSA

>CsNBS-LRR 编码序列

ATGGCTTCTTCTTCATCATCGATCAATATGATTCCTCATATAAGTATGATGTTTTCCT
TAGTTTCAGAGGCAAGGATGTTCGCCACAACTTTATCAGCCATCTCAATGCAGCTTTGTG
CCGGAAAAAGATTGAAACTTTCATCGATGACAAACTTAATAGAGGAAATGAAATTTCTC
CTTCACTTTCGAGTGCAATTGAAGGATCAAAGATTTCGATTGTCATTTTCTCGAAAGGGT
ATGCTTCTTCCAGATTGTGCTTGAATGAACTTGTGAAGATCCTCGAAAGCAAGAACAAG
TATGGACAGATTGTAGTCCCAGTTTTCTACCTCGTTGATCCATCAGATGTAAGAAACCAA
ACTGGAACTTTTGGGGATTCATTTTCGAAGCTTGAAGAACGGTTTAAGGAGAAGATAGA
TATGCTGCAAACATGGAGGATTGCTATGAGGGAGGCAGCCAATTTATCCGGCTTTGATTC
TCATGGCATTAGGTCCGAATATGTACTTATAGAGGGAATTGTGAATGACATTTTAAAGAAA
CTGAATGATTTATTTCCAAGTGATAACAAAGACCAGCTGGTGGGAGTGGAATCAATCATC
AAGGAAATTGAATCACTCTTATTGACTGGGTCAACTGAATTTAACACTGTAGGCATTTGG
GGCATTGGTGGTATAGGCAAGACCACAATTGCCAGTGCTATTTACAGTAACATCTATAGT
CATTTTGAATGTTCTTATTTTATGCAAAATATTAGAGAAAAGTCAGAAGCTATCGGATTGG
CTGGTTTCCGACGAGAACTTCTTTCTACATTACTAGATGATAGAAATATGAAGATTGACAT
ACCCAATATCGGCCTCAACTTTGAAAGAAGAAGGCTCAGCCGAATGAAGGTTCTGATTG
TTTTTGATGATGTGACTTGTATACAACAAATAGAATTATTAATTGGAGGTCTTGATAGACTC
GATTGCTTCATGCCTGGTAGTCGAATTATCATAACAACGAGAGATGCACAATTGCTCAAG
AACCTTCCTGGGAGTCGAGTGGGTCATGTATTTGAGGTTAAGGAATTATCATACAATGATT
CTCTTACGCTTTTCAGTCGAAATGCCCTTGGGCTAAACCATCATGCAGCAGGTTATTTGGC
GTTGTCAGATATGGTGATAAAATATGCGAACGGTGTTCCATTAGCTCTTAAGGTTTTGGGG
CGCTATCTATTTGGAAGGAGTGAAGAAGAGTGGGAAAGTGCAGTGAACAAGCTGAAAA
AAATTCCTCAAATGGATATCCAAAAAGTGTTAAAAGTGAGTTATGATGGCCTTGATGATGA
AGAGCAAAATATCTTTCTAGATATTGCATGTTTCTTCAAGGGAAATGATCGAGATCTTGTT

ATGAATTTCCTAGATGCCTGTGGCTTTTCAGCAAAGATAGGAATACGTGATCTTGTTGATA
AGTCCCTTGTGACTATATCAAAAAACAAGATAACAATGCATGATTTGCTACAAGAAATGG
GTAGGGAAATTGTGACGCAAGAGTCAATTAAAGATCCAGGAAAACGCAGTCGATTGTGG
CATTATGAAGACATCTATCAAGTTTTGAACAAAAATACTGGGAGTGAGGCAATTGAGGGC
ATCTCCTTGGATATGTCTAGAGTCAAAGAGATATGCTTGAATCCTAATACTTTCACAAAGA
TGTGTAGATTGAGATTCTTCAAATTCTATAACTCTTTTTCTGGAGTGAACAAATGTAAGGT
GCGGAATTCAAGATGCCTGGAATCTCTTTTCAATGAATTTAGGTATTTTCATTGGGATGGAT
ACCCTTTAAAATCATTGCCTTCAAAGAATATTCCAGAACATCTTGTTTCACTTGAAATGCC
TCATAGCAATATTGAACAACTTTGGAATGGTGTCCAGAACCTTGCTGCGTTAAAGCGTCT
AAATCTCAGCTATTCCAAGCGGCTATCCAGAATCCCAGACCTCTCACTCGCCTTAAATCTT
GAGCGGTTGGATTTAGTAGGTTGTGCAAGCTTGATTGAGATTCACTCATCTATTCAACATC
TCAACAAGCTTTTTTTCTTGATCTAGGTCGTTGCATTAGTCTGAAGAGTCTTCCGACTGG
AATTAATTTGGATTCCCTTAAAGTGCTATATCTTCAAGGGTGCTCAAATTTGAAGAGGTTT
CCTGAGATCTCTTGTAATATAGAAGACTTAGATCTAAGGGAAACTGCAATTGAAGAACTG
CCTTCATCGATTGGGAATCTATCCAGACTTGTTAAATTGAACCTTACAAACTGTTCAAGGC
TTAAGAGTGTCTCGAGCAGCCTCTGTAATTTAAAATCACTTCGGAGCCTTTATCTCTCTGG
TTGCTTAAAACTTGAGAAATTGCCGGAGGAAACTGGAATTAATTTGGTTTCCCTTAAAGT
GCTATGGCTTGGAGGGTGCTCAAATTTGAAGAGGTTTCCTGAGATCTCTTGTAATATAGAA
GACTTAGATCTAAGGGAAACTGCAATTGAAGAACTGCCTTCATCGATTGGGAATCTATCC
AGACTTGTTAAATTGAACCTTACAAACTGTTCAAGGCTTAAGAGTGTCTCGAGCAGCCTC
TGTAATTTAAAATCACTTCGGAGCCTTTATCTCTCTGGTTGCTTAAAACTTGAGAAATTGC
CGGAGGAAACTGGAATTAATTTGGTTTCCCTTAAAGTGCTATGGCTTGGAGGGTGCTCAA
ATTTGAAGAGGTTTCCTGAGATCTCTTACTTGTTAATACCTGAAAGTCTTGGCCAGTCGCC
CTCTTTAAAATATTTGAATCTAGCAGAAAACAATTTTGAGAAAATACCTTCAAGCATCAAA
CATCTATCTAAGTTGTTGGTCTTCACACTGCACAATTGTACGAGGCTTCAATCCTTACCAA
AACTTCCATGCGGTAGCAGCATAATTGCCCGTCACTGCACATCACTGGAAACATTATCAAA
TTTATCGATATTGTTCACACGTTCGTCACGGCATTGCCAGACATTTGACTTTGGCAATTGT
TTCAAATTGAACCGGAACGAGGTCCGAGAAATTGTTGAAGGAGCTCTAAGGAAAATTCA
GGTTATGGCAACATGGTGGAAACAAGACGATCTGAAAGATGATCATAACCCTTCTCGGAG
TTTTGTCTGTTACCCTGGAAGTGAAATTCCAGAGTGGTTTAGCTTTCAAAGTATGGGATCT
TCTGTAACTCTTGAGCTGCCGCCAGGTTGGTTCAACAATAACTTTGTTGGTTTTGGTTTGT
GCACTATTGTTCCAGATCATCATGGCGAGACACGGGGTTTTGATGTTCAATGCACACTCA
AAACCAAAGACGATGTTGCAGTTTGTTTCCTTTATGTATGGGAGGATTATTACGGAGTAAG
TTCGTCTATCGAGTCAGATCACGTGCTTTTGGGGTATGATTTCTCTGTGTCTTCAGATAGAT
TCGGTGGTTCCAATAACGAGTTCTGTATCCAATTCTATATTCAGCATTTCGAGGGCCCAGG
CATAGAGGGTTTTGATGTGAAAAAATGTGGAGCCCATTTAATATACGCTCAAGATCCCAG

CAAAAGGTTGAGATCTGAGGTGGAAGATTATCAGGTGCTACACCCCAAAAGACTGAAAT
ATCCTTGA

>CsNBS-LRR 蛋白序列

MASSSSSINMIPHIKYDVFLSFRGKDVRHNFISHLNAALCRKKIETFIDDKLNRGNEISPS
LSSAIEGSKISIVIFSKGYASSRLCLNELVKILESKNKYGQIVVPVFYLVDPSDVRNQTGTFGD
SFSKLEERFKEKIDMLQTWRIAMREAANLSGFDSHGIRSEYVLIEGIVNDILKKLNDLFPSDN
KDQLVGVESIIKEIESLLLTGSTEFNTVGIWGIGGIGKTTIASAIYSNIYSHFECSYFMQNIREKS
EAIGLAGFRRELLSTLLDDRNMKIDIPNIGLNFERRRLSRMKVLIVFDDVTCIQQIELLIGGLD
RLDCFMPGSRIIITTRDAQLLKNLPGSRVGHVFEVKELSYNDSLTLFSRNALGLNHHAAGYL
ALSDMVIKYANGVPLALKVLGRYLFGRSEEEWESAVNKLKKIPQMDIQKVLKVSYDGLDD
EEQNIFLDIACFFKGNDRDLVMNFLDACGFSAKIGIRDLVDKSLVTISKNKITMHDLLQEMG
REIVTQESIKDPGKRSRLWHYEDIYQVLNKNTGSEAIEGISLDMSRVKEICLNPNTFTKMCRL
RFFKFYNSFSGVNKCKVRNSRCLESLFNEFRYFHWDGYPLKSLPSKNIPEHLVSLEMPHSNIE
QLWNGVQNLAALKRLNLSYSKRLSRIPDLSLALNLERLDLVGCASLIEIHSSIQHLNKLFFLD
LGRCISLKSLPTGINLDSLKVLYLQGCSNLKRFPEISCNIEDLDLRETAIEELPSSIGNLSRLVK
LNLTNCSRLKSVSSSLCNLKSLRSLYLSGCLKLEKLPEETGINLVSLKVLWLGGCSNLKRFPE
ISCNIEDLDLRETAIEELPSSIGNLSRLVKLNLTNCSRLKSVSSSLCNLKSLRSLYLSGCLKLEK
LPEETGINLVSLKVLWLGGCSNLKRFPEISYLLIPESLGQSPSLKYLNLAENNFEKIPSSIKHLS
KLLVFTLHNCTRLQSLPKLPCGSSIIARHCTSLETLSNLSILFTRSSRHCQTFDFGNCFKLNRN
EVREIVEGALRKIQVMATWWKQDDLKDDHNPSRSFVCYPGSEIPEWFSFQSMGSSVTLELP
PGWFNNNFVGFGLCTIVPDHHGETRGFDVQCTLKTKDDVAVCFLYVWEDYYGVSSSIESDH
VLLGYDFSVSSDRFGGSNNEFCIQFYIQHFEGPGIEGFDVKKCGAHLIYAQDPSKRLRSEVED
YQVLHPKRLKYP

>CsPRX25 编码序列

ATGGCAACTGCTTCAGCTTCTTCTTTCATTTCTCTTCTTTTGATATCTTCTCTTTTGCT
TGCTTCTTTCACTGAGGCACAAAAGCCCCCAGTAGCGAAAGGTCTCTCATGGACTTTTTA
TGACCAGAGCTGTCCCAAGCTTGAATCCATTGTCAGAAAACAGATCCAAAATGCCCTGA
AAAAAGATATCGGCCTAGCTGCTGGCTTGATTCGCATCCATTTCCACGATTGCTTCGTTCA
GGGATGTGATGGATCAGTGTTGCTAGAGGGATCAACTAGTGAGCAAAATGCACGTCCAA
ACCTAAGCTTAAGGAAAGAGGCTTTAAAATTTGTAGACGATCTTCGTGCTCGTGTTCACA
AGGAGTGTGGCAGAGTTGTTTCTTGTGCTGATATTCTTGCCCTTGCTGCTCGCGATTCTGT
TGCCTTGTCTGGAGGGCCGAATTACGACCTACCATTGGGAAGGCGAGACAGCAAAACAT
TCGCAACAGTGGTAAATCTGCCATCACCGTTCAGCAACACCACCGTGATCCTCAACGATT
TCCGAGAAAAAACCTTCAACGCCAGGGAAACCGTGGCCCTCTCCGGCGGGCACACCGT
TGGGCTAGCTCACTGCCCTGCATTTACCAATCGCCTCTATCCCAAACAAGACCCCACACT
GGACAAAACATTCGCCAACAATCTCAAAAAGACATGCCCCACTTCGGATTCCAACAACA

CCACCGTCTTCGACATCCGGTCCCCGAACGTGTTCGACAACAAGTACTACGTTGACTTGA
TGAACCGACAGGGGTTGCTGACGTCGGACCAGGATCTTTACACGGACAAGAGAACGAG
GAGCATTGTCACGAGCTTTGCTGTGGACCAGTCACTCTTCTTTCAAGAGTTTGCCAATTC
GATGATAAAGATGTCGCAGTTGAGTGTGCTCACGGGGAAGCAAGGAGAGATTAGAGCCA
AGTGCTCCGTCAAGAATTCCAATAATTTGGCTTCTGTTGTTGAGGATGTAATTGAAGAGG
CTTGGTCTGGGATTATCTAA

>CsPRX25 蛋白序列

MATASASSFISLLLISSLLLASLSSSFTEAQKPPVAKGLSWTFYDQSCPKLESIVRKQIQNA
LKKDIGLAAGLIRIHFHDCFVQGCDGSVLLEGSTSEQNARPNLSLRKEALKFVDELRARVHK
ECGRVVSCADILALAARDSVALSGGPNYDLPLGRRDSKTFATVVNLPSPFSNTTVILNDFREK
TFNARETVALSGGHTVGLAHCPAFTNRLYPKQDPTLDKTFANNLKKTCPTSDSNNTTVFDIR
SPNVFDNKYYVDLMNRQGLLTSDQDLYTDKRTRSIVTSFAVDQSLFFQEFA NSMIKMSQLSV
LTGKQGEIRAKCAVKNSNNLASVVEDVIEEAWSGII

>CsGSTU18 编码序列

ATGGCAACTCCAGTAAAAGTGTACGGTCCGCCACTCTCTACTGCCGTGTGCAGGGTC
GTAGCCTGTCTCCTGGAGAAAGATGTGGAGTTTCAGCTCATTTCCCTCAACATGGCTAAA
GGCGATCACAAGAAACCTGATTTTCTGAAGATCCAGCCCTTTGGCCAAGTACCAGCATTT
CAGGATGAGAAAATCTCCCTCTTTGAGTCTCGAGCTATATGCCGCTATGTTTGTGAGAATT
ATCCAGAAAAAGGAAACAAGGGATTATTTGGAACAAATCCGTTGGCAAAAGCTTCAATA
GATCAGTGGCTGGAAGCCGAGGGGCAAAGCTTTAACCCGCCAAGCTCTGCTCTAGTGTT
TCAACTAGCACTCGCTCCTCGAATGAACATCAAGCAAGACGAAGGAGTAATCAAACAGA
ATGAAGAAAAGCTGGCAAAAGTGCTCGATGTTTATGAGAAGAGGCTGGGGGAGAGTCG
GTTCTTGGCTGGGGATGAATTTTCTTTGGCTGATCTTTCACACTTGCCTAATGCGCATTATT
TGGTGAATGCAACTGATAGAGGAGAGATTTTAACTTCCAGGGATAATGTAGGGAGATGGT
GGGGTGAGATTTCGAACAGAGATTCATGGAAGAAGGTGGTTGATATGCAGAAACAGCAG
CACAGTCCTTGA

>CsGSTU18 蛋白序列

MATPVKVYGPPLSTAVCRVVACLLEKDVEFQLISLNMAKGDHKKPDFLKIQPFGQVPAF
QDEKISLFESRAICRYVCENYPEKGNKGLFGTNPLAKASIDQWLEAEGQSFNPPSSALVFQLA
LAPRMNIKQDEGVIKQNEEKLAKVLDVYEKRLGESRFLAGDEFSLADLSHLPNAHYLVNAT
DRGEILTSRDNVGRWWGEISNRDSWKKVVDMQKQQHSP

>CsGSTF1 编码序列

ATGGCTGAAGAAGAAGTGAAGCTCTATGGCACATGGGTAAGCCCTTTTAGTCGCAG
AATCGAGCTTGCACTGAAACTGAAAGGGGTTCCGTTTGAGTACATAGGAGTAGATCTGTC
CAACAAGAGTCCTGAACTTCTGAAATACAATCCAATTCACAAGAAAATCCCAGTGCTTGT
ACACAATGGCAAATCAATTGTTGAATCTCTAATCATTCTCGAGTACATCGACGACACGTG

GAAGAATAATCCTATTTTGCCTCGAGATCCTCATCAAAGAGCCGTGGCTCGCTTCTGGGC
TAAGTTCATCGACGAAAAGCTGTTGGCAACAGGAATGAAGGCCAGTTTAGCTGAAGGGA
AGGAGAAAGAGCTGTTGAATGAAGAAATACTTGAGCAGATGAAATTGCTGGAGAATGAA
CTCAATGGAAAAGACTTCTTTGGAGGTGAGGCGATTGGGCTTGTTGACATTGTTGCAACT
GTGGTCGCATTTTGGTTCCCAGTAAGCCATGAAGTTCTTGGAGTAGAAGTAATCACTCAG
GAAAAGTTTCCAGTTTTACTCAAATGGATTGGGAAGCTTCAAGAGATTGATGTGGTGAGC
CAAAGCCGACCTCCAAGAGAGAAGCATGTTGCTCATGTTAGAGCTCGCATGGAAGGCCT
CAATTCAGGTTCAAAGTAA

>CsGSTF1 蛋白序列

MAEEEVKLYGTWVSPFSRRIELALKLKGVPFEYIGVDLSNKSPELLKYNPIHKKIPVLVH
NGKSIVESLIILEYIDDTWKNNPILPRDPHQRAVARFWAKFIDEKLLATGMKASLAEGKEKEL
LNEEILEQMKLLENELNGKDFFGGEAIGLVDIVATVVAFWFPVSHEVLGVEVITQEKFPVLLK
WIGKLQEIDVVSQSRPPREKHVAHVRARMEGLNSGSK

>CsXTH4 编码序列

ATGGTGGTGTCTTATGAGGGTTGTTTTCTTCTAGTATTTTCTCTTCTTGCTGTAGTTGC
TTCTGGGTTGTACAGAAACCTGCCTATTGTGCCTTTTGATGAAGGGTATAGTCATTTGTTT
GGGCATGATAATCTTGTTGTTCATAGAGATGGAAAATCTGTTCATTTATCTCTAGATGAAA
GAACAGGGTCTGGATTTGTGTCACATGACCTCTATCTTCATGGTTTCTTCAGTGCTTCAAT
AAAGTTGCCTGCTGATTATACTGCCGGCGTTGTTGTTGCCTTCTATATGTCAAATGGTGAC
ATGTTTGAGAAGAATCATGATGAAATAGACTTTGAGTTCTTGGGTAATATTAGAGGCAAA
AATTGGAGGATTCAGACTAATATTTATGGCAATGGAAGCACCAGCATCGGAAGAGAAGAG
AGATACAATCTCTGGTTTGATCCTTCTGATGATTTCCATCAGTACAGTATTCTCTGGACTGA
TTCCCAGATCATATTTTATATAGACGGTATTCCAATTAGGGAGTTTAAGAGAACTGCATCTA
TGGGAGGAGATTTTCCTGCTAAGCCGATGTCTTTGTACGCCACAATCTGGGATGGCTCTG
ATTGGGCTACAAATGGTGGCAAATACCGAGTGAACTACAAATATGCTCCCTATGTGACTG
AATTCTCTGACTTCGTACTCCACGGATGTTCATTTGATCCTATTGAGCAAACTTCTTCCAA
GTGTGACATAACCGAAAGTTCCAAAGTATCAATCCCTACTGGCGTCTCCCCATCACAGAG
AATTAAAATGGAAAACTTTAGGAGGAAGCATATGACCTATTCCTACTGCTATGACCAAATT
CGATACAAAGTTCCTCCATTTGAGTGTGTGATCAACCCCCTTGAGGCGGAGCGCCTTAAA
GTACACGATCCAGTTACATTCGGGGGAGGGCGGCGCCATCACGGGAAACGACACCACCG
AAGCCGATCAAGCGGAACCAAGGCCAATGACGTTTGA

>CsXTH4 蛋白序列

MVVSYEGCFLLVFSLLAVVASGLYRNLPIVPFDEGYSHLFGHDNLVVHRDGKSVHLSLD
ERTGSGFVSHDLYLHGFFSASIKLPADYTAGVVVAFYMSNGDMFEKNHDEIDFEFLGNIRGK
NWRIQTNIYGNGSTSIGREERYNLWFDPSDDFHQYSILWTDSQIIFYIDGIPIREFKRTASMGG
DFPAKPMSLYATIWDGSDWATNGGKYRVNYKYAPYVTEFSDFVLHGCSFDPIEQTSSKCDITE

SSKVSIPTGVSPSQRIKMENFRRKHMTYSYCYDQIRYKVPPFECVINPLEAERLKVHDPVTFGGGRRHHGKRHHRSRSSGTKANDV

>CsPAE2 编码序列

ATGGGCCAATGGTTCAATCTTTTAGTATGTGCACTCATAGTACTAAAAGCTCAAGCAGGCTTTAATGTATCAATCACCTATGTTGAAAATGCTGTAGCGAAAGGAGCTGTCTGTTTGGATGGCAGCCCACCTGCTTACCATTTTGATAAGGGGTTTGGAGCCGGGATCAACAATTGGTTGGTGCACATTGATGGAGGAGCATGGTGCAACAATGTCGAAGATTGTTCTAAGCGAAGGGATTCCTCATATGGTTCATCTAAGCATATGGTCAAGGAAGCTAATTTTACTGGGATACTAAGTAATGAGCAGAAATTTAACCCAGACTTCTACGATTGGAATAGAGTCAGGGTTAGATACTGCGATGGGGCATCGTTTACTGGAGACGTAGAGGCTGTCAATCCAGAAACAAACCTTCACTTCAGAGGAGCAAGGGTTTTTGAAGCTGTCATGGAGGATCTATTGGCTAAAGGAATGAAAAATGCTCAAAATGCTATACTTACTGGTTGTTCCGCTGGGGGTTTGACTTCGATTTTGCATTGCGATAACTTCCGAGCTCTCTTTCCCGTTGATACTAGAGTAAAATGCTTTGCAGATGCTGGTTATTTTGTGAATGCGAAGGATGTTTCTGGAGAAAGTCACATTGAGGAATTTTATAAACAAGTGGTCGCATTACATGGATCGGCTAAGCATTTGCCAGCATCCTGCACTTCGAGATTAAGTCCAGGATTGTGTTTCTTCCCAGAAAACGTGGCAGGGCAAATCAAGACACCACTATTTATCATTAACTCAGCATACGATTCATGGCAGATATCGAACATTTTGGTGCCGGAAGATGCTGATCCAAAAGGAGCTTGGAGCAGCTGTAAGGTGGATATAAAAACCTGCTCATCTACTCAGCTGCAAACTATGCAAGGTTTCAGGGTGCAATTCCTGAATGCATTGGCCGGACTTGGCAACTCTTCATCCAGAGGAATGTTTGTAGACTCTTGTTATACTCACTGCCGAACCGATTATCAGGAAACTTGGTTTAGTGCGGACTCTCCGGTGCTGGATAAAACGCCTATTGCAAAGGCGGTGGGAGACTGGTATTACGACAGGAGTCCATTCCAAAAGATTGATTGCCCTTACCCCTGCAACCCATTGCCAGAGAGTTGCTTTTGA

>CsPAE2 蛋白序列

MGQWFNLLVCALIVLKAQAGFNVSITYVENAVAKGAVCLDGSPPAYHFDKGFGAGINNWLVHIDGGAWCNNVEDCSKRRDSSYGSSKHMVKEANFTGILSNEQKFNPDFYDWNRVRVRYCDGASFTGDVEAVNPETNLHFRGARVFEAVMEDLLAKGMKNAQNAILTGCSAGGLTSILHCDNFRALFPVDTRVKCFADAGYFVNAKDVSGESHIEEFYKQVVALHGSAKHLPASCTSRLSPGLCFFPENVAGQIKTPLFIINSAYDSWQISNILVPEDADPKGAWSSCKVDIKTCSSTQLQTMQGFRVQFLNALAGLGNSSSRGMFVDSCYTHCRTDYQETWFSADSPVLDKTPIAKAVGDWYYDRSPFQKIDCPYPCNPLPESCF

>CsPGIP 编码序列

ATGAGCAACACGTCACTGTTGTCTCTCTTCTTCTTCTTGTGCCTTTGCATTTCCCCTTCACTCTCAGACCTCTGCAACCCAAATGACAAGAAAGTGCTTCTCAAATTCAAAAAATCTTTGAACAACCCTTACGTTCTAGCTTCTTGGAACCCAAAAACTGACTGCTGTGACTGGTACTGCGTCACATGCGATCTCACCACTAACCGCATCAACTCTCTCACCATCTTCGCCGGAGAT

CTCCCCGGCCAGATCCCCCCCGAAGTTGGTGATCTTCCTTACCTCGAAACCCTAATGTTTC
ACAAGCTACCCAGCCTCACTGGCCCCATACAACCCGCCATTGCCAAGCTCAAAAACCTG
AAGACGCTACGTATTAGCTGGACAAACATTTCTGGGCCGGTTCCTGATTTTATCAGCCAA
CTCACCAACTTAACATTCTTGGAGCTTTCATTTAACAATCTTTCTGGGACGATCCCAGGTT
CACTTTCGAAGCTGCAGAAGCTTGGCGCTCTTCATTTGGACAGAAACAAGCTTACGGGT
TCAATCCCGGAGTCTTTTGGTACATTCACCGGGAGTATACCTGATCTTTACTTGTCACATA
ACCAGCTCTCTGGCAAAATCCCTGCCTCTTTAGGCAGCATGGATTTTAACACCATTGACTT
GTCCAGGAACAAGCTTGAAGGCGATGCTTCGTTCTTGTTCGGGTTGAACAAGACGACGC
AGAGAATTGATGTTTCAAGAAACTTGTTGGAATTTAATCTGTCCAAGGTTGAGTTTCCAC
AGAGCTTGACAAATTTGGATTTGAATCACAACAAGATATTCGGGAGCATTCCTGCTCAAA
TTACTTCGCTAGAGAATCTAGGATTCTTGAATGTCAGTTACAACAGGTTGTGTGGGCCGA
TTCCCGTGGGGGGAAAGTTGCAGAGCTTTGGATACACGGAGTATTTTCATAATAGGTGCT
TGTGTGGCGCGCCCCTCGAAAGCTGCAAGTGA

>CsPGIP 蛋白序列

MSNTSLLSLFFFLCLCISPSLSDLCNPNDKKVLLKFKKSLNNPYVLASWNPKTDCC
DWYCVTCDLTTNRINSLTIFAGDLPGQIPPEVGDLPYLETLMFHKLPSLTGPIQPAIAKL
KNLKTLRISWTNISGPVPDFISQLTNLTFLELSFNNLSGTIPGSLSKLQKLGALHLDRNKL
TGSIPESFGTFTGSIPDLYLSHNQLSGKIPASLGSMDFNTIDLSRNKLEGDASFLFGLNKT
TQRIDVSRNLLEFNLSKVEFPQSLTNLDLNHNKIFGSIPAQITSLENLGFLNVSYNRLCG
PIPVGGKLQSFGYTEYFHNRCLCGAPLESCK

参考文献

[1] Agüero C B，Uratsu S L，Greve C，Powell A T，Labavitch J M，Meredith C P，Dandekar A M. Evaluation of tolerance to Pierce' s disease and Botrytis in transgenic plants of *Vitis vinifera* L. expressing the pear PGIP gene. Mol Plant Pathol，2005，6：43-51.

[2] Asai T，Tena G，Plotnikova J，Willmann Matthew R，Chiu W，Gomez L，Thomas，Ausubel Frederick M，Sheen J. MAP kinase signalling cascade in Arabidopsis innate immunity. Nature，2002，415（6875）：977-983.

[3] Bartley G E，Ishida B K. Digital fruit ripening：data mining in the tigr tomato gene index. Plant Mol Biol Rep. 2002，20（2）：115-130.

[4] Beckers G J，Spoel S H. Fine-tuning plant defence signalling：salicylate versus Jasmonate. Plant Biol（Stuttg），2006，8（1）：1-10.

[5] Bonardi V，Tang S，Stallmann A，Roberts M，Cherkis K，Dangl J L. Expanded functions for a family of plant intracellular immune receptors beyond specific recognition of pathogen effectors. PNAS，2011，108（39）：16463-16468.

[6] Brulé D，Villano C，Davies L J，Trdá L，Claverie J，Héloir M C，Chiltz A，Adrian M，Darblade B，Tornero P，Stransfeld L，Boutrot F，Zipfel C，Dry I B，Poinssot B. The grapevine（*Vitis vinifera*）lysM receptor kinases VvLYK1-1 and VvLYK1-2 mediate chitooligosaccharide-triggered immunity. Plant Biotechnol-Nar，2019，17（4）：812-825.

[7] Cao Y，Liang Y，Tanaka K，Nguyen Cuong T，Jedrzejczak Robert P，Joachimiak A，Stacey G. The kinase LYK5 is a major chitin receptor in Arabidopsis and forms a chitin-induced complex with related kinase CERK1. Elife，2014，3：e03766.

[8] Cao J，Jiang M，Li P，Chu Z. Genome-wide identification，and evolutionary analyses of the PP2C gene family with their expression profiling in response to multiple stresses in *Brachypodium distachyon*. BMC Genom，2016，17（1）：175.

[9] Cardoso S C，Boscariol R L，Christiano R S C，Filho A B，Vieira M L C，Mendes B M J，Filho F A A M. Transgenic sweet orange（*Citrus sinensis* L. Osbeck）expressing the attacin A gene for resistance to *Xanthomonas citri* subsp. *citri*. Plant Mol Biol Rep，2010，28（2）：185-192.

[10] Carotenuto G，Chabaud M，Miyata K，Capozzi M，Takeda N，Kaku H，Shibuya N，Nakagawa T，Barker D G，Genre A. The rice lysM receptor-like kinase OsCERK1 is required for the perception of short-chain chitin oligomers in arbuscular mycorrhizal signaling. New Phytol. 2017，214（4）：1440-1446.

[11] Cayrol B，Delteil A，Gobbato E，Kroj T，Morel J. Three Wall-Associated Kinases required for rice basal immunity form protein complexes in the plasma membrane. Plant Signal Behav，2016，11（4）：e1149676.

[12] Chan C，Lam H M. A putative lambda class glutathione *S*-transferase enhances plant survival under salinity stress. Plant

Cell Physiol. 2014，55（3）：570-579.

[13] Chen X H，Jin Y Y，Aswathy S，Huang X E，Orbović V，Grosser J W，Wang N，Dong X N，Song W. Over-expression of the citrus gene CtNH1 confers resistance to bacterial canker disease. PMPP，2013，84：115-122.

[14] Cheng H T，Wang S P. WRKY-type transcription factors：a significant factor in rice-pathogen interactions. Sci Sin，2014，44（8）：784-793.

[15] Chezem W R，Memon A，Li F S，Weng J K，Clay N K. SG2-type R2R3-MYB transcription factor MYB15 controls defense-induced lignification and basal immunity in Arabidopsis. The Plant Cell，2017，29：1907-1926.

[16] Chiniquy D，Underwood W，Corwin J，Ryan A，Szemenyei H，Lim C C，Stonebloom S H，Birdseye D S，Vogel J，Kliebenstein D，Scheller Henrik V，Somerville S. PMR5，an acetylation protein at the intersection of pectin biosynthesis and defense against fungal pathogens. Plant J，2019，100（5）：1022-1035.

[17] Cosgrove D J. Plant expansins：diversity and interactions with plant cell walls. Curr Opin Plant Biol，2015，25：162-172.

[18] Cui X X，Yan Q，Gan S P，Xue D，Wang H T，Xing H，Zhao J M，Guo N. GmWRKY40，a member of the WRKY transcription factor genes identifed from *Glycine max* L. enhanced the resistance to *Phytophthora sojae*. BMC Plant Biol，2019，19（1）：1-15.

[19] Deng B，Wang W J，Ruan C Q，Deng L L，Yao S X，Zeng K F. Involvement of CsWRKY70 in salicylic acid-induced citrus fruit resistance against *Penicillium digitatum*. Hort Res，2020，7（1）：120-127.

[20] Desaki Y，Kouzai Y，Ninomiya Y，Iwase R，Shimizu Y，Seko K，Molinaro A，Minami E，Shibuya N，Kaku H，Nishizawa Y. OsCERK1 plays a crucial role in the lipopolysaccharide-induced immune response of rice. New Phytol，2018，217（3）：1042-1049.

[21] Despres C，Delong C，Glaze S，Liu E，Fobert P R. The Arabidopsis NPR1/NIM1 protein enhances the DNA binding activity of a subgroup of the TGA family of bZIP transcription factors. Plant Cell，2000，12（2）：279-290.

[22] Edwards R，Dixon D P，Walbot V. Plant glutathione *S*-transferases：enzymes with multiple functions in sickness and in health. Trends Plant Sci，2000，5（5）：193-198.

[23] Eklöf J M，Brumer H. The XTH gene family：an update on enzyme structure，function，and phylogeny in xyloglucan remodeling. Plant Physiol，2010，153（2）：456-466.

[24] Eulgem T，Rushton P J，Robatzek S，Somssich I E. The WRKY superfamily of plant transcription factors. Trends Plant Sci，2000，5（5）：199-206.

[25] Gao R，Liu P，Yong Y，Wong S M. Genome-wide transcriptomic analysis reveals correlation between higher WRKY61 expression and reduced symptom severity in Turnip crinkle virus infected *Arabidopsis thaliana*. Sci Rep，2016，6：24604.

[26] Gou J Y，Miller L M，Hou G，Yu X H，Chen X Y，Liu C J. Acetylesterase-mediated deacetylation of pectin impairs cell elongation，pollen germination，and plant reproduction. Plant Cell，2012，24：50-65.

[27] Hiroaki A，Takaaki N，Noriko M，Nobuaki I，Miki Y，Yuri K，Takashi Y，Ken S，Hirofumi Y. WRKY transcription factors phosphorylated by MAPK regulate a plant immune NADPH oxidase in *Nicotiana benthamiana*. Plant Cell，2015，27（9）：2645-2663.

[28] Hu K，Cao J B，Zhang J，Xia F，Ke Y G，Zhang H T，Xie W Y，Liu H B，Cui Y，Cao Y L，Sun X L，Xiao J H，Li X H，Zhang Q L，Wang S P. Improvement of multiple agronomic traits by a disease resistance gene via cell wall reinforcement. Nat Plants，2017，3（3）：17009.

[29] Hwang B H，Bae H，Lim H，Kim K B，Kim S J，Im M，Park B，Kim D S，Kim J. Overexpression of polygalacturonase-inhibiting protein 2（PGIP2）of chinese cabbage（*Brassica rapa* ssp. *pekinensis*）increased resistance to the bacterial pathogen *Pectobacterium carotovorum* ssp. *carotovorum*. Plant Cell Tiss Org，2010，103（3）：293-305.

[30] Jain M，Ghanashyam C，Bhattacharjee A. Comprehensive expression analysis suggests overlapping and specific roles of rice glutathione *S*-transferase genes during development and stress responses. BMC Genomics，2010，11：73.

[31] Jakoby M，Weisshaar B，Dröge-Laser W，Vicente-Carbajosa J，Tiedemann J，Kroj T，Parcy F. bZIP transcription factors in Arabidopsis. Trends Plant Sci，2002，7（3）：106-111.

[32] Jepson I，Lay V J，Holt D C，Bright S W J，Greenland A J. Cloning and characterization of maize herbicide safener-induced cDNAs encoding subunits of glutathione *S*-transferase isoforms I，II and IV. Plant Mol Biol，1994，26（6）：1855-1866.

[33] Johrde A，Schweizer P. A class Ⅲ peroxidase specifically expressed in pathogen-attacked barley epidermis contributes to basal resistance. Mol Plant Pathol，2008，9，687-696.

[34] Kagaya Y，Ohmiya K，Hattori T. Rav1，a novel dna-binding protein，binds to bipartite recognition sequence through two distinct dna-binding domains uniquely found in higher plants. Nucleic Acids Res，1999，27（2）：470-478.

[35] Kanneganti V，Gupta A K. Wall associated kinases from plants-an overview. Physiol Mol Biol Plants，2008，14（1-2）：109-118.

[36] Kasuga M. A combination of the arabidopsis dreb1a gene and stress-inducible rd29a promoter improved drought- and low-temperature stress tolerance in tobacco by gene transfer. Plant Cell Physiol，2004，45（3）：346-350.

[37] Kim S，Kang J Y，Cho D I，Park J H，Kim S Y. ABF2，an ABRE-binding bZIP factor，is an essential component of glucose signaling and its overexpression affects multiple stress tolerance. Plant J，2004，40（1）：75-87.

[38] Kohorn B D. The state of cell wall pectin monitored by wall associated kinases：A model. Plant Signal Behav，2015，10（7）：e1035854

[39] Li H，Zhou S Y，Zhao W S，Su S C，Peng Y L. A novel wall-associated receptor-like protein kinase gene，OsWAK1，plays important roles in rice blast disease resistance. Plant Mol Biol，2009，69（3）：337-346.

[40] Li Q，Dou W，Qi J，Qin X，Chen S，He Y. Genomewide analysis of the CⅢ peroxidase family in sweet orange（*Citrus sinensis*）and expression profiles induced by *Xanthomonas citri* subsp. *citri* and hormones. J Genet，2020，99：10.

[41] Li Q，Hu A H，Qi J J，Dou W F，Qin X J，Zou X P，Xu L Z，Chen S C，He Y R. CsWAKL08，a pathogen-induced wall-associated receptor-like kinase in sweet orange，confers resistance to citrus bacterial canker via ROS control and JA signaling. Hort Res，2020，7：42.

[42] Li Q，Jia R，Dou W，Qi J，Qin X，Fu Y，He Y，Chen S. CsBZIP40，a BZIP transcription factor from sweet orange，plays a positive regulatory role involved in citrus canker response and tolerance. Plos One，2019，14（10）：e0223498.

[43] Li Q，Qin X J，Qi J J，Dou W F，Dunand C，He Y R. CsPrx25，a class Ⅲ peroxidase in Citrus sinensis，confers resistance to citrus bacterial canker through the maintenance of ROS homeostasis and cell wall lignification. Hort Res，2020，7：192.

[44] Li X，Zhang Y，Yin L，Lu J. Overexpression of pathogen-induced grapevine TIR-NB-LRR gene VaRGA1 enhances disease resistance and drought and salt tolerance in *Nicotiana benthamiana.* Protoplasma，2017，254（2）：957-969.

[45] Liang X，Chen X，Li C，Li C，Fan J，Guo Z J. Metabolic and transcriptional alternations for defense by interfering OsWRKY62 and OsWRKY76 transcriptions in rice. Sci Rep，2017，7（1）：2474.

[46] Liu G，Holub E B，Alonso J M，Ecker J R，Fobert P R. An Arabidopsis NPR1-like gene，NPR4，is required for disease resistance. Plant J，2005，41（2）：304-318.

[47] Liu X Q，Bai X Q，Wang X J，Chu C C. OsWRKY71，a rice transcription factor，is involved in rice defense response. J Plant Physiol，2007，164（8）：969-979.

[48] Long Q，Du M，Long J H，*et al.* Transcription factor WRKY22 regulates canker susceptibility in sweet orange（*Citrus sinensis* Osbeck）by enhancing cell enlargement and CsLOB1 expression. Hort Res，2021，8（1）：50.

[49] Loyall L，Uchida K，Braun S，Furuya M，Frohnmeyer H. Glutathione，and a UV light-induced glutathione *S*-transferase are involved in signaling to chalcone synthase in cell cultures. Plant Cell，2000，12（10）：1939-1950.

[50] Mao G，Meng X，Liu Y，Zheng Z，Chen Z，Zhang S. Phosphorylation of a WRKY transcription factor by two pathogen-responsive MAPKs drives phytoalexin biosynthesis in Arabidopsis. Plant Cell，2011，23（4）：1639-1653.

[51] Mehlmer N，Wurzinger B，Stael S，Hofmann-Rodrigues D，Csaszar E，Pfister B，Bayer R，Teige M. The Ca^{2+}-dependent protein kinase CPK3 is required for MAPK-independent salt-stress acclimation in Arabidopsis. Plant J，2010，63（3）：484-498.

[52] Mendes B M J，Cardoso S C，Boscariolcamargo R L，Cruz R B，Mourão Filho F A A，Bergamin Filho A. Reduction in susceptibility to *Xanthomonas axonopodis* pv. citri in transgenic *Citrus sinensis* expressing the rice Xa21 gene. Plant Pathol，2010，59（1）：68-75.

[53] Morello L，Breviario D. Plant spliceosomal introns：Not only cut and paste. Curr Genom，2008，9，227-238.

[54] Novillo F，Medina J，Salinas J. Arabidopsis cbf1 and cbf3 have a different function than cbf2 in cold acclimation and define different gene classes in the cbf regulon. PNAS，2007，104（52）：21002-21007.

[55] Nutricati E，Miceli A，Blando F，De Bellis L. Characterization of two *Arabidopsis thaliana* glutathione *S*-transferases. Plant Cell Rep，2006，25（9）：997-1005.

[56] Oliveira M，Santos M，Loebmann D，Hartman A，Tozetti A M. Diversity and associations between coastal habitats and anurans in southernmost Brazil. An Acad Bras Cienc，2013，85：575-582.

[57] Passardi F，Cosio C，Penel C，Dunand C. Peroxidases have more functions than a Swiss army knife. Plant Cell Rep，2005，24，255-265.

[58] Peng A H，Chen S C，Lei T G，Xu L Z，He Y R，Wu L，Yao L X，Zou X P. Engineering canker-resistant plants through crispr/cas9-targeted editing of the susceptibility gene cslob1 promoter in citrus. Plant Biotechnol J，2017，15（12）：1509-1519.

[59] Peng A，Zou X，He Y，Chen S，Liu X，Zhang J，Zhang Q，XIE Z，Long J，Zhao X. Overexpressing a

NPR1-like gene from Citrus paradisi enhanced Huanglongbing resistance in *C. sinensis*. Plant Cell Rep，2021，40（3）：529-541.

[60] Pérez-Díaz R，Madrid-Espinoza J，Salinas-Cornejo J，González-Villanueva E，Ruiz-Lara S. Differential roles for VviGST1，VviGST3，and VviGST4 in proanthocyanidin and anthocyanin transport in *Vitis vinífera*. Front Plant Sci，2016，7：1166.

[61] Philippe F，Pelloux J，Rayon C. Plant pectin acetylesterase structure and function：new insights from bioinformatic analysis. BMC Genom，2017，18：456.

[62] Pieterse C M J，Van der D D，Zamioudis C，Leon-Reyes A，Van Wees S C M. Hormonal modulation of plant immunity. Annu Rev Cell Dev Biol，2012，28（1）：489-521.

[63] Pontier D，Tronchet M，Rogowsky P，Lam E，Roby D. Activation of hsr203，a plant gene expressed during incompatible plant-pathogen interactions，is correlated with programmed cell death. Mol Plant Microbe Interact，1998，11（6）：544-554.

[64] Powell A L，van Kan J，ten Have A，Visser J，Greve L C，Bennett A B，Labavitch J M. Transgenic expression of pear PGIP in tomato limits fungal colonization. Mol Plant Microbe Interact，2000，13（9）：942-950.

[65] Radwan M A，El-Gendy K S，Gad A F. Biomarkers of oxidative stress in the land snail，*Theba pisana* for assessing ecotoxicological effects of urban metal pollution. Chemosphere，2010，79（1）：40-46.

[66] Rebay I，Fleming R J，Fehon R G，Cherbas L，Cherbas P，Artavanis-Tsakonas S. Specific EGF repeats of notch mediate interactions with delta and serrate：implications for notch as a multifunctional receptor. Cell，1991，67（4）：687-699.

[67] Rochon A，Boyle P，Wignes T，Fobert P R，Després C. The coactivator function of arabidopsis NPR1 requires the core of its BTB/POZ domain and the oxidation of C-terminal cysteines. Plant Cell，2006，18（12）：3670-3685.

[68] Ren D，Liu Y，Yang K，Han L，Mao G，Glazebrook J，Zhang S. A fungal-responsive MAPK cascade regulates phytoalexin biosynthesis in arabidopsis. PNAS，2008，105（14）：5638-5643.

[69] Rosli H G，Zheng Y，Pombo M A，Zhong S，Bombarely A，Fei Z，Collmer A，Martin G B. Transcriptomics-based screen for genes induced by flagellin and repressed by pathogen effectors identifies a cell wall-associated kinase involved in plant immunity. Genome Biol. 2013，14（12）：R139.

[70] Santos Paulo J C D，Savi D C，Gomes R R，Goulin E H，Da C S C，Tanaka F A O，Almeida Á M R，Galli-Terasawa L，Kava V，Glienke C. Diaporthe endophytica and D. terebinthifolii from medicinal plants for biological control of *Phyllosticta citricarpa*. Microbiol Res，2016，186-187：153-160.

[71] Schikora A，Schenk S T，Stein E，Molitor A，Zuccaro A，Kogel K H. *N*-acyl-homoserine lactone confers resistance toward biotrophic and hemibiotrophic pathogens via altered activation of AtMPK6. Plant Physiol，2011，157（3）：1407-1418.

[72] Schweizer P. Tissue-specific expression of a defence-related peroxidase in transgenic wheat potentiates cell death in pathogen-attacked leaf epidermis. Mol Plant Pathol，2008，9（1）：45-57.

[73] Shen Q H，Saijo Y，Mauch S，Biskup C，Bieri S，Keller B，Seki H，Ulker B，Somssich I E，Schulze-Lefert P. Nuclear activity of MLA immune receptors links isolate-specific and basal disease-resistance responses. Science，

2007, 315 (5815): 1098-1103.

[74] Shen X, Guo X, Guo X, Zhao D, Zhao W, Chen J, Li T. PacMYBA, a sweet cherry R2R3-MYB transcription factor, is a positive regulator of salt stress tolerance and pathogen resistance. Plant Physiol Biochem, 2017, 112: 302-311.

[75] Son Y, Cheong Y K, Kim N H, Chung H T, Kang D G, Pae H O. Mitogen-activated protein kinases and reactive oxygen species: how can ROS activate MAPK pathways? J Signal Transduct, 2011, 2011: 792639.

[76] Song J, Wang Y, Li H, Li B, Zhou Z, Gao S, Yan Z. The F-box family genes as key elements in response to salt, heavy mental, and drought stresses in *Medicago truncatula*. Funct Integr Genomics, 2015, 15: 495-507.

[77] Spoel S H, Koornneef A, Claessens S M, Korzelius J P, Van Pelt J A, Mueller M J, Buchala A J, Métraux J P, Brown R, Kazan K, Van Loon L C, Dong X, Pieterse C M. NPR1 modulates cross-talk between salicylate- and jasmonate-dependent defense pathways through a novel function in the cytosol. Plant Cell, 2003, 15 (3): 760-770.

[78] Sticher L, Mauch-Mani B, Metraux J P. Systemic acquired resistance. Annu Rev Phytopathol, 1997, 35: 235-270.

[79] Sun X, Yu G, Li J, Liu J, Wang X, Zhu G, Zhang X, Pan H. AcERF2, an ethylene-responsive factor of *Atriplex canescens*, positively modulates osmotic and disease resistance in *Arabidopsis thaliana*. Plant Sci, 2018, 274: 32-43.

[80] Irish V F, Sussex I M. Function of the apetala-1 gene during arabidopsis floral development. Plant Cell, 1990, 2 (8): 741-753.

[81] Tang W, Charles T M, Newton R J. Overexpression of the pepper transcription factor CaPF1 in transgenic Virginia pine (*Pinus virginiana* Mill.) confers multiple stress tolerance and enhances organ growth. Plant Mol Biol, 2005, 59 (4): 603-617.

[82] Tian S, Wang X, Li P, Wang H, Ji H, Xie J, Qiu Q, Shen D, Dong H. Plant aquaporin AtPIP1; 4 links apoplastic H_2O_2 induction to disease immunity pathways. Plant Physiol, 2016, 171 (3): 1635-1650.

[83] Verica J A, Chae L, Tong H, Ingmire P, He Z. Tissue-specific and developmentally regulated expression of a cluster of tandemly arrayed cell wall-associated kinase-like kinase genes in arabidopsis. Plant Physiol, 2003, 133 (4): 1732-1746.

[84] Verma V, Srivastava A K, Gough C, Campanaro A, Srivastava M, Morrell R, Joyce J, Bailey M, Zhang C, Krysan P J, Sadanandom A. SUMO enables substrate selectivity by mitogen-activated protein kinases to regulate immunity in plants. PNAS, 2021, 118 (10): e2021351118.

[85] Wang J, Tao F, An F, Zou Y, Tian W, Chen X, Xu X, Hu X. Wheat transcription factor TaWRKY70 is positively involved in high-temperature seedling plant resistance to *Puccinia striiformis* f. sp. *tritici*. Plant Mol Biol, 2017, 18 (5): 649-661.

[86] Wang L, Chen S, Peng A, Xie Z, He Y, Zou X. CRISPR/Cas9-mediated editing of CsWRKY22 reduces susceptibility to *Xanthomonas citri* subsp. *citri* in Wanjincheng orange[*Citrus sinensis* (L.) Osbeck]. Plant Biotechnol Rep, 2019, 13: 501-510.

[87] Wang L, Ran L, Hou Y, Tian Q, Li C, Liu R, Fan D, Luo K. The transcription factor MYB115 contributes to the regulation of proanthocyanidin biosynthesis and enhances fungal resistance in poplar. New Phytol, 2017, 215: 351-367.

[88] Wang W，Chen D，Zhang X，Liu D，Cheng Y，Shen F. Role of plant respiratory burst oxidase homologs in stress responses. Free Radic Res，2018，52（8）：826-839.

[89] Wang X，Guo R，Tu M，Wang D，Guo C，Wan R，Li Z，Wang X. Ectopic expression of the wild grape WRKY transcription factor VqWRKY52 in *Arabidopsis thaliana* enhances resistance to the biotrophic pathogen powdery mildew but not to the necrotrophic pathogen *Botrytis cinerea*. Front Plant Sci，2017，8：00097.

[90] Wang Y，Liu J. Exogenous treatment with salicylic acid attenuates occurrence of citrus canker in susceptible navel orange（*Citrus sinensis* Osbeck）. J Plant Physiol，2012，165（12）：1143-1149.

[91] Wolf S. Plant cell wall signalling and receptor-like kinases. Biochem J，2017，474（4）：471-492.

[92] Wu F，Chi Y，Jiang Z，Xu Y，Xie L，Huang F，Wan D，Ni J，Yuan F，Wu X，Zhang Y，Wang L，Ye R，Byeon B，Wang W，Zhang S，Sima M，Chen S，Zhu M，Pei J，Johnson D M，Zhu S，Cao X，Pei C，Zai Z，Liu Y，Liu T，Swift G B，Zhang W，Yu M，Hu Z，Siedow J N，Chen X，Pei Z. Hydrogen peroxide sensor HPCA1 is an LRR receptor kinase in Arabidopsis. Nature，2020，578（7796）：577-581.

[93] Xu C，Luo F，Hochholdinger F. LOB domain proteins：beyond lateral organ boundaries. Trends Plant Sci，2016，21：159-167.

[94] Xu Y，Liu F，Zhu S. Expression of a maize NBS gene ZmNBS42 enhances disease resistance in arabidopsis. Plant Cell Rep，2018，37（11）：1523-1532.

[95] Yamada S，Kano A，Tamaoki D，Miyamoto A，Shishido H，Miyoshi S，Taniguchi S，Akimitsu K，Gomi K. Involvement of OsJAZ8 in jasmonate-induced resistance to bacterial blight in rice. Plant Cell Physiol，2012，53（12）：2060-2072.

[96] Yamaguchi K，Yamada K，Ishikawa K，Yoshimura S，Hayashi N，Uchihashi K，Ishihama N，Kishi-Kaboshi M，Takahashi A，Tsuge S，Ochiai H，Tada Y，Shimamoto K，Yoshioka H，Kawasaki T. A receptor-like cytoplasmic kinase targeted by a plant pathogen effector is directly phosphorylated by the chitin receptor and mediates rice immunity. Cell Host Microbe，2013，13：347-357.

[97] Yan L，Qi X，Young N D，Olsen K M，Caicedo A L，Jia Y. Characterization of resistance genes to rice blast fungus *Magnaporthe oryzae* in a "Green Revolution" rice variety. Mol Breed，2015，35：52.

[98] Yang J，Wang Q，Luo H，He C，An B. HbWRKY40 plays an important role in the regulation of pathogen resistance in *Hevea brasiliensis*. Plant Cell Rep，2020，39（8）：1095-1107.

[99] Yang L，Hu C，Li N，Zhang J，Yan J，Deng Z. Transformation of sweet orange [*Citrus sinensis*（L.）Osbeck] with pthA-nls for acquiring resistance to citrus canker disease. Plant Mol Biol，2011，75（12）：11-23.

[100] Yang L，Ye C，Zhao Y，Cheng X，Wang Y，Jiang Y Q，Yang B. An oilseed rape WRKY-type transcription factor regulates ROS accumulation and leaf senescence in *Nicotiana benthamiana* and arabidopsis through modulating transcription of RbohD and RbohF. Planta，2018，247：1323-1338.

[101] Yang J L，Zhu X F，Peng Y X，Zheng C，Li G X，Liu Y，Shi Y Z，Zheng S J. Cell wall hemicellulose contributes significantly to aluminum adsorption and root growth in Arabidopsis. Plant Physiol，2011，155，1885-1892.

[102] Yuan Y，Zhong S，Li Q，Zhu Z，Lou Y，Wang L，Wang J，Wang M，Li Q，Yang D，He Z. Functional analysis of rice NPR1-like genes reveals that OsNPR1/NH1 is the rice orthologue conferring disease resistance with enhanced

herbivore susceptibility. Plant Biotechnol J，2007，5（2）：313-324.

[103] Zeeshan Z B，Ashis K N. *Arabidopsis thaliana* GLUTATHIONE-S-TRANSFERASE THETA 2 interacts with RSI1/FLD to activate systemic acquired resistance. Mol Plant Pathol，2018，19（2）：464-475.

[104] Zhang S，Chen C，Li L，Meng L，Singh J，Jiang N，Deng X W，He Z H，Lemaux P G. Evolutionary expansion，gene structure，and expression of the rice wall-associated kinase gene family. Plant Physiol，2005，139（3）：1107-1124.

[105] Zipfel C，Robatzek S，Navarro L，Oakeley E J，Jones J D，Felix G，Boller T. Bacterial disease resistance in Arabidopsis through flagellin perception. Nature，2004，428（6984）：764-767.

[106] Zou B，Jia Z，Tian S，Wang X，Gou Z L B，Dong H. AtMYB44 positively modulates disease resistance to pseudomonas syringae through the salicylic acid signaling pathway in arabidopsis. Funct Plant Biol，2013，40（3）：304-313.

[107] Zou X P，Long J，Zhao K，Peng A H，Chen M，Long Q，He Y R，Chen S C. Overexpressing GH3.1 and GH3.1L reduces susceptibility to *Xanthomonas citri* subsp. *citri* by repressing auxin signaling in citrus（*Citrus sinensis* Osbeck）. PLoS One，2019，14（12）：e0220017.

[108] Zuo W，Chao Q，Zhang N，Ye J，Tan G，Li B，Xing Y，Zhang B，Liu H，Fengler K A，Zhao J，Zhao X，Chen Y，Lai J，Yan J，Xu M. A maize wall-associated kinase confers quantitative resistance to head smut. Nat Genet，2015，47（2）：151-157.

[109] 陈波，罗庆华，谭雅芹，闫慧清 . 柑橘 PGIP 的 B 细胞抗原表位分析和原核表达 . 现代食品科技，2018，34（4）：18-22.

[110] 范晓江，郭小华，牛芳芳，杨博，江元清 . 拟南芥 WRKY61 转录因子的转录活性与互作蛋白分析 . 西北植物学报，2018，38（1）：1-8.

[111] 何秀玲，袁红旭 . 柑橘溃疡病发生与抗性研究进展 . 中国农学通报，2007，8：409-412.

[112] 黄龙 . 柑橘与溃疡病菌互作相关基因的克隆及表达分析 . 长沙：湖南农业大学，2013.

[113] 贾瑞瑞，周鹏飞，白晓晶，陈善春，许兰珍，彭爱红，雷天刚，姚利晓，陈敏，何永睿，李强 . 柑橘响应溃疡病菌转录因子 CsBZIP40 的克隆及功能分析 . 中国农业科学，2017，50（13）：2488-2497.

后　记

内容跨越七八个年头，成书一年时间的这本著作终于完稿。当浏览到最后一页，敲下最后一个标点符号时，方才觉得心头一块石头落地。回想起几年的研究岁月，熬过多少日夜，白了多少青丝，相信所有从事科学研究的广大同行都能体会。

本书的主要来源是我在西南大学 / 中国农业科学院柑桔研究所的部分研究内容。在柑桔研究所，我得以将所学的理论知识应用于植物抗病研究实践，获得了系列研究成果，并在国内外学术期刊发表了十多篇研究论文，这些研究论文构成了本书的内容基础，但本书不是论文的简单集合，它是将上述研究成果进行核对、集成、提炼、总结和升华，尤其对基本概念、研究内容和结果等进行了系统阐述。不论水平高低，我保证该书的数据真实、可靠。随着科技的进步，上述研究结果也存在被完善或者被推翻的可能。但即使如此也不能否定本研究的意义，科学本就是建立在当前科研条件和基础得到的结果，我们也期待研究的不足和偏差在将来得到校正和完善。

本书付梓之际，着重感谢我所在团队的学术带头人陈善春研究员，他作为柑橘抗溃疡病分子育种领域的学术大家，给了我们建设性的思路指导和充足的经费支持，这些都是本研究能够成体系、成规模的重要保证。感谢西南大学许兰珍和雷天刚老师，研究生傅佳、喻奇缘、秦秀娟、樊捷、黄馨、张晨希、线宝航、杨雯、窦万福、胡安华、祁静静、范海芳、贾瑞瑞、周鹏飞、张婧芸等在实验操作和数据分析过程中的辛苦付出。

本书的出版和相关研究的执行获得了“国家重点研发计划项目长江上游特色濒危农业生物种质资源抢救性保护与创新利用（2022YFD1201600）”“西部（重庆）科学城种质创制大科学中心长江上游种质创制与利用工程研究中心科技创新基础设施项目（2010823002）”“国家现代农业（柑桔）产业技术体系（CARS-26）”和“中央高校基本科研业务费（SWU-XDJH202308）”的支持，在此再次感谢。最后，感谢众多引用的参考文献的国内外学者。

当然，本书仅仅是关于柑橘抗、感溃疡病分子机理研究的冰山一角，我和团队成员将继续创新方法、拓宽思路，深入解析分子机制，丰富当前理论，加强理论后期应用，努力构建更科学、更精确的柑橘抗病分子育种体系。

尽管我们团队夜以继日、全身投入，但疏漏和不妥之处在所难免，恳请读者海涵指正。

李　强

2024 年 1 月于重庆北碚柑桔村